"十四五"职业教育国家规划教材

建筑工程水电安装与识图

第二版

主　编　吴　迪　花　卉
副主编　常　乐　解静静　杜鹏程
参　编　邓红芬　李　卉　时永玲
　　　　夏春凤　徐　琳　张鹏瑞
主　审　袁　勇

中国电力出版社
CHINA ELECTRIC POWER PRESS

内 容 提 要

本书为"十四五"职业教育国家规划教材，也是"十三五"职业教育国家规划教材。全书包含五个模块，以递进层次进行教材框架的构建，适合理论与实践一体化教学。

模块一为基础篇（项目一），是建筑工程水电安装基础知识；模块二为应用篇——管道工程（项目二～项目六），包括室内给水工程、室内排水工程、建筑消防灭火系统、采暖工程、燃气工程；模块三为应用篇——电气工程（项目七～项目九），包括建筑电气照明工程、建筑防雷接地工程、建筑弱电工程；模块四为拓展篇（项目十），是建筑工程水电安装计量；模块五为实训篇（项目十一），汇总了各模块的习题与实训项目。本书在编写风格和内容设计方面进行了大胆的尝试，在认知的基础上，更加强调了识图的重要性，并向工程计量方向拓展。

本书可作为建筑工程、工程造价、建筑设备工程等土木工程相关专业的建筑设备安装与识图课程教材，也可以指导工程技术人员进行业务培训。

图书在版编目（CIP）数据

建筑工程水电安装与识图/吴迪，花卉主编．—2版．—北京：中国电力出版社，2024.6（2025.1重印）
ISBN 978-7-5198-8760-5

Ⅰ.①建… Ⅱ.①吴… ②花… Ⅲ.①给排水系统—建筑安装—工程施工—高等职业教育—教材②电气设备—建筑安装—工程施工—高等职业教育—教材③给排水系统—建筑安装—工程制图—识图—高等职业教育—教材④电气设备—建筑安装—工程制图—识图—高等职业教育—教材 Ⅳ.①TU82②TU85

中国国家版本馆CIP数据核字（2024）第063471号

出版发行：中国电力出版社
地　　址：北京市东城区北京站西街19号（邮政编码100005）
网　　址：http://www.cepp.sgcc.com.cn
责任编辑：孙　静
责任校对：黄　蓓　李　楠
装帧设计：王英磊
责任印制：吴　迪

印　　刷：三河市航远印刷有限公司
版　　次：2019年2月第一版　2024年6月第二版
印　　次：2025年1月北京第四次印刷
开　　本：787毫米×1092毫米　16开本
印　　张：16.25
字　　数：397千字
定　　价：55.00元

版权专有　侵权必究

本书如有印装质量问题，我社营销中心负责退换

前　言

编者在第一版教材的基础上，对全书内容进行模块化编排，将其归纳为四个篇章五个模块，即基础篇、应用篇——管道工程、应用篇——电气工程、拓展篇、实训篇。

本次修订着重以下几个方面：

（1）按照模块化、项目式、任务式重新编排，强调了各项目学习的知识目标和能力目标。

（2）对应用篇中各专业的知识点重新梳理。

（3）针对国家标准的修订，及时更新教材中的相关内容，保证教材与时代同步。

（4）强化识图的重要性。扩充了实训项目中"施工图识读"的内容，并对教材中原有的插图进行整合、修改和删除。

（5）配置了丰富的数字资源。

1）为学习贯彻落实党的二十大精神，本书根据《党的二十大报告学习辅导百问》《二十大党章修正案学习问答》，在数字资源中设置了"二十大报告及党章修正案学习辅导"栏目，以及课程思政相关内容。

2）与本书相关的专业知识配套资源，包括教学课件、习题答案、微课视频、习题解析视频、课程标准及授课计划等。以上资源读者可通过微信扫码获取。

本书由重庆科创职业学院吴迪、正德职业技术学院花卉共同主编；甘肃建筑职业技术学院常乐、南京工业大学浦江学院解静静、中国建筑第八工程局杜鹏程副主编；正德职业技术学院邓红芬、李卉、时永玲、夏春凤、徐琳，甘肃建筑职业技术学院张鹏瑞参编。

本书编写的过程中，在施工单位工作的学生给予了大力支持，在此表示感谢！

限于编者水平，书中难免存在不妥之处，敬请读者批评指正。

编者
2024 年 3 月

第一版前言

本教材面对应用型人才的培养，围绕高等职业教育的办学特点及从业方向，针对施工单位普遍反映的"识图难"问题，以民用建筑安装工程的基本组成"水、电"为核心内容进行编写。在总结同类教材经验的基础上，简化了原理性的理论知识，细化了系统安装的环节和方法，强化了施工图识读的重要性，在架构和内容上进行了大胆的尝试与创新。

为学习贯彻落实党的二十大精神，本书根据《党的二十大报告学习辅导百问》《二十大党章修正案学习问答》，在数字资源中设置了"二十大报告及党章修正案学习辅导"栏目，以方便师生学习，微信扫码即可获取。

归纳本教材的特点如下：

（1）将"校企合作""工学结合"落到实处。与企业共同开发教材，并在教材中大量应用施工图。

（2）在教材中体现节能减排，将新材料、新工艺、新标准引入教材，纳入生态文明建设的理念，保证教学与时代同步。

（3）将"管道工程"和"电气工程"的共性部分进行提炼，纳入基础篇。

（4）管道工程和电气工程的基本框架均为系统介绍、施工图识读和系统安装。

（5）在教材中细化了施工图的识读方法。

（6）以多种形式，对应用篇中各专业的知识点进行基本训练和强化训练，纳入实训篇。

（7）将《通用安装工程工程量计算规范》（GB 50856—2013）的部分内容纳入拓展篇，为水电安装工程计量与计价的学习奠定基础。

本书由重庆科创职业学院吴迪、正德职业技术学院花卉共同主编；中国建筑第八工程局杜鹏程、甘肃建筑职业技术学院常乐、张鹏瑞副主编；正德职业技术学院李卉、时永玲、邓红芬、解静静、徐琳、夏春凤参编。全书由山东城市建设职业学院袁勇审阅，提出了许多宝贵意见。

教材编写的过程中，在施工单位工作的学生给予了大力支持，在此表示感谢！

由于编者水平有限，难免有不当和不周之处，请读者批评指正。

本书配套电子资源，读者可扫码观看。

编者

目　　录

前言
第一版前言

模块一　基　础　篇

项目一　建筑工程水电安装基础知识 …………………………………………………… 1
　　任务一　建筑安装工程概述 …………………………………………………………… 1
　　任务二　管道工程的基础知识 ………………………………………………………… 10
　　任务三　电气工程的基础知识 ………………………………………………………… 22

模块二　应用篇——管道工程

项目二　室内给水工程 ………………………………………………………………… 35
　　任务一　室内给水系统概述 …………………………………………………………… 35
　　任务二　室内给水工程施工图识读 …………………………………………………… 39
　　任务三　给水设施安装 ………………………………………………………………… 46
项目三　室内排水工程 ………………………………………………………………… 52
　　任务一　室内排水系统的分类与组成 ………………………………………………… 52
　　任务二　室内排水工程施工图识读 …………………………………………………… 55
　　任务三　排水设施安装 ………………………………………………………………… 59
项目四　建筑消防灭火系统 …………………………………………………………… 65
　　任务一　建筑消防灭火系统概述 ……………………………………………………… 65
　　任务二　消火栓给水灭火系统 ………………………………………………………… 66
　　任务三　自动喷水灭火系统 …………………………………………………………… 70
项目五　采暖工程 ……………………………………………………………………… 81
　　任务一　集中采暖系统 ………………………………………………………………… 81
　　任务二　分户采暖系统 ………………………………………………………………… 97
项目六　燃气工程 ……………………………………………………………………… 103
　　任务一　城镇燃气输配系统 …………………………………………………………… 103
　　任务二　农村沼气供应系统 …………………………………………………………… 110

模块三　应用篇——电气工程

项目七　建筑电气照明工程 …………………………………………………………… 115

  任务一 建筑变配电系统 115
  任务二 建筑电气照明工程施工图识读 120
  任务三 照明配电系统安装 131

项目八 建筑防雷接地工程 139
  任务一 建筑防雷接地概述 139
  任务二 建筑防雷接地工程施工图识读 143
  任务三 建筑防雷接地系统安装与测试 145

项目九 建筑弱电工程 151
  任务一 建筑弱电系统概述 151
  任务二 建筑弱电工程施工图识读 162
  任务三 建筑弱电系统安装 167

模块四 拓 展 篇

项目十 建筑工程水电安装计量 176
  任务一 概述 176
  任务二 管道工程计量 178
  任务三 建筑电气照明工程计量 184

模块五 实 训 篇

项目十一 习题与实训项目 195
  任务一 建筑工程水电安装基础知识 195
  任务二 室内给水工程 199
  任务三 室内排水工程 202
  任务四 建筑消防灭火系统 207
  任务五 采暖工程 210
  任务六 燃气工程 213
  任务七 建筑电气照明工程 218
  任务八 建筑防雷接地工程 223
  任务九 建筑弱电工程 226
  任务十 建筑工程水电安装计量 231

参考文献 252

模块一　基　础　篇

项目一　建筑工程水电安装基础知识

［知识目标］了解建筑安装工程的基本组成和主要任务；理解相关概念；掌握管道工程和电气工程的基础知识。

［能力目标］熟记管道工程的图形符号，掌握根据轴测图绘制平面图的方法；熟记建筑电气工程常用的图形符号，会解读文字符号。

任务一　建筑安装工程概述

一、给水工程

给水工程的基本任务是把水从地表水源或地下水源中取出，在自来水厂中将其沉淀、净化、消毒，符合水质标准的要求后，经输配水系统送至不同建（构）筑物的用水设备。

1. 给水工程的系统组成

取水构筑物：从地下水源或地表水源中取水。

水处理构筑物：将水源地中取来的原水进行处理，使其符合用户对水质的要求。

泵站：对自来水进行加压。泵站分为抽取原水的一级泵站、输送清水的二级泵站，以及设于管网中的加压泵站。

管道：输送自来水。输水管的作用是将自来水输送到各级泵站，配水管的作用是将自来水配送到用户。

调节构筑物：储存、调节水量和水压。调节构筑物包括水池、水塔、水箱等配套设施。

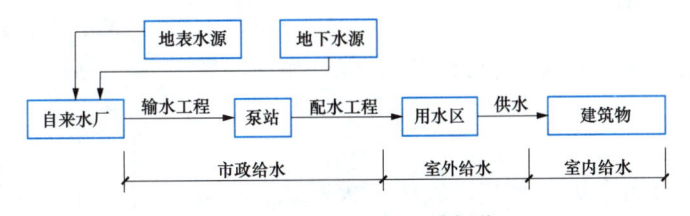

2. 给水工程的区域划分

给水工程的区域划分如图1-1所示。

图1-1　给水工程的区域划分

室内给水工程的相关内容见本书项目二。

二、排水工程

排水工程的基本任务是把生活污水、生产废水，以及大气中降落的雨、雪水通过管道排到建筑物外部，经过处理后再排到水体。

1. 排水工程的系统组成

化粪池：对生活污水进行预处理，缓解后续污水处理的压力，是生活区小型的污水处理构筑物。

室外排水管道：收集并输送污水。

检查井：连接管道、清理和检查管道，以及改变水流方向、汇流及变径等，是室外排水系统中的主要构筑物。

污水提升泵站：将污水从低处提升到高处，使污水能够继续靠重力流动。

污水处理厂：将污水、废水中的有害物质除掉，使之符合排放要求后再排放到水体。

污水出口：将处理后的污水排入河流等水体，是城市污水排放系统的最末端。

2. 中水系统

为了对水资源进行最大程度的利用，我国制定了再生水回用的分类标准，对各种排水进行处理，达到规定的水质标准后，可以在生活、市政、环境等范围内进行使用。因再生水的水质介于给水和排水之间，所以称为中水。

中水的水源是各类建筑或小区使用后的生活污水和废水，经处理达到中水的水质要求后，再回用于建筑或小区的杂用水，一般包括厕所冲洗、绿化、洗车、清扫等用水。

中水系统包括中水原水系统、中水处理系统及中水给水系统。中水给水系统安装同给水系统安装。

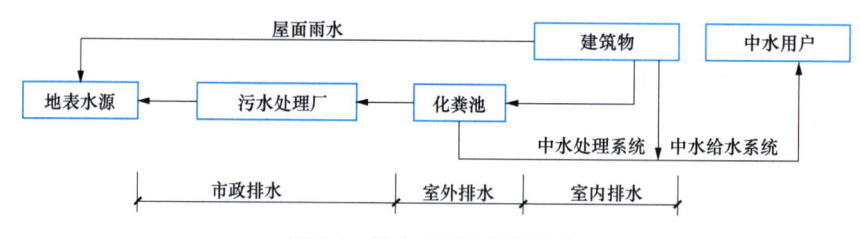

3. 排水工程的区域划分

排水工程的区域划分如图1-2所示。

图1-2　排水工程的区域划分

室内排水工程的相关内容见本书项目三。

三、消防灭火系统

消防灭火系统的基本任务是扑灭火灾，保证生命与财产的安全。

1. 消防灭火系统的分类

消防灭火系统分为水灭火系统、气体灭火系统、泡沫灭火系统、火灾自动报警系统等，其中，水灭火系统是消防灭火系统的主要类型，它是给水系统的重要组成部分。

2. 室外消防灭火系统

（1）室外消火栓。室外消火栓是提供消防车用水或直接连接水龙带、水枪进行灭火的供水设备。

室外消火栓如图1-3所示。图1-3（a）所示为地上消火栓，地上消火栓大部分露出地面，出水接口在栓体侧面。具有目标明显、易于寻找、出水操作方便等特点，适用于

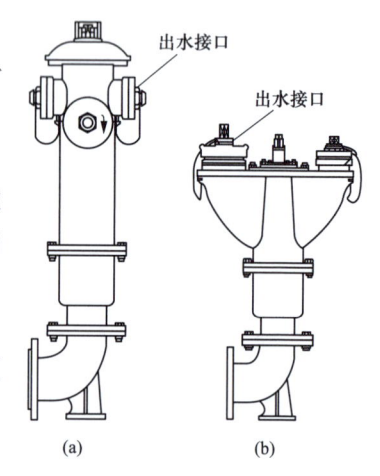

图1-3　室外消火栓
（a）地上消火栓；（b）地下消火栓

气温较高的地区。

图 1-3（b）所示为地下消火栓，地下消火栓设置在消火栓井内，出水接口在栓体顶面。具有不易冻结、不易损坏、便利交通等优点，适用于北方寒冷地区。由于地下消火栓的目标不明显，应在消火栓井旁设置明显标志。

（2）水泵接合器。水泵接合器是连接消防车，向室内消防给水系统加压的装置，是室内消防灭火系统的重要组成部分，应设置在便于消防车接管的供水地点。

水泵接合器的类型分为地下式、墙壁式和地上式。地下式水泵接合器的两个接口全部朝上；墙壁式水泵接合器的两个接口全部朝向一个侧面；地上式水泵接合器的两个接口分别朝向两个侧面。图 1-4 所示的水泵接合器为地上式水泵接合器。

室内消防灭火系统的相关内容见本书项目四。

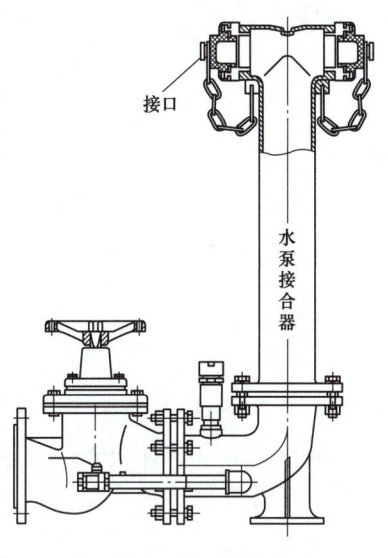

图 1-4　地上式水泵接合器

四、采暖工程

采暖工程的基本任务是把热量送到冬季寒冷的房间内，使室内温度适宜。

1. 采暖的分类

（1）根据采暖的作用范围，分为集中采暖、局部采暖等。

集中采暖：在锅炉房内设置锅炉，锅炉产生的热量通过管道输送至一个或多个建筑物的若干个散热设备。

局部采暖：火炉、电炉、煤气炉等热源就地发出热量，只供给本室内或少数房间使用。

（2）根据采暖的不同热媒，分为烟气采暖、热水采暖、蒸汽采暖、热风采暖等。

烟气采暖：以燃料燃烧时产生的烟气为热媒，把热量传到散热设备，如北方的火炕、火墙。

热水采暖：以热水为热媒，把热量传到散热设备。

蒸汽采暖：以蒸汽为热媒，把热量传到散热设备。

热风采暖：通过电器设备加热空气，使热量直接散至采暖房间。

2. 采暖系统的组成

采暖系统的组成如图 1-5 所示。

锅炉：燃料燃烧放出热量，将冷水加热成热水或蒸汽，即为产热。

进水管：也称供水管，将热水输送到采暖房间的散热器，即为输热。

散热器：是将热媒的热量传导到室内的末端设备，即为散热。

回水管：将散失热量的冷水或蒸汽凝结水送回锅炉。

散热介质循环：通过循环泵，使水克服阻力，在系统中保持循环流动。

3. 采暖管道的分类

采暖管道的分类如图 1-6 所示。

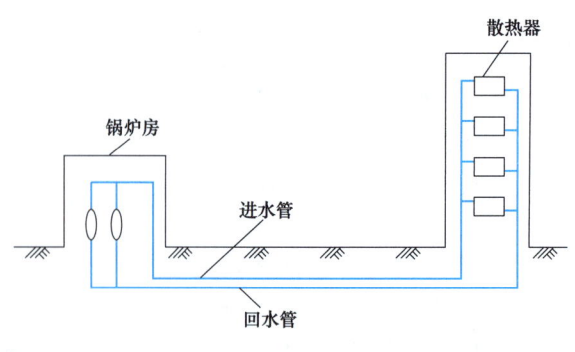

图 1-5 采暖系统的组成

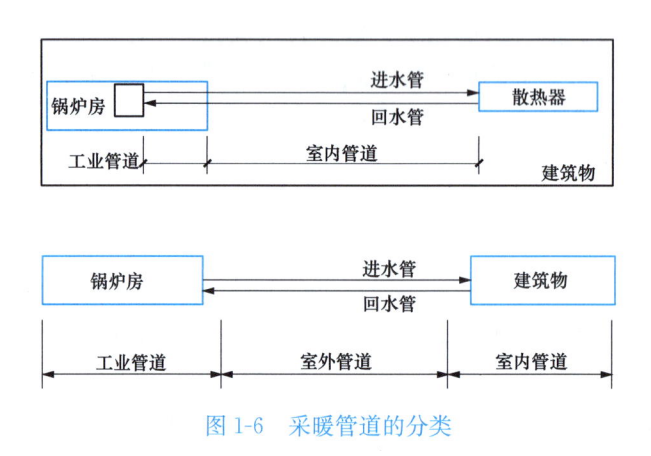

图 1-6 采暖管道的分类

建筑物内部采暖工程的相关内容见本书项目五。

五、燃气工程

燃气工程的基本任务是把可燃气体作为民用和公用的燃料，送至建筑物内部的燃气用具。

1. 燃气的分类

沼气：以禽畜粪便、作物秸秆、食品加工废料等为原料，通过特定环境的自然分解而产生的可燃性气体。

液化石油气：石油加工过程中产生的一种可燃气体，常温常压下为气态，温度降低或压力增大变为液态。

人工煤气：由煤、焦炭等固体燃料或重油等液体燃料经干馏、汽化或裂解等过程所制得的气体。

天然气：蕴藏在地层里的可燃气体，发热值较高，是城市燃气供应的优质气源。

2. 燃气的供应方式

(1) 瓶装供应。在燃气管网没有覆盖的区域使用燃气，将液化石油气装在钢瓶中，采用瓶装方式进行供应，瓶装燃气供应的路径如图 1-7 所示。

(2) 管道输送。在燃气供应的区域内建设管网系统，将可燃气体通过管道送至建筑物内部的燃气用具。管道燃气供应的路径如图 1-8 所示。

项目一　建筑工程水电安装基础知识

气源（高压管道 车辆运输）→ 储配站的储罐 →（瓶装分配）居民区供应站 →（供应）用户

图 1-7　瓶装燃气供应的路径

气源 →（高压管道）高中压调压站 →（中压管道）中低压调压站 →（低压管道）建筑物

图 1-8　管道燃气供应的路径

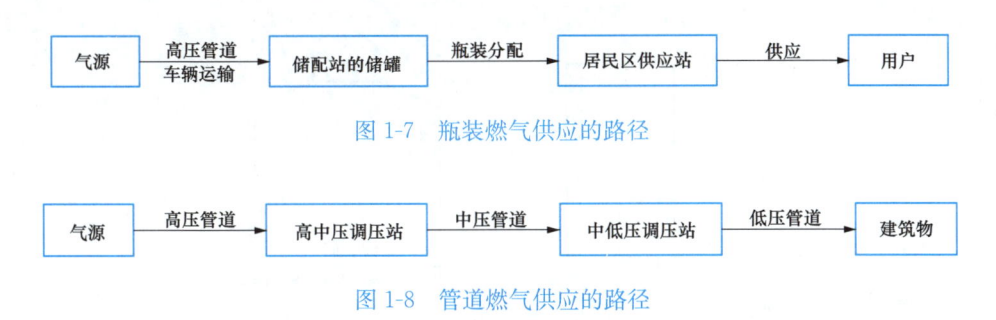

建筑物内部燃气管道工程的相关内容见本书项目六。

六、通风与空调工程

通风与空调工程的基本任务是把室外新鲜的空气送入室内，把室内污浊的空气排到室外，保证室内空气的质量。

1. 衡量空气质量的指标

（1）温度。人体感觉最舒适的气温为 20℃ 左右，由于个体差异以及季节的影响，环境的适宜温度为：夏季 19～24℃，冬季 17～22℃。

（2）湿度。空气的湿度通常指相对湿度。一般情况下，人体感觉最舒适的湿度是 40%～60%。

（3）清洁度。空气的清洁度是指空气的新鲜程度和洁净程度。空气的新鲜程度，即空气中氧的含量能否保证占空气质量的 23.1%；洁净程度是指空气中粉尘和有害气体的浓度。

（4）流动速度。室内外的压力差是空气流动的原因，当空气流速为 0.25m/s 时，人体能够正常散热，会感觉舒适。

当室外空气质量不达标时，即使室内空气的温度、湿度、流动速度等各项指标都满足要求，也不能称为空气质量符合要求。

2. 通风

（1）自然通风。如图 1-9 所示，自然通风依靠建筑物内外空气的密度差引起的热压，或室外大气运动引起的风压，促使室内外空气流动，达到通风换气的目的。这种通风方式可以使建筑物室内获得新鲜空气，带走多余的热量，不需要消耗动力，节省能源，节省设备投资和运行的费用，是经济有效的通风方法。

（2）机械通风。机械通风是指依靠风机动力使空气流动。机械通风的方式如图 1-10 所示。图 1-10（a）为局部排风，是将污浊的空气或有害物直接从产生的局部地点抽出，控制有害物向室内扩散；图 1-10（b）为局部送风，是向局部工作地点送风，形成局部区域的良好空气环境；图 1-10（c）为全面机械送风，是用风机将室外的空气通过风道和送风口不断送入室内，在室内形成正压，将室内的污浊空气从门窗挤压出去；图 1-10（d）为全面送排风，是用风机将室外的空气通过风道和送风口不断送入室内，在外墙上安装轴流风机抽出室内的污浊空气。

3. 空调

空调即空气调节，是指通过一定的技术手段，在特定的空间内对空气的温度、湿度、洁

图 1-9　自然通风

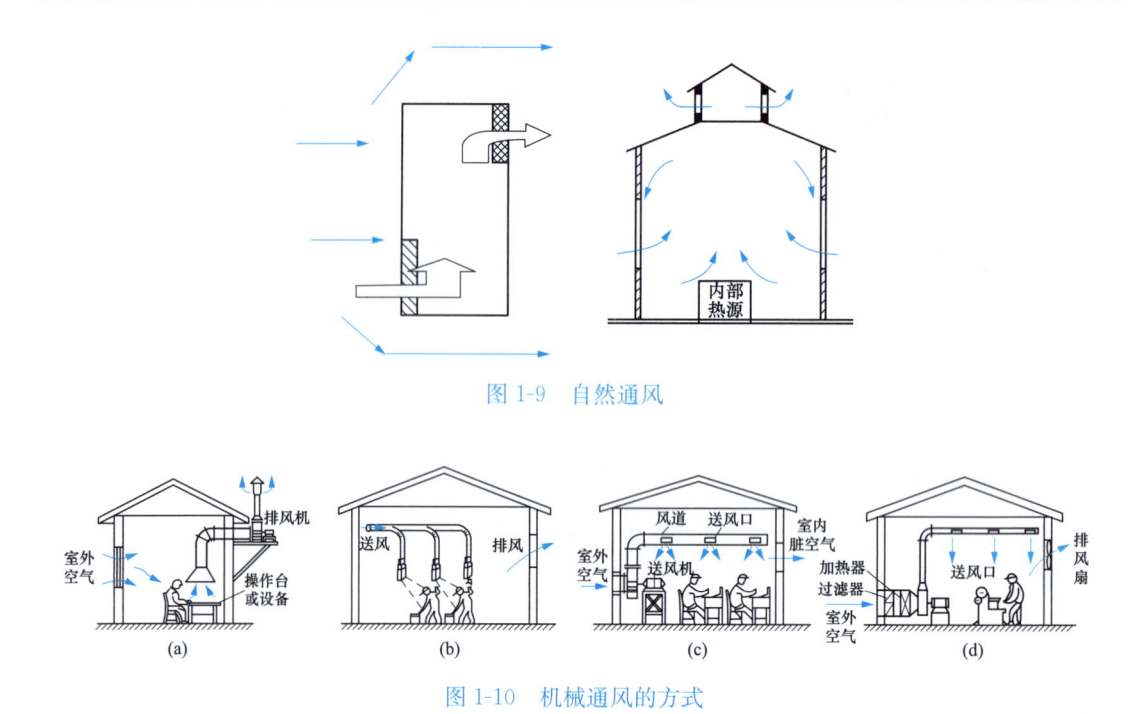

图 1-10　机械通风的方式
（a）局部排风；（b）局部送风；（c）全面机械送风；（d）全面送排风

净度和流动速度进行调节和控制，以满足人体的舒适和生产工艺的要求。

空调的分类如图 1-11 所示。

图 1-11（a）为集中式空调，是将空气处理设备及冷热源集中在专用机房内，经处理后的空气用风道分别送至各个房间。这种空调方式适用于商场、医院、写字楼、宾馆等公共建筑。

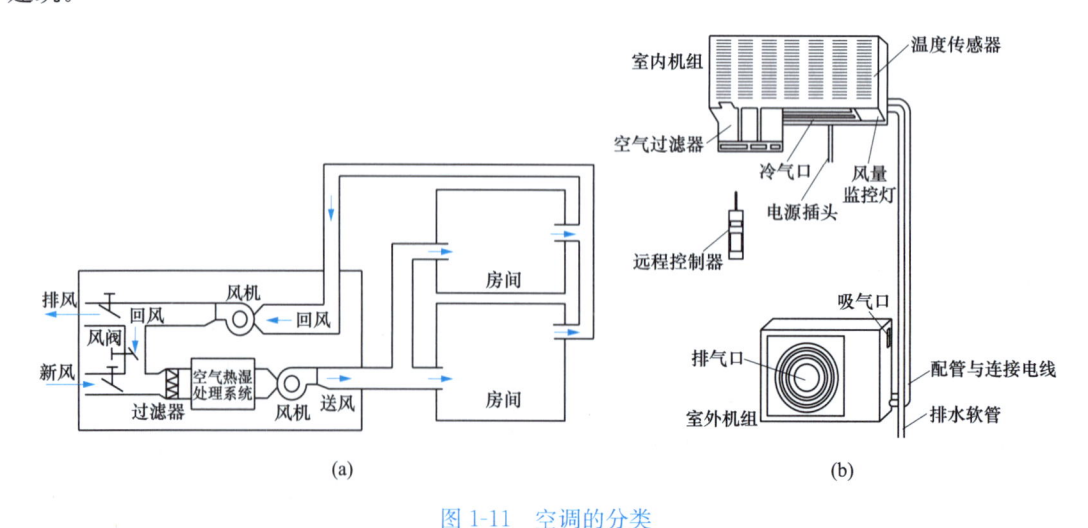

图 1-11　空调的分类
（a）集中式空调；（b）分散式空调

图 1-11（b）为分散式空调，是将空气处理设备、冷热源和风机紧凑地组合成为一个整

体空调机组,可将它直接安装在空调房间或临室,借助较短的风道将它与空调房间联系在一起。这种空调方式适用于居住建筑。

4. 通风与空调的区别

通风与空调的区别见表 1-1。

表 1-1　　　　　　　　　　　通风与空调的区别

类型	温度	湿度	流动速度	洁净度	室内空气
通风	—	—	空气流动	简单净化	不循环
空调	加热或冷却	加湿处理	空气流动	净化处理	循环使用

七、建筑变配电工程

1. 电力系统的组成

为了提高供电的安全性、可靠性、连续性、运行的经济性,提高设备的利用率,减少整个地区的总备用电容量,常将发电厂、电力网、电力用户连成一个整体,称为电力系统。电力系统的组成如图 1-12 所示。

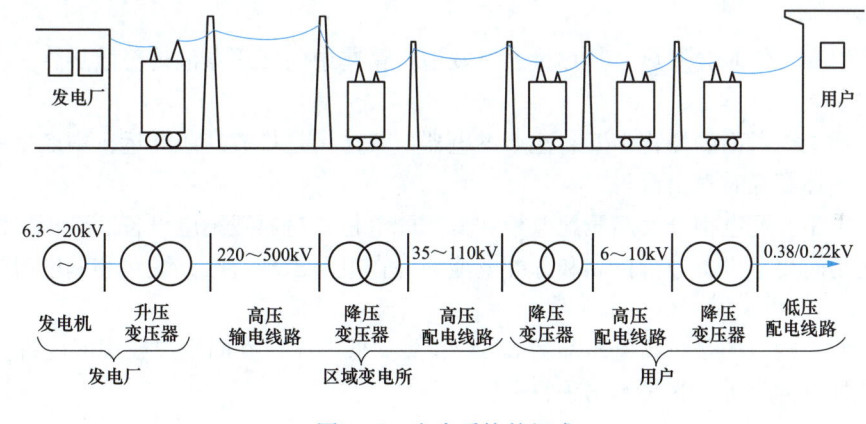

图 1-12　电力系统的组成

发电厂:将水力、火力、风力、原子能等一次能源转换成二次能源(电能)的场所。

电力网:输送、变换和分配电能的设备,由变配电所和输配电线路组成。

变配电所:变换电压、交换电能、分配电能的场所,由变压器和配电装置组成。

输配电线路:输送电能的通道。一般把 35kV 及以上电压的输配电线路称为送电线路,把 10kV 及以下的线路称为配电线路。

用户:即电力负荷,是消耗电能的场所。根据生产和生活的需要,将电能转换成为机械能、热能、光能等形式。

2. 变电所

变电所分为升压变电所和降压变电所。

变电所的类型可分为室内和室外两大类。室内变电所供电安全、可靠性高,运行中的监测和管理方便,受气候条件和环境条件影响小;室外变电所安装简单、经济,出线灵活方便,有利于发展,变压器易于通风和散热。变电所内的主要设施为变压器和配电柜。

(1)变压器。变压器是变配电系统中最重要的设备,在建筑变配电系统中,变压器的作用是将高电压降为用户使用的低电压。

按照结构形式不同,变压器分为油浸式和干式。与干式变压器相比,油浸式变压器具有较好的绝缘性能和散热性能。

如图 1-13 所示,油浸式变压器的工作原理是利用两个绕组的磁场变换达到降压的目的。

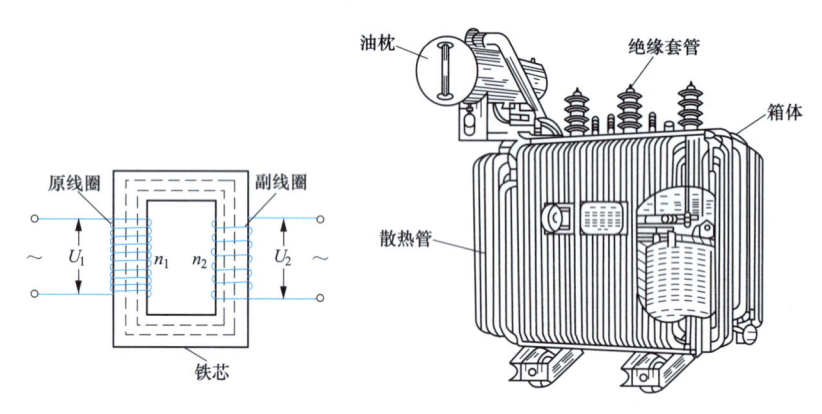

图 1-13　油浸式变压器

两个绕组在工作时会发热,其热量通过浸泡在箱体中的变压器油传至散热管,将热量散发到空气中。

在变压器油枕下面的油管中安装瓦斯继电器,其作用是排放变压器运行中产生的瓦斯气体,当瓦斯气体超标时发出警告。

(2)配电柜。配电柜分为高压配电柜和低压配电柜,是放置配电设备及其连接线路的箱体,其作用是对用电设备进行控制和分配电能,并在电路出现过载、短路和漏电时进行断电保护。

建筑变配电的目的是将高电压降为 380/220V 的低电压,并向用户或用电设备供电。

建筑变配电的相关内容见本书项目七。

八、建筑电气照明工程

建筑电气照明工程的基本任务是把电能转换成光能输送到各种灯具,在夜间或采光不足的情况下,使环境明亮,以满足生产、生活和学习的需要。

1. 照明的种类

按照明设备的工作状态,分为正常照明、应急照明、值班照明、警卫照明、景观照明、障碍照明、装饰照明、艺术照明等;按照明方式,分为一般照明、局部照明、混合照明等。

2. 光源的种类

常见的光源种类为白炽灯、卤钨灯、荧光灯、高压汞灯、无极灯、钠灯、LED 灯。其中,LED 灯属于典型的绿色照明光源,其特点是发光效率高、光线质量高、无辐射、抗高温、防潮防水、防漏电等,是未来室内照明的主流光源。

除光源外,建筑电气照明工程还包括电源、线路、开关、插座等。

建筑电气照明工程的相关内容见本书项目七。

九、建筑防雷接地工程

建筑防雷接地工程的主要任务是引导雷云放电，将雷电引入大地，保护建筑物免受雷击破坏和人身伤亡。

1. 雷电知识概述

雷电是伴有闪电和雷鸣的一种雄伟壮观而令人生畏的放电现象。雷电的特点是放电的时间短、电流大、电压高、破坏力强。主要的破坏形式为机械性破坏、热力性破坏、绝缘击穿性破坏。雷电的种类如下。

（1）直击雷：雷云向大地放电，直接击在建（构）筑物或外部防雷装置上，产生电、热、机械等方面的破坏。

（2）云闪：在云层内部、云与云之间或云对空的放电现象，对人类的危害很小。

（3）间接雷：闪电放电时，在附近导体上产生的静电感应和电磁感应，使金属部件之间产生火花放电，也称为感应雷。

（4）闪电电涌侵入：雷电沿供电线路和金属管道侵入建筑物内部，也称为高电位侵入。

2. 防雷

建筑物防雷应针对不同的雷电，不同防雷等级的建筑物采取不同的保护措施。

《建筑物防雷设计规范》（GB 50057—2010）规定，建筑物的防雷分类应根据建筑物的重要性、使用性质、发生雷电事故的可能性和后果进行划分。按有爆炸危险的建筑、国家级重点建筑、省级重点建筑，以及雷击次数、建筑物的高度等因素，将建筑物的防雷分为三类。

建筑物易受雷击的部位如图 1-14 所示，图中圆圈表示雷击率最高的部位，实线为易受雷击的部位，虚线表示不易受雷击的部位，易受雷击部位是重点防雷部位。图 1-14（a）为平屋面；图 1-14（b）为坡度不大于 1/10 的坡屋面；图 1-14（c）为坡度大于 1/10 且小于 1/2 的屋面；图 1-14（d）为坡度大于 1/2 的屋面。布设防雷装置时，首先应考虑雷击率最高的部位，其次为易受雷击的部位。

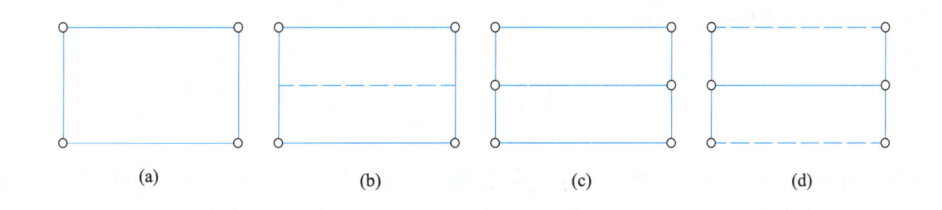

图 1-14 建筑物易受雷击的部位
(a) 平屋面；(b) 坡度不大于 1/10 的坡屋面；
(c) 坡度大于 1/10 且小于 1/2 的屋面；(d) 坡度大于 1/2 的屋面
注：图中 ○ 表示雷击率最高；——表示易受雷击；----表示不易受雷击

3. 接地

接地分为工作接地、保护接地和防雷接地。

工作接地的目的是使电路或设备安全运行，如变压器中性点接地。

保护接地的目的是防止电路或者具有金属外壳的设备在运行过程中漏电而危及人身和设备的安全。

防雷接地的目的是把雷电引入大地，避免雷电对建筑物及内部的电气设备造成破坏。

等电位联结是建筑物内部防雷的措施之一，其目的是通过降低建筑物内部的电位差，保护人员及设备的安全。

建筑防雷接地与等电位联结的相关内容见本书项目八。

十、建筑弱电工程

建筑电气工程分为强电工程和弱电工程。强电系统的作用是把电能引入建筑物，并通过用电设备将电能转换为机械能、热能和光能等；弱电系统的作用是在建筑物内部以及内部与外部之间，实现语音、图像、数据等信息的交换、传递和控制。

常见弱电系统的主要任务如下：

有线电视系统：允许多台用户的电视机共用一组室外天线接收电视台发射的电视信号。

通信网络系统：对建筑物内外的语言、文字、图像、数据等多种信息进行接收、存储、处理、交换、传输，并提供决策支持。

安全防范系统：以防入侵、防盗、防破坏为目的，综合应用电子技术、传感器技术、通信技术、自动控制技术、计算机技术等，设置入侵报警系统、视频安防监控系统、出入口控制系统、防爆安全检查系统等。

火灾自动报警系统：使用探测器、控制器、消防报警装置等自动消防设施，扑灭初期火灾。

综合布线系统：是集成化通用传输系统，它利用双绞线或光纤传输智能化建筑内的语言、数据、图像和监控信号。

建筑弱电工程的相关内容见本书项目九。

综上所述，建筑安装工程可概括为两个部分，即"用管道输送介质的管道工程"和"用线路传输能量或信号的电气工程"。

任务二　管道工程的基础知识

室内管道工程的施工图由设计说明、系统图、平面图、节点大样图、设备及主要材料表等组成。下面针对管道及其附件在施工图中的表述，进行基础知识的学习。

一、管道的表示方法

管道是用若干管节连接而成的通道。

如图1-15所示，在施工图中，管道的表示方法为单线图和双线图两种形式。图1-15（a）为管道的单线图；图1-15（b）为管道的双线图。

施工图中与管道相关的图线见表1-2。

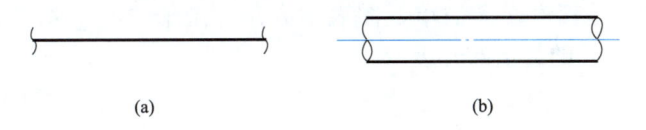

图 1-15　管道的表示方法
(a) 管道的单线图；(b) 管道的双线图

表 1-2　　管道的图线

图线	适用范围	备注
粗实线	新建的各类管道	单线图
粗虚线	新建的排水管道用粗虚线表示	给、排水系统同一张平面图
细实线	标注线；原有的各种管线；平面图中建筑物的轮廓线	—
点划线	管道的轴线	双线图

二、常用管件

管件是将管节连接成管道的零件。当管道转向时，用弯头连接管节；当管道向一个方向分流时，用三通连接管节；当管道向两个方向分流时，用四通连接管节；当管道需要变径时，用异径管连接管节。

1. 弯头

弯头的角度是指改变后的方向与原方向的夹角。

如图 1-16 所示，图 1-16（a）为单线图表示的 45°弯头；图 1-16（b）为双线图表示的 45°压制弯头；图 1-16（c）为双线图表示的 45°焊接弯头。其中，压制弯头适用于小口径的管道，焊接弯头适用于大口径的钢管。

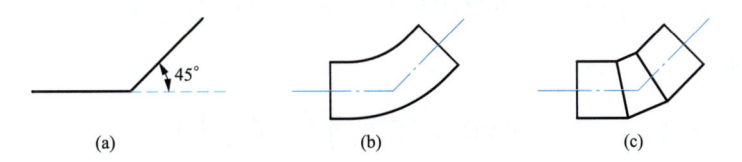

图 1-16　45°弯头的表示方法
(a) 单线图表示 45°弯头；(b) 双线图表示 45°压制弯头；(c) 双线图表示 45°焊接弯头

2. 三通

三通分为正三通和斜三通，其中，斜三通用于室内排水工程，利于无压力管道的排水。

如图 1-17 所示，图 1-17（a）为单线图表示的斜三通；图 1-17（b）为单线图表示的正三通；图 1-17（c）为双线图表示的异径斜三通；图 1-17（d）为双线图表示的同径正三通。在单线图中无法区分同径三通或异径三通。

3. 四通

如图 1-18 所示，图 1-18（a）和图 1-18（c）分别为四通的单线图表示方法和双线图表示方法；图 1-18（b）和图 1-18（d）分别为管道交叉的单线图表示方法和双线图表示方法。

四通与管道交叉的区别如下：

（1）四通为一个管件，而管道交叉为"一前一后"或"一上一下"两个管道。

（2）图1-18（b）是管道交叉的单线图表示方法，位于"前"或"上"的管道通长表示，位于"后"或"下"的管道断开表示。

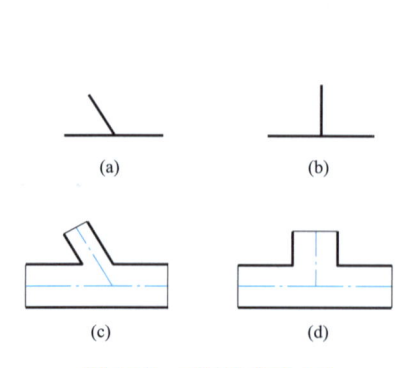

图1-17 三通的表示方法
（a）单线图表示斜三通；（b）单线图表示正三通；
（c）双线图表示异径斜三通；（d）双线图表示同径正三通

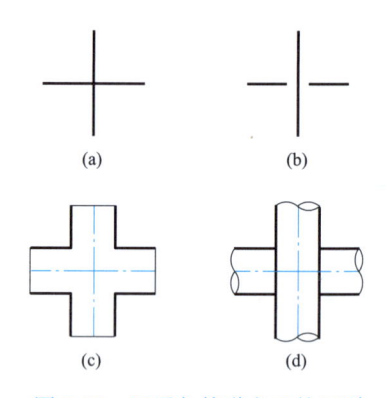

图1-18 四通与管道交叉的区别
（a）单线图表示四通；（b）单线图表示管道交叉；
（c）双线图表示四通；（d）双线图表示管道交叉

4. 异径管

异径管也称为"大小头"，分为同心异径管与偏心异径管。

如图1-19所示，图1-19（a）和图1-19（b）为单线图表示的异径管；图1-19（c）为双线图表示的同心异径管；图1-19（d）为双线图表示的偏心异径管。

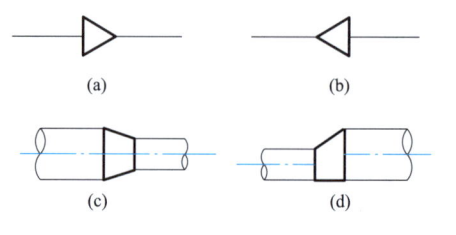

图1-19 异径管的表示方法

在单线图中，用三角形表示异径管，直线上的三角指向口径小的管道；单线图无法区分同心异径管或偏心异径管。

三、管道规格

管道规格用管径表示，单位为mm。管道的外径、内径和壁厚是表示管道规格不可缺少的三个要素。

表示管道规格的直径为公称直径DN、$D \times t$、Dw、De、d 等。其中，DN为管道公称直径的通用表示方法，塑料管道公称直径的表示方法为De。

管道的公称直径DN标准系列为：10、15、20、25、32、40、50、65、80、100、125、150、175、200、225、250、300、350、400、450、500、600、700、800、900、1000、1100、1200、1400、1600、1800等。室内管道常用的管径对比见表1-3。

表1-3　　　　　　　　　常用管径对比表

公称直径	常用规格	备注
De	20、25、32、40、50、63、75、90、110	给水塑料管
DN	15、20、25、32、40、50、65、80、100	
De	50、75、110、160	排水塑料管
DN	50、75、100、150	

四、标高

标高是指某个点到高程基准的铅垂线长，单位为 m。在建筑工程中，将绝对高程和相对高程统称为标高。

如图 1-20 所示，室外管道因管径较大，在管道工程建设的不同阶段应考虑不同的标高部位。

室内管道因管径小，在工程建设的各阶段均计管中标高。

图 1-20 室外管道标高部位示意

五、坡向与坡度

坡向即坡度的朝向。室外工程中，管道坡向按从左到右的顺序计，管道上坡、平坡和下坡分别表示为"／""—""＼"；室内工程中，坡向用"→"表示，箭头指向下坡处。

如图 1-21 所示，坡度的计算公式为

$$i=\tan\alpha=h:D=1:m$$

式中　i——坡度；
　　　D——管道的水平投影长度，m；
　　　h——管道起点与终点的高差，m；
　　　α——管道相对于水平面的倾斜角度；
　　　$1:m$——土方工程中称为放坡系数，也称为坡度。

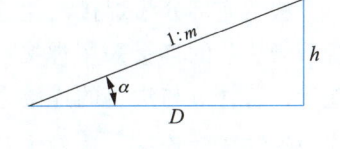

图 1-21 坡度图解

室外工程中，管道上坡、平坡和下坡的坡度表示分别为：$i>0$、$i=0$、$i<0$；室内工程中，管道坡度的表示方法为：在坡向箭头旁标注数字，数字表示为小数、分数或百分数，如 $i=0.007$，也可以写为 $i=0.7\%$。

六、管材及接口形式

管道工程常用的管材及接口形式见表 1-4。

表 1-4　　常用管材及接口形式

管材			接口形式	适用的管道类别
金属管材	无缝钢管		焊接、法兰连接	工业管道、燃气
	有缝钢管（焊接钢管）	镀锌钢管（白铁管）	小于 DN100：螺纹连接 大于 DN100：沟槽连接	室内给水 消防给水
		非镀锌钢管（黑铁管）	小于 DN32：螺纹连接 大于 DN32：焊接	管道的套管
	铸铁管	给水铸铁管	承插连接、法兰连接	室外给水
		排水铸铁管	承插连接	室内排水
	不锈钢管	厚壁不锈钢管	焊接、法兰连接	冷热水供应（高档）
		304 薄壁不锈钢管	卡压连接	
	铜管	厚壁铜管	焊接、螺纹连接	冷热水供应、净水供应、空调 VRV 系统
		薄壁铜管	胀接、卡压连接	

续表

管材		接口形式	适用的管道类别
非金属管材	塑料管 PE 管	热熔连接	室外给水
	PPR 管	热熔连接	室内给水、室内采暖
	HDPE 管（波纹管）	承插连接	市政排水
	UPVC 管（直管）	利用管件用胶粘接	室内排水
	铝塑复合管	螺纹连接、压力连接	室内给水

1. 焊接

钢管焊接通常采用熔焊的方法，即：将管道的接口两端熔化形成熔池，熔池冷却凝固后形成一道连续的焊缝，将两个管节连接成为一个整体。

2. 法兰连接

法兰连接如图 1-22 所示。法兰连接就是将管节的一端与法兰固定，两个法兰之间用橡胶垫密封，用螺栓将两个法兰进行紧固，将两个管节连接成为一个整体。

法兰连接分为焊接法兰连接和螺纹法兰连接。若管节与法兰的连接采用焊接，则接口方式为焊接法兰连接；若管节与法兰的连接采用螺纹连接，则接口方式为螺纹法兰连接。通常大口径的钢管采用焊接法兰连接，小口径的钢管采用螺纹法兰连接。

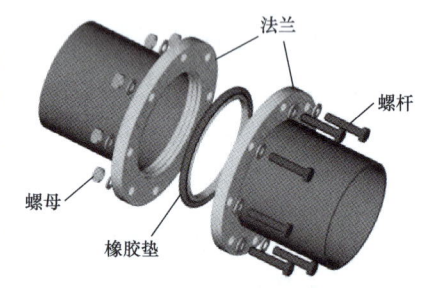

图 1-22 法兰连接

3. 承插连接

承插连接用于带承插端的管节连接，按照接口的密封材料不同，承插接口分为刚性接口和柔性接口两种。管道柔性承插连接如图 1-23 所示。

柔性接口的密封材料为橡胶圈。刚性接口的密封材料为石棉水泥、青铅等。

4. 螺纹连接

螺纹连接适用于小口径的管道连接。如图 1-24 所示，螺纹连接就是在管节端部加工外螺纹，在上面绕油麻或生料带作为止水密封材料，与配套的管件进行连接。

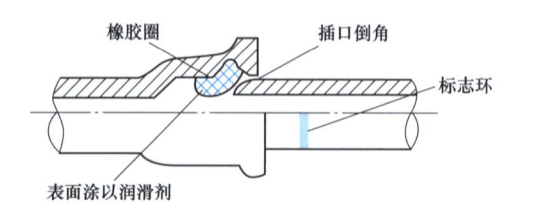

图 1-23 管道柔性承插连接

图 1-24 管道螺纹连接

5. 热熔连接

如图 1-25 所示，热熔连接就是用热熔机械将塑料管的端部加热至熔化，然后用稳定的压力对接两段管节，将两个管节连接成为一个整体。

热熔缝的特点是在接口处有两道凸起的对接缝。

6. 沟槽连接

管道沟槽连接，也称为卡箍连接，是新型的钢管连接方式，逐渐取代了法兰连接和焊接两种传统的管道连接方式。

如图 1-26（a）所示，卡箍主要由橡胶密封圈、卡箍和锁紧螺栓等三部分组成。卡箍与管道的连接节点如图 1-26（b）所示。

图 1-25　管道热熔连接

图 1-26　管道沟槽连接

沟槽连接时，将橡胶密封圈置于管道接口的外侧，并与管端的沟槽相吻合，在橡胶圈的外部扣上卡箍，然后用两颗螺栓紧固。

由于橡胶密封圈和卡箍的独特结构设计，使沟槽连接的管道具有良好的密封性，并且随管内压力的增高，密封性增强。

七、管道附件

管道附件即管道的附属配件，包括阀门、减压器、疏水器、除垢器、补偿器、倒流防止器、法兰、水表、热量表等。

1. 阀门

阀门是流体输送系统中的控制部件，具有截止、调节、导流、防止逆流、稳压、分流或溢流泄压等功能。

（1）阀门的种类。阀门按工作压力分为低压、中压、高压等三种；按材质分为铸铁、铸钢、铸铜、不锈钢阀门等；按输送的介质分为水、蒸汽、空气、耐酸阀门等；按接口方式分为法兰阀门和螺纹阀门等；按驱动方式分为手动、电动、自控阀门等。

（2）常用阀门。

1）闸阀。闸阀如图 1-27 所示。闸阀闸板的运动方向与水流方向垂直，工作时通过转动手轮控制阀杆螺纹的进退，提升或下降与阀杆连接的阀板，以达到开启、关闭和调节水流的目的。

2）蝶阀。蝶阀如图 1-28 所示。蝶阀工作时，通过转动手轮带动阀轴和阀板旋转，以达到开启、关闭和调节水流的目的。

3）球阀。球阀如图 1-29 所示。球阀工作时，通过扳动手柄带动阀杆和带孔的阀球旋转，以达到开启、关闭和调节水流的目的。

4）止回阀。止回阀如图 1-30 所示。止回阀是依靠水流的流动而自动开启，防止逆流的单向阀门。

图 1-27　闸阀

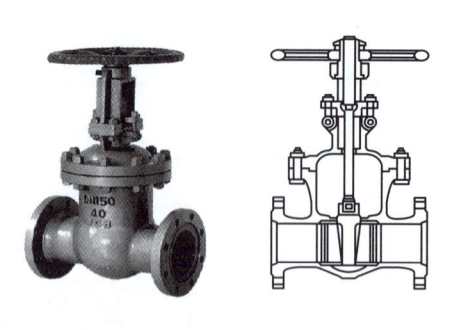

图 1-28　蝶阀

5）截止阀。截止阀如图 1-31 所示。截止阀工作时，通过转动手轮使阀杆在轴向方向上向阀瓣施加压力，使阀瓣密封面与阀座密封面紧密贴合，阻止水流沿密封面之间的缝隙泄漏。

与闸阀相比，截止阀的启闭高度较小，易于流量的调节。

6）水位控制阀也称为浮球阀，一般用于水箱、水池、水塔的水位高度控制。水位控制阀如图 1-32 所示。浮球随着水位下降，打开阀门进水，当水位升高时，升起的浮球自动关闭阀门。

图 1-29　球阀

7）安全泄压阀是起安全保护的阀门，当管道内的压力超过工作压力时自动开启，当管道内的压力小于工作压力时自动关闭。

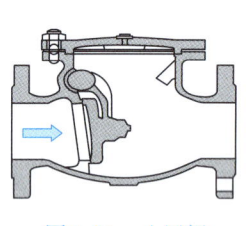

图 1-30　止回阀

图 1-31　截止阀

图 1-32　水位控制阀

8）疏水阀用于蒸汽加热设备、蒸汽管网和凝结水回收系统的阀门，它能迅速、自动、连续地排除凝结水，有效阻止蒸汽泄漏。

（3）阀门的型号组成。如图 1-33 所示，阀门的型号一般由 7 个单元组成，其中 1、3、6 三个单元是阀门特征描述的重要组成部分。

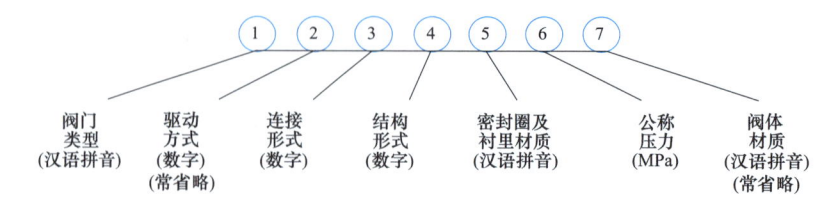

① 阀门类型（汉语拼音）
② 驱动方式（数字）（常省略）
③ 连接形式（数字）
④ 结构形式（数字）
⑤ 密封圈及衬里材质（汉语拼音）
⑥ 公称压力（MPa）
⑦ 阀体材质（汉语拼音）（常省略）

图 1-33　阀门型号的表示方法

2. 伸缩器

伸缩器也称为补偿器、膨胀节、伸缩节，它的作用是补偿管道的伸缩变形。

（1）套管伸缩器。套管伸缩器一般与阀门组合安装，方便阀门的安装与拆卸。如图1-34（a）所示，套管伸缩器由短管、密封圈、压盘和伸缩短管等部分组成，它可以在一定范围内进行轴向伸缩，超过最大伸缩量可以起到限位的作用，确保管道安全运行。

（2）方形伸缩器。如图1-34（b）所示，方形伸缩器作为钢管的主要部分，其作用是补偿管道热胀冷缩的变形量，并对管道穿过结构伸缩缝、抗震缝及沉降缝处的变形进行补偿。

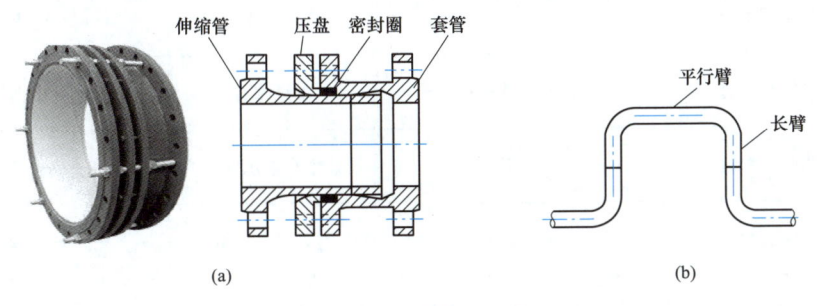

图1-34 伸缩器

3. 套管

套管是指管道穿基础、穿墙、穿楼板时，套在管道外对管道起保护作用的金属或塑料短管。

刚性防水套管如图1-35（a）所示，柔性防水套管如图1-35（b）所示，防水套管与普通套管的区别见表1-5。

图1-35 套管

表 1-5　　　　　　　　　　　防水套管与普通套管的区别

套　管		结　构	适用范围
防水套管	刚性防水套管	钢制短管、外部翼环	有一般防水要求的建（构）筑物
	柔性防水套管	钢制短管、外部翼环、挡圈、法兰内丝	有严密防水要求的建（构）筑物、穿墙处易受振动
普通套管		钢制（或塑料）短管	无防水要求

八、常用图例

图例即施工图中的符号，是施工图的重要组成部分。为了方便施工图识读，常用符号表示管道、设备、附件等，识读施工图必须从认识图例开始。

施工图中的图例可以套用标准图例，也可以自行设计。管道工程常用图例见表1-6。

表1-6　　　　　　　　　　　　管道工程常用图例

类别	名称	图例	名称	图例
管道类别	生活给水管	—— J ——	污水管	—— W ——
	热水给水管	—— RJ ——	雨水管	—— Y ——
	热水回水管	—— RH ——	废水管	—— F ——
	热媒给水管	—— RM ——	凝结水管	—— N ——
	热媒回水管	—— RMH ——	中水给水管	—— Z ——
	保温管	～～～	空调冷凝水管	—— KN ——
	多孔管		地沟管	
	伴热管		防护套管	
	排水明沟	坡向→	排水暗沟	坡向→
管件	弯头		S形、P形存水弯	
	正三通		斜三通	
	正四通		斜四通	
	同心异径管		偏心异径管	
管道连接	法兰连接		承插连接	
	活接头		盲板	
	管堵		法兰堵盖	
管道附件	球阀		止回阀	
	角阀		截止阀	
	延时自闭冲洗阀		感应式冲洗阀	

续表

类别	名称	图例	名称	图例
管道附件	刚性防水套管		柔性防水套管	
	套管伸缩器		方形伸缩器	
	管道固定支架		波纹管	
	Y形除垢器		倒流防止器	
	立管检查口		清扫口	平面　系统
	通气帽	蘑菇形	地漏	平面　系统
消防管道及设施	消防给水管	—— XH ——	自动喷水灭火给水管	—— ZP ——
	水泵接合器		报警控制器	
	水流指示器	L 、	安全阀	
	感烟探测器	Y 、	感温探测器	W
	感光探测器	G 、	报警阀组	
	驱动电机	M	电磁阀	D
	电动阀	M	快速排气阀	
	室内单口消火栓	平面　系统	室内双口消火栓	平面　系统
	开式自动喷洒头	平面　系统	闭式自动喷洒头	平面　系统

续表

类别	名称	图例	名称	图例
给水配件及卫生设备	水龙头	平面　系统	冷热水混合水龙头	
	淋浴喷头		冷热水混合淋浴喷头	
	浴盆		台式洗脸盆	
	立式洗脸盆		挂式洗脸盆	
	盥洗槽		厨房洗涤盆	
	污水池		带沥水板的洗涤盆	
	蹲式大便器		坐式大便器	
	小便槽		挂式小便器	
小型给水构筑物	矩形化粪池	HC	圆形化粪池	HC
	单箅雨水口		双箅雨水口	
	水表井		阀门井（检查井）	
给排水设备	水表		压力表	P
	立式水泵	平面　系统	卧式水泵	或　平面　系统
采暖设备	散热器		管道泵	
	温度计		自动排气阀	平面　系统
燃气设备	埋地管道		双眼炉灶	
	燃气表		燃气热水器	R

九、管道的轴测图

1. 轴测图

轴测图是用平行投影的方法,将物体连同确定该物体的直角坐标系一起沿坐标轴的方向投射到一个投影面上所得到的图形。

如图 1-36(a)所示,图中的粗实线表示管道在正方体中的位置,隐藏正方体的线条后,即成为如图 1-36(b)所示的轴测图。图中相邻的横线、竖线和斜线是垂直关系。

【例 1-1】 请根据如图 1-37 所示的管道及数据,回答下列问题:

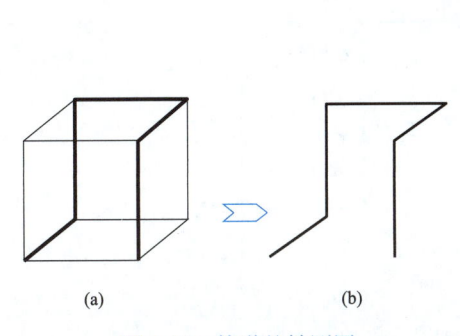

图 1-36 管道的轴测图

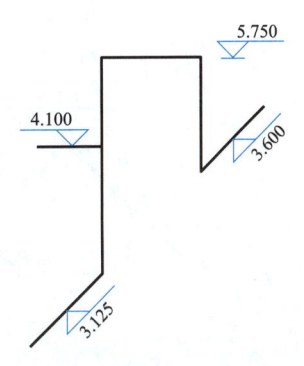

图 1-37 轴测图应用示例

(1) 图中有哪几种管件?数量分别是多少?

图中有两种管件:正三通 1 个;90°弯头 4 个。

(2) 计算图中左、右立管的长度。

左立管长度:5.750－3.125＝2.625(m)

右立管长度:5.750－3.600＝2.150(m)

(3) 分别计算三通以上的立管长度和三通以下的立管长度。

三通以上的立管长度:5.750－4.100＝1.650(m)

三通以下的立管长度:4.100－3.125＝0.975(m)

2. 系统图与平面图

管道工程系统图的表达方法为轴测图。管道工程的大量信息来自系统图与平面图,这两张图的信息应吻合。系统图与平面图中的直线对应关系见表 1-7。

表 1-7　　　　　　　　　系统图与平面图中的直线表示方法比较

系统图中的直线	—	/	|
平面图中的直线	—	|	○

从表中可以看出,系统图中的立管在平面图中为圆圈,即发生了管道积聚。对比系统图与平面图中的管道信息时应特别注意。

【例 1-2】 请根据图 1-38(a)所示的系统图,画出管道的平面图;说明系统图中有哪些图例,数量分别是多少?

(1) 参照表 1-7 中的直线特征,根据管道系统图画平面图的步骤如下:

①识读系统图,熟悉管道走向;

②从进户管开始，按照先横线后斜线的顺序，量出直线长，在平面图中确定各段管道的位置；

③根据系统图中三根立管的位置，在平面中用圆圈标记管道积聚；

④根据系统图中水表和阀门的位置，在平面图中标记相应位置；

⑤对照系统图与平面图中的管道，检核正确性，绘制如图 1-38（b）所示的平面图。

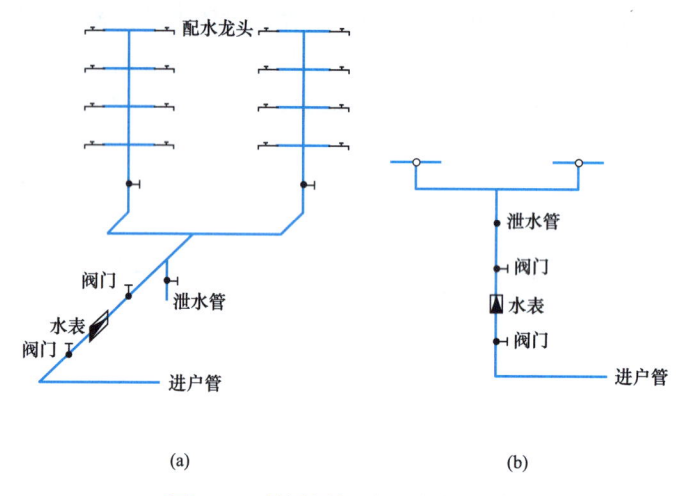

图 1-38　轴测图与平面图对比示例

（2）系统图中的图例为：5 个 90°弯头、6 个四通、4 个三通、5 个阀门、1 个水表井、16 个水龙头。

任务三　电气工程的基础知识

电气工程的施工图由设计说明、系统图、平面图、大样图、设备及主要材料表等组成。下面针对电气施工图的表述，进行基础知识的学习。

一、电气相关知识

如图 1-39 所示，我国的低压三相交流电多采用"三相五线"制供电，分别是 A、B、C 三根相线、一根零线 N 和一根地线 PE。

1. 电路及其组成

电路是电流通过的路径，是各种电气设备或元件按照一定方式连接起来的统称，它由电源、负载和中间环节组成。图 1-39 中相线 B 所示的路径为电路。

图 1-39　电路

电源：提供电能或信号的装置，目的是将非电能转为电能。如蓄电池、发电机、信号源等。

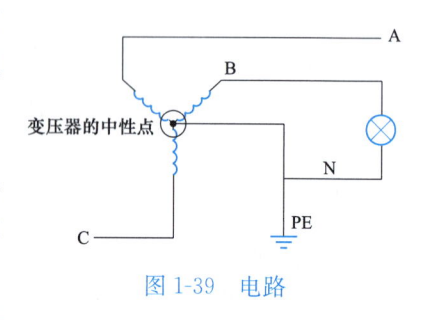

负载：吸收或转换电能的部分，目的是将电能转换成非电能。如电动机、照明灯、电炉等。

中间环节：用来连接电源和负荷，起传递和控制作用，包括连接导线和控制开关。

2. 火线、零线和地线

（1）火线。三相交流电即三个不同步的交流电源，相位差为120°，表示为A、B、C三相。当三个电源独立供电时，三相之间相互不影响各自的工作，电源供电称为单相供电，相线俗称为"火线"，表示为L。L_1即A，L_2即B，L_3即C。

（2）零线。三相电源的公共交点称为中性点，即变压器的中性点。从变压器中性点接地引出的中性线俗称"零线"，其作用是与火线构成工作回路。

（3）地线。将三相电源的中性点接地，用导线将接地体与中性点相连，这根线称为地线，表示为PE。

地线PE为非工作线，用于接用电器具的金属外壳，其作用是提供漏电状态下的泄流旁路，以消除安全隐患。

3. 相电压与线电压

如图1-40所示，线电压是指A、B、C三个相线之间的电压，为380V；相电压是指A、B、C三个相线分别与中性点之间的电压，为220V。

线电压与相电压之间的数值关系为：$380 \approx 220\sqrt{3}$。

4. 导线的颜色标识

单相供电时，相线的颜色为"红"色，零线的颜色为"蓝"色；三相同时供电时，A、B、C三相电源应以"黄""绿""红"三色进行区分。

地线PE的颜色为"黄绿"双色。

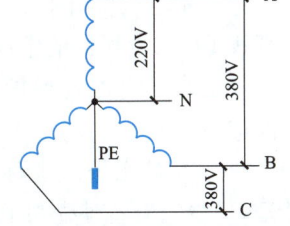

图1-40 相电压与线电压

二、安全用电

1. 安全电压

依据工作环境不同，我国规定了42、36、24、12、6V等不同的安全电压额定值。相关规定如下：

（1）当电器设备采用的电压超过24V时，必须采取预防直接接触带电体的保护措施。

（2）隧道、人防工程、有高温、导电灰尘或灯具离地面高度低于2.4m的场所照明，电源电压应不大于36V。

（3）在潮湿和易触及带电体场所的照明电源电压不得大于24V。

（4）在特别潮湿的场所，导电良好的地面、锅炉或金属容器内工作的照明电源电压不得大于12V。

2. 接地保护

接地保护即设备金属外壳接地、保护人身安全的措施。低压配电系统的接地形式为TN系统、TT系统和IT系统等三种形式。

（1）TN系统。TN系统的电源中性点接地，电气设备的外露可导电部分接零。

1）TN-S系统。也称为五线制系统，其特点是：有单独的零线N、单独的地线PE，设备外壳与PE线连接。

如图1-41所示，系统中的零线N与地线PE从电源端即完全分开，相互独立工作，互不影响。

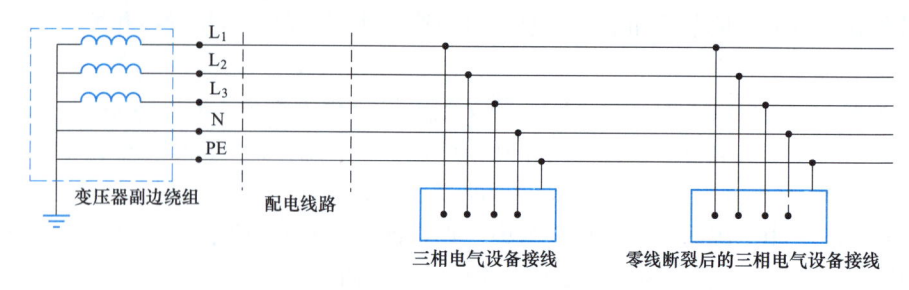

图 1-41 TN-S 系统

①零线断裂后，只影响到断线后的单相电气设备，而不会在保护接零的电气设备外壳上产生危险电压。

②三相电气设备不平衡时，只会在工作零线上产生电位差，而电气设备的外壳则通过保护零线 PE 与变压器的中性点连接，仍可维持零电位，不会产生危险电压。

③工作零线 N 与保护零线 PE 分开后，可以安装多级电流型漏电保护装置，做到多级分片保护。

2) TN-C 系统。也称为四线制系统，其特点是：零线和地线共用一根线，称此线为"PEN"线，设备外壳与 PEN 线连接。

如图 1-42 所示，系统中工作零线 N 与保护零线 PE 从电源端即合二为一。

①当单相设备工作或三相负荷不平衡时，零线上有工作电流通过。

②若设备发生故障使外壳带电时，零线中有单相短路电流通过，有可能产生危险。

③若零线断裂，所有保护接零的设备都将带电，极易发生触电事故。

④施工现场不能采用三相四线制接线。可采用重复接地的方法，将零线上的一处或多处通过接地装置与大地再次相连。

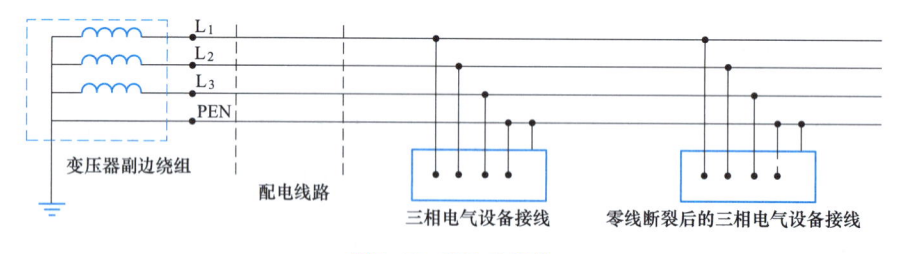

图 1-42 TN-C 系统

3) TN-C-S 系统。也称为四线半系统，其特点是：零线和地线共用一根线，称此线为"PEN"线，从某点再引出一根零线 N。

如图 1-43 所示，系统中工作零线 N 与保护零线 PE 从电源端合二为一，但在用电设备接线时，工作零线 N 与保护零线 PE 再次分开设置。由于工作条件的限制，施工单位的临时用电可采用 TN-C-S 系统。

(2) TT 系统。TT 系统的特点是：没有接地线 PE，零线直接接地，设备外壳单独接地。

如图 1-44 所示，TT 系统中的电源中性点接地，电气设备的外露可导电部分通过各自的 PE 线接地进行保护。

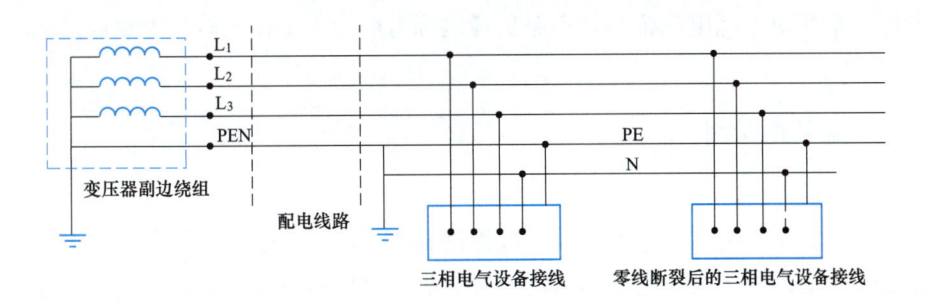

图 1-43 TN-C-S 系统

1)与低压电器外壳不接地相比,在电器发生碰壳事故时,可降低外壳的对地电压,减轻人身触电危害程度。

2)当电气设备的金属外壳因相线碰壳或设备绝缘损坏而带电时,由于有接地保护,可以大大减少触电的危险性。但是,低压断路器不一定跳闸,容易造成漏电设备的外壳对地电压高于安全电压,属于危险电压。

3)当漏电电流比较小时,即使有熔断器也不一定能熔断,还需要漏电保护器作保护,因此 TT 系统难以推广。

4)TT 系统的接地装置耗用钢材多,而且难以回收、费工、费时、费料。

5)TT 系统低压电器外壳接地的保护效果不如 IT 系统,一般情况下,施工现场不宜采用 TT 保护系统。

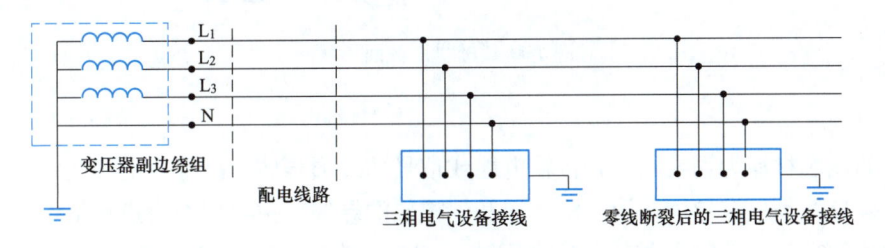

图 1-44 TT 系统

(3)IT 系统。IT 系统的特点是:变压器经电阻与大地接地,没有零线 N 和接地线 PE,设备外壳单独接地。

如图 1-45 所示,IT 系统中的电源中性点不接地,电气设备的外露可导电部分通过各自的 PE 线接地进行保护。

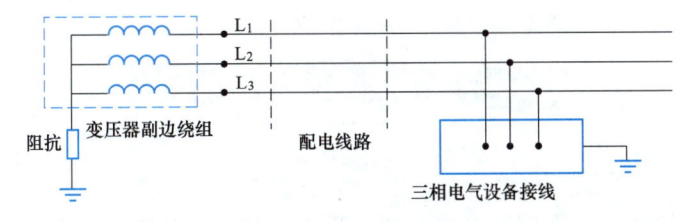

图 1-45 IT 系统

供电距离比较短时,IT 系统的供电可靠性高、安全性好。即使电源中性点不接地,一且设备漏电，单相对地漏电流很小，不会破坏电源电压的平衡，比电源中性点接地的系统更安全。

三、电气工程的常用材料

1. 母线

母线又称汇流排，由高导电率的铜排或铝排制成，用来传输、汇集和分配电能，是电站或变电站输送电能的总导线。它的作用是把发电机、变压器或整流器输出的电能输送给各个用户或其他变电所。

母线分为铜母线和铝母线。其中，铜的电阻率低，机械强度高，抗腐蚀性强，是很好的母线材料，但铜的价格昂贵；铝的电阻率约为铜的1.7～2倍，而重量只有铜的30%，且价格较低。

如图1-46所示，母线的截面形状为矩形、圆形、管形和槽形。其中，矩形母线的散热条件好、集肤效应小、安装简单、连接方便；圆形母线不存在电场集中的场所；管形母线是空心导体，集肤效应小、电晕放电电压高；槽形母线的电流分布均匀，与同截面的矩形母线相比，具有集肤效应小、冷却条件好、金属材料利用率高、机械强度高的优点。

图1-46 母线的截面形状

2. 导线

导线的线芯材料为铜或铝，是传输电能或信号的线形导体，俗称"电线"。

（1）裸导线是只有导体，没有绝缘层和保护层的导线。主要用途为户外架空线路。

裸导线的分类。按材质划分，分为铜线、铝线、合金线、双金属线等；按形状结构划分，分为圆单线、裸绞线、软接线和型线等。

（2）绝缘导线外包绝缘层和保护层，其作用是防止漏电。

如图1-47所示，绝缘导线由线芯、绝缘层和保护层组成，其绝缘材料为聚氯乙烯、聚乙烯、交联聚乙烯、橡皮和丁腈氯乙烯复合物等。电磁线也是一种绝缘线，它的绝缘层是涂漆或包缠纤维，如丝包、玻璃丝等。

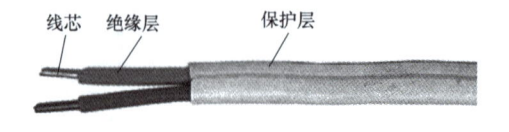

图1-47 绝缘导线的结构

绝缘导线的应用较广，常用于电气设备、照明装置、电工仪表、输配电线路的连接等。常用绝缘导线的型号见表1-8。

表 1-8　　　　　　　　　　　　　　常用绝缘导线的型号

型　号	名　称	用　途
BX（BLX）	铜（铝）芯橡皮绝缘线	交流 500V 以下，或直流 1000V 及以下的电气设备及照明装置
BXF（BLXF）	铜（铝）芯氯丁橡皮绝缘线	
BXR	铜芯橡皮绝缘软线	
BV（BLV）	铜（铝）芯聚氯乙烯绝缘线	各种交流、直流电气装置，电工仪表、仪器、电信设备，动力及照明线路固定敷设
BVV（BLVV）	铜（铝）芯聚氯乙烯绝缘聚氯乙烯护套圆形线	
BVR	铜芯聚氯乙烯绝缘软线	
BV-105	铜芯耐热 105°聚氯乙烯绝缘线	
RVB	铜芯聚氯乙烯绝缘平型软线	各种交、直流电器、电工仪器、家用电器、小型电动工具、动力及照明装置的连接。适用电压为 500V 和 250V，用于室内外明装固定敷设或穿管敷设
RVS	铜芯聚氯乙烯绝缘绞型软线	
RXS	铜芯橡皮绝缘纱编织绞型软线	
RV-105	铜芯耐热 105°聚氯乙烯绝缘软线	
RX	铜芯橡皮绝缘棉纱编织圆形软线	

3. 电缆

电缆是特殊的导线，由一根或若干根导线组成。

(1) 电缆的基本结构。如图 1-48 所示，电缆的基本结构为导体、绝缘层、填充材料、包带和护套。若电缆有外护层，用两个阿拉伯数字表示，第一个数字表示铠装层类型，第二个数字表示外被层类型。电缆结构层的材料及符号见表 1-9。

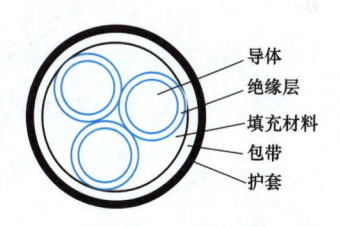

图 1-48　电缆结构

表 1-9　　　　　　　　　　　　　电缆结构层材料及符号

电缆	导体	绝缘	内护套	特征	铠装（第一位数字）	外被层（第二位数字）
电力电缆（略） K：控制电缆	铜（略） L：铝	Z：油浸纸 X：天然橡胶 Y：聚乙烯 YJ：交联聚乙烯 V：聚氯乙烯	Q：铅护套 L：铝护套 V：聚氯乙烯护套 Y：聚乙烯护套 P：编织屏蔽 F：氯丁胶	D：不滴流 F：分相 CY：充油 P：屏蔽 G：高压 C：滤尘用或重型	0：无 2：钢带 3：细钢丝 4：粗钢丝	0：无 1：纤维 2：聚氯乙烯 3：聚乙烯

(2) 电缆的敷设方式。如图 1-49 所示，室外电缆的敷设方式主要为埋地敷设，图 1-49 (a) 为直埋，电缆与土接触，这种敷设方式比较经济，但不安全；图 1-49 (b) 为穿管埋地，是目前应用比较广泛的敷设方式；图 1-49 (c) 为电缆沟敷设，这种方式安全，也便于检修，但不经济。

室内电缆的主要敷设方式为埋地暗敷和桥架敷设。

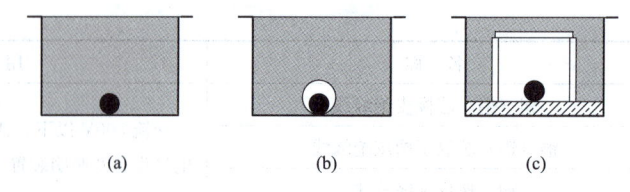

图 1-49 室外电缆的敷设方式
(a) 直埋；(b) 穿管埋地；(c) 电缆沟敷设

如图 1-50 所示，电缆桥架是由直线段、弯通、三通、四通组件以及托臂、吊架等构成的具有密接支撑的刚性结构，其特点是结构简单、造型美观、配置灵活和维修方便。

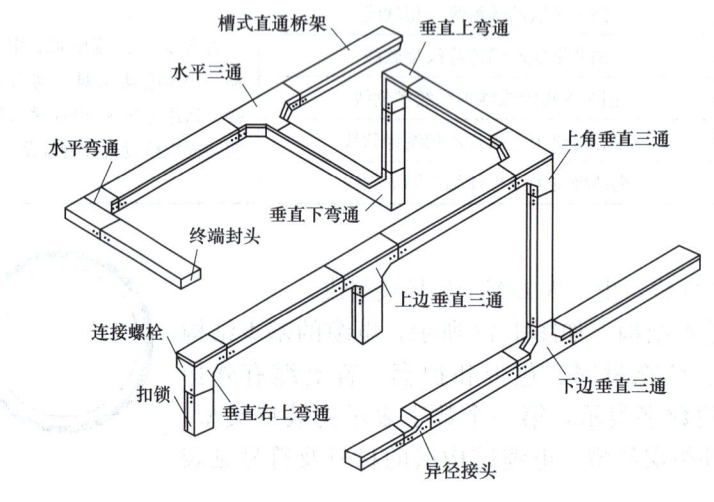

图 1-50 电缆桥架敷设

（3）常用电缆的型号。常用电缆的型号见表 1-10。

表 1-10　　常用电缆的型号

型号	名　称
YJV（YJLV）	铜（铝）芯交联聚乙烯绝缘聚氯乙烯护套电力电缆
YJY（YJLY）	铜（铝）芯交联聚乙烯绝缘聚乙烯护套电力电缆
YJV22（YJLV22）	铜（铝）芯交联聚乙烯绝缘钢带铠装聚氯乙烯护套电力电缆
YJV23（YJLV23）	铜（铝）芯交联聚乙烯绝缘钢带铠装聚乙烯护套电力电缆
YJV32（YJLV32）	铜（铝）芯交联聚乙烯绝缘细钢丝铠装聚氯乙烯护套电力电缆
YJV33（YJLV33）	铜（铝）芯交联聚乙烯绝缘细钢丝铠装聚乙烯护套电力电缆
YJV42（YJLV42）	铜（铝）芯交联聚乙烯绝缘粗钢丝铠装聚氯乙烯护套电力电缆
YJV43（YJLV43）	铜（铝）芯交联聚乙烯绝缘粗钢丝铠装聚乙烯护套电力电缆
KXV	铜芯橡皮绝缘聚氯乙烯护套控制电缆
KX22	铜芯橡皮绝缘钢带铠装聚氯乙烯护套控制电缆
KX23	铜芯橡皮绝缘钢带铠装聚乙烯护套控制电缆
KXF	铜芯橡皮绝缘氯丁胶护套控制电缆

续表

型号	名称
KXQ	铜芯橡皮绝缘裸铅包控制电缆
KXQ02	铜芯橡皮绝缘聚氯乙烯护套控制电缆
KXQ03	铜芯橡皮绝缘聚乙烯护套控制电缆
KXQ20	铜芯橡皮绝缘铅包裸钢带铠装控制电缆
KXQ22	铜芯橡皮绝缘铅包钢带铠装聚氯乙烯护套控制电缆
KXQ23	铜芯橡皮绝缘铅包钢带铠装聚乙烯护套控制电缆
KXQ30	铜芯橡皮绝缘铅包裸细钢丝铠装控制电缆

（4）电缆接头。电缆接头也称为电缆头，要求必须密封并绝缘。其中，线路两个末端的电缆接头称为终端电缆头；受整盘电缆长度的限制或按设计要求进行分支等原因，在电缆线路中间部位设置的电缆接头称为中间电缆头。

电缆头的做法为干包式、浇注式、热缩式和冷缩式。其中，干包式电缆头采用绝缘塑料胶带缠绕接头部位，具有体积小、重量轻、成本低和施工方便等优点，一般用于1kV及以下低压全塑或橡皮绝缘电力电缆接头的绝缘处理。

4. 电气元件

元件是指小型仪器或设备的组成部分，或称为零件。电器元件是对电路进行切换、控制、保护、检测、变换和调节的元件。

常用的低压电器元件为熔断器、闸刀开关、断路器、按钮、转换开关、接线端子等。

（1）熔断器。熔断器的作用是短路和严重过载保护。当电流超过规定值后，以自身产生的热量使其熔化，从而使电路断开。

熔断器广泛应用于高低压配电系统和控制系统以及用电设备中，优点是结构简单，维护方便，价格便宜，体小量轻。分为瓷插式、螺旋式、有填料式、无填料密封式、快速保险丝、自恢复熔断器等。如图1-51所示为瓷插式熔断器。

（2）闸刀开关。闸刀开关的组成如图1-52所示。其主要特点是无灭弧能力，只能在没有负荷电流的情况下分、合电路，其作用是通过手动接通、断开电路和隔离电源。

（3）断路器。如图1-53所示，低压断路器又称自动空气开关，其作用是当电路发生短路、严重过载以及失压等危险故障时，能够自动切断故障电路，有效地保护串接的电气设备。

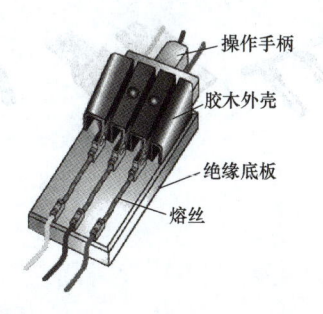

图1-51 瓷插式熔断器　　图1-52 闸刀开关　　图1-53 塑壳式低压断路器

低压断路器是低压配电线路中非常重要的一种保护电器。因操作安全、动作值可调整、分断能力较好、兼顾各种保护功能等优点在电气工程中广泛使用。

（4）按钮。按钮的组成结构如图1-54所示。它利用按钮推动传动机构，使动触点与静触点接通或断开，实现电路换接的开与关。

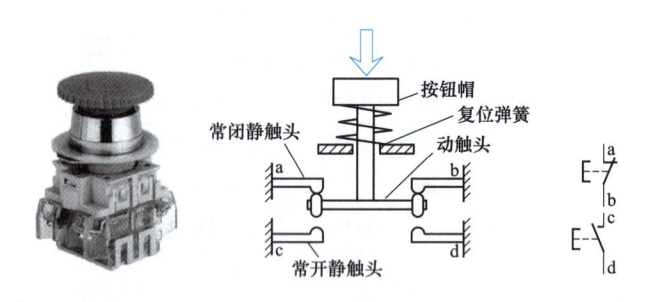

图 1-54　按钮及结构示意

（5）转换开关。转换开关是供两路或两路以上电源或负载转换用的开关电器，其结构组成如图1-55所示。转换开关的作用为通过多挡控制多个回路的接通或断开。

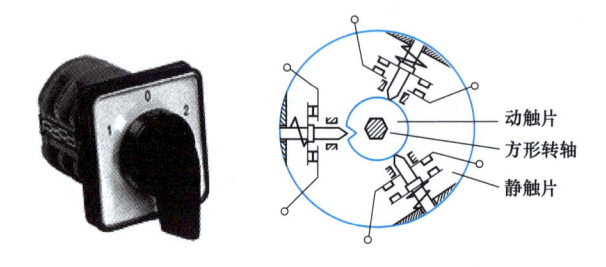

图 1-55　转换开关

（6）接线端子。如图1-56所示，接线端子俗称"线鼻"，是用于导线端部、方便导线连接或断开的专用接头，接线端子的组合称为端子板，承载多个端子组件的绝缘部件称为端子排。

端子排的作用：利用端子排迅速可靠地连接电气元件；减少导线的交叉，并便于分出支路；在不断开回路的情况下，对某些元件进行试验或检修。

图 1-56　接线端子

四、电气符号

1. 图形符号

图形符号是构成电气图的基本单元。建筑电气工程常用的图形符号见表1-11。

表 1-11　　　　　　　　　　　建筑电气工程常用的图形符号

名　称	图形符号	名　称	图形符号
动力-照明配电箱		照明配电箱	
导线		三根导线	
暗装单联单控开关		明装单联单控开关	
暗装双联单控开关		明装双联单控开关	
暗装三联单控开关		明装三联单控开关	
暗装单联双控开关		明装单联双控开关	
双联防水开关		双联防爆开关	
按钮		双联按钮	
暗装单相插座		明装单相插座	
带接地插孔的暗装单相插座		带接地插孔的明装单相插座	
带接地插孔的暗装三相插座		带接地插孔的明装三相插座	
防水单相插座		防爆单相插座	
带接地插孔的防水单相插座		带接地插孔的防爆单相插座	
带接地插孔的防水三相插座		带接地插孔的防爆三相插座	

续表

名　称	图形符号	名　称	图形符号
普通灯		防水防尘灯	
半圆球吸顶灯		球形灯	
壁灯		花灯	
深照型工厂灯		广照型工厂灯	
弯灯		局部照明灯	
单管荧光灯		双管荧光灯	
三管荧光灯		吊扇	
防爆荧光灯		垂直通过配线	
向上配线		向下配线	
电缆穿管保护		电缆铺砖保护	
变压器		电度表	Wh
接触器		断路器	

注　建筑弱电工程中的图形符号见项目九。

2. 文字符号

文字符号是标注电气设备、元件、装置的功能、状态或特征的字母代码，也是对图形符号的进一步说明。

（1）常用的文字符号。

建筑电气工程常用的文字符号见表 1-12。

表 1-12　　　　　　　　　　建筑电气工程常用的文字符号

名称	文字符号	名称	文字符号
动力配电箱	AP	照明配电箱	AL
断路器	QF	闸刀开关	QK
限流熔断器	QL	转换开关	QT
感烟探测器	SS	感温探测器	ST
电力线路	WP	照明线路	WL
插座线路	WX	电视线路	WV
声道（广播）线路	WS	电话线路	WF
线路在墙内暗敷	WC	线路在地板或地面下暗敷	FC
线路沿墙面敷设	WS	线路在屋面或顶板内暗敷	CC
线路在梁内暗敷	BC	线路沿天棚或顶板面敷设	CE
线路沿或跨柱敷设	AC	吊顶内敷设	SCE
线路暗敷	C	线路明敷	E
电缆桥架	CT	电线管	MT
焊接钢管	SC	硬塑料管	PC
塑料线槽	PR	电缆直接埋设	DB
紧定钢管	JDG	混凝土排管	CE
灯具吊管安装	DS	灯具吊链安装	CS
灯具墙壁内安装	WR	灯具天棚内安装	CR
灯具吸顶安装	C（—）	灯具嵌入式安装	R
花灯	H	壁灯	B
荧光灯	Y	防水防尘灯	F
隔爆灯	G	半圆球吸顶灯	J

（2）文字符号的标注方法

建筑电气工程常用的标注为配电线路标注、电缆标注、灯具安装标注等。

1）配电线路标注示例：

$$BV(3\times10+1\times6)PC25-FC$$

BV($3\times10+1\times6$)：配电线路的导线为铜芯聚氯乙烯绝缘线，由 3 根截面积为 $10mm^2$ 的导线和 1 根截面积为 $6mm^2$ 的导线组成。

PC25：配电线路的敷设方式为穿管敷设，保护管是公称直径 25mm 的硬塑料管。

FC：配电线路的敷设部位为地板或地面下暗敷。

2）电缆标注示例：

$$YJV22-4\times16+1\times6-SC80 \quad FC \quad WC$$

YJV22－$4\times16+1\times6$：电缆的型号为铜芯交联聚乙烯绝缘钢带铠装聚氯乙烯护套电力电缆，由 4 根截面积为 $16mm^2$ 的线芯和 1 根截面积为 $6mm^2$ 的线芯组成。

SC80：电缆的敷设方式为穿管敷设，保护管是公称直径 80mm 的焊接钢管。

FC　WC：电缆的敷设部位为地面下暗敷，沿墙内暗敷。

3）灯具安装标注示例：

$$9-\text{YZ40RR}\frac{3\times 60}{3.5}\text{DS}$$

9：在某个区域安装 9 盏灯。

YZ40RR：荧光灯的型号为直管型、日光色。

3×60：每盏荧光灯由三个光源组成，每个光源 60W。

3.5：荧光灯的安装高度为距地 3.5m。

DS：吊管安装。

对于导线和电缆，在型号表示中应该有电压等级。如：0.6/1kV、450/750V、6/6kV、8.7/10kV、110kV、500kV 等。

建筑电气工程中的其他标注见后续内容。

模块二　应用篇——管道工程

项目二　室内给水工程

[知识目标]　了解室内给水系统的组成及分类、室内给水设备安装的程序和方法；掌握室内给水系统施工图识读的方法。

[能力目标]　室内给水工程施工图识读。

任务一　室内给水系统概述

一、室内给水系统的分类及组成

1. 室内给水系统的分类

室内给水系统按用途可分为生活给水系统、生产给水系统和消防给水系统三大类。

生活给水系统主要用于民用住宅、公共建筑以及工业企业建筑内的饮用、烹调、盥洗、洗涤、淋浴等生活用水，生活给水的水质必须符合国家规定的生活饮用水卫生标准。

生产给水系统主要用于生产过程中的工艺用水、清洗用水、冷却用水、生产空调用水、稀释用水、除尘用水、锅炉用水等，生产给水的水质要求应根据生产性质和相关要求确定。

消防给水系统主要用于民用建筑、公共建筑，以及工业企业建筑中的各种消防设备的用水。

在实际应用中，一般采用生活和消防共用的给水系统，生产和消防共用的给水系统，以及生活、生产、消防共用的给水系统。

2. 室内给水系统的组成

室内给水系统由引入管、水表节点、给水管道、给水附件、升压和储水设备、用水终端等部分组成。

室内给水系统的一般组成如图2-1所示。

（1）引入管。引入管也称为进户管，是由室外给水管网中分流出来，接入建筑物的一条水平管道，是室内给水系统与室外给水系统或城市给水管网的联络管段。

建筑物的给水引入管一般只设一条，通常采用埋地暗敷方式引入，它与其他管道应保持一定距离，并设置在排水管道上方。

在北方地区，引入管可以从采暖地沟进入室内；若不从采暖地沟进入室内，应在建筑物的基础上预留孔洞，以便引入管通过。

（2）水表节点。水表是计量用户累计用水量的仪表。目前我国广泛采用的是流速式水表，以流速与流量成正比的原理进行计量。

水表节点是指安装在引入管上的水表以及前后阀门的总称，如图2-2（a）所示。对于分户水表，常将水表节点如图2-2（b）所示进行简化。

（3）给水管道。给水管道分为干管、立管、横管和支管。

干管：将给水引入管中的水送至各立管的水平管道。

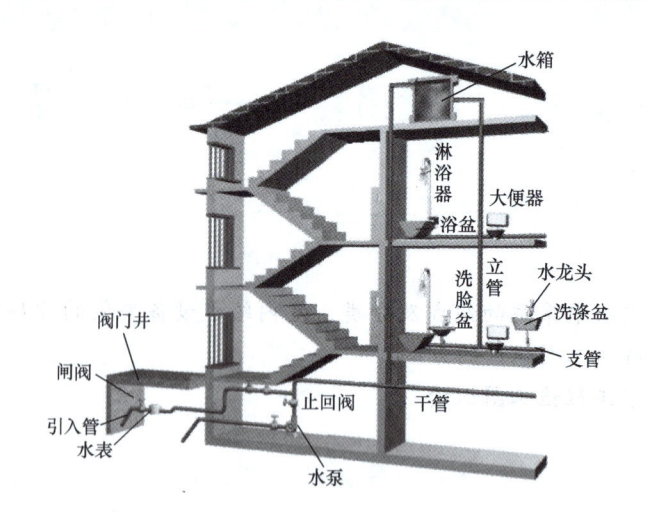

图 2-1　室内给水系统组成

立管：将干管中的水送至各楼层给水横管或支管的垂直管道。
横管：将立管中的水送至支管的水平管道。
支管：仅向一个用水设备供水的管道。

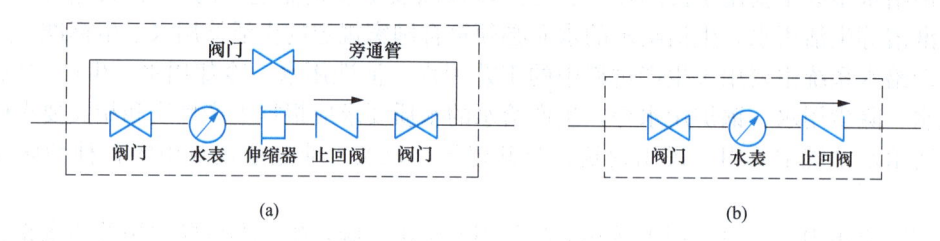

图 2-2　水表节点

（4）给水附件。给水附件包括配水附件和调节附件，以及保证管道安全运行的设施。其中，配水附件是指各式水龙头、消火栓及淋浴器的喷头等；调节附件是指闸阀、截止阀、止回阀、蝶阀、减压阀等各类阀门；保证管道安全运行的调节附件包括伸缩器、管道支架、套管等。

（5）用水终端。常见的用水终端为水龙头、淋浴器喷头、坐便器的水箱等。

（6）升压和储水设备。

升压设备：用于增大管内的水压，使管内的水流能够达到一定的高度，并保证有足够压力的水量流出的设备，如水泵、气压给水设备等。

储水设备：具有储水能力的设备，如水池、水箱和水塔等。

二、室内给水系统的给水方式

室内给水系统采用的给水方式，取决于室外给水系统所能提供的水质、水压和水量条件是否能够满足室内用水设备对水质、水压和水量的要求。另外，也应考虑建筑层高、建筑规模，以及工程造价的影响。

1. 直接给水方式

直接给水方式为下行上给式的枝状管网，一般将干管敷设在首层地面以下，或直接埋地，或敷设在地沟中，或地下室内。当室外给水系统的水质、水压和水量均能满足室内用水的要求时，利用室外管网的压力直接向室内供水，图 1-38（a）即为直接供水方式。

（1）特点。由于室外给水系统可以满足室内用水的各项要求，室内不需要设置水箱、水泵等其他设备，因此，构造简单、经济、维修方便，水质不易被二次污染。但是，因系统内没有储水设备，室外给水管网一旦停水，室内则无水。

（2）适用范围。受室外管网的给水压力限制，直接给水方式一般用于多层建筑。

2. 单设水箱的给水方式

如图 2-3 所示，单设水箱的给水方式为干管上行下给式的枝状管网，是由室外管网直接将水送到屋顶的水箱，再由水箱向各配水点连续供水。

（1）特点。能够充分利用室外管网的压力供水，并具有储水能力，减轻了室外管网的高峰负荷，但系统设置的高位水箱给建筑物增加了负荷，且水质容易被二次污染。

（2）适用范围。当室外管网的水压周期性不足时，采用单设水箱的给水方式，在水压充足时向水箱供水，用水高峰期水压不足时，由水箱向各配水点供水。

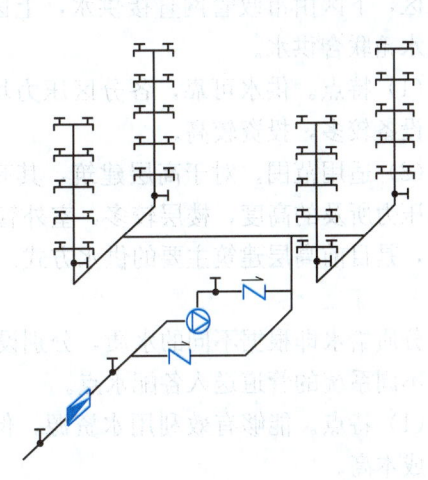

3. 单设水泵的给水方式

如图 2-4 所示，单设水泵的给水方式为干管下行上给式的枝状管网。当市政管网的压力不能满足室内用水的要求时，采用单设水泵的给水方式直接从市政管网抽水，用水泵向室内加压供水，其优点是水质不容易被二次污染。

单设水泵的给水方式分为恒速泵供水和变频调速泵供水，二者的区别见表 2-1。

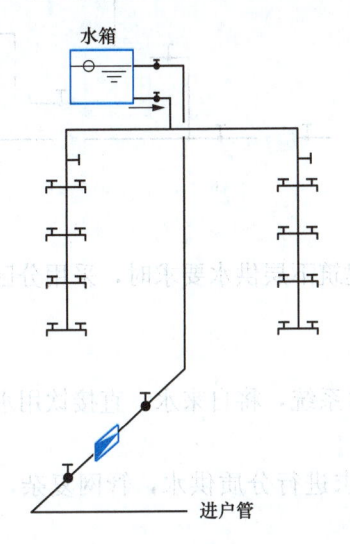

图 2-3 单设水箱的给水方式　　　　图 2-4 单设水泵的给水方式

表 2-1　　　　　　　　　　恒速泵供水和变频调速泵供水的区别

单设水泵的供水方式	适用范围	特　　点
恒速泵供水	用水量大且均匀	形式简单、造价低、供水质量差、影响市政管网的压力
变频调速泵供水	用水量大且不均匀	变负荷运行，减少能源浪费，不需要设置调节水箱

4. 水泵、水池联合给水方式

如图 2-5 所示，水泵、水池联合给水方式为干管下行上给式的枝状管网。在建筑物的底部设储水池，用水泵向室内加压供水，以补充市政给水压力的不足。

（1）特点。具有储水能力，减轻了室外管网的高峰负荷，但水质容易被二次污染。

（2）适用范围。当室外管网的水压周期性不足时，不能满足室内用水的要求，采用水泵、水池联合给水方式，在水压充足时向水池供水，用水高峰期水压不足时，由水泵将水池中的水加压，向各配水点供水。

5. 水池、水泵、水箱联合给水方式

如图 2-6 所示，在建筑物的底部设水池，在建筑物顶部设水箱。水泵从水池中吸水送入室内给水系统，多余的部分存入水箱，当水箱充满水后，水泵停止工作，由水箱供水。

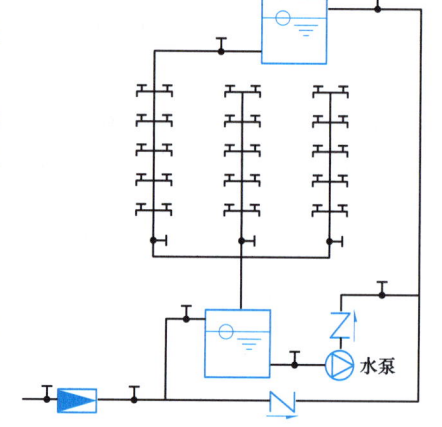

图 2-5 水泵、水池联合给水方式

（1）特点。供水安全可靠，但系统复杂，投资及运行管理费用高，维修和安装的工程量比较大。

（2）适用范围。当室外给水系统的水质和水量能满足要求，而水压不能满足要求时，常采用水池、水泵、水箱联合给水方式。一般应用于高层建筑。

6. 分区供水的给水方式

如图 2-7 所示，将建筑物分成上下两个或若干个供水区，下区由市政管网直接供水，上区由水池、水泵、水箱联合供水。

（1）特点。供水可靠，各分区压力均匀；管网复杂，设备较多，投资较高。

图 2-6 水池、水泵、水箱联合给水方式

（2）适用范围。对于高层建筑，其高度大于市政供水压力所及的高度，楼层较多，室外管网只能满足建筑下层供水要求时，采用分区供水的方式，是目前高层建筑主要的供水方式。

7. 分质给水方式

分质给水即根据不同的水质，分别设置独立的给水系统，将自来水、直接饮用水、中水等用不同系统的管道送入各配水点。

（1）特点。能够有效利用水资源，但因不同的需求进行分质供水，管网复杂，设备较多，成本高。

（2）适用范围。为了合理利用水资源，将可饮用水作为主流供水系统，供饮用、烹饪、盥洗等生活用水，水质应符合《生活饮用水卫生标准》（GB 5749—2022）；将水质较差的低质水、中水、海水用于冲洗卫生洁具、园林绿化、清洗车辆、浇洒道路等，水质应符合《城市污水再生利用城市杂用水水质》（GB/T 18920—2020）；随着社会的发展与进步，分质供水的方式将日趋完善与成熟。

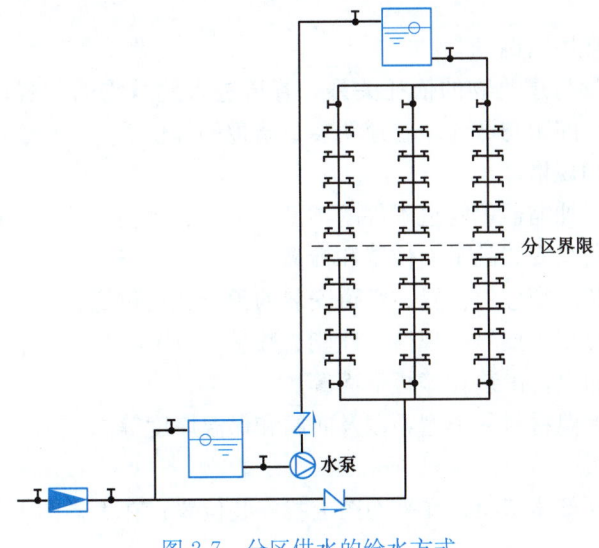

图 2-7　分区供水的给水方式

任务二　室内给水工程施工图识读

建筑工程施工图中,"水施图"作为专业部分,一般包括冷水给水、热水给水、生活污水排水、屋面雨水排水、空调冷凝水排水、消防给水等系统。

给排水工程施工图包括:设计说明、给水系统图、消防给水系统图、生活排水系统图、屋面雨水排水系统图、空调冷凝水排水系统图、给排水平面图、卫生间节点大样图、厨房节点大样图等。

室内给水工程施工图由设计说明、系统图、平面图、节点大样图、设备及主要材料表等组成。整套给排水工程施工图见项目十一中的"综合练习一"。

一、施工图的识读方法

1. 识读顺序

先看设计说明,对整个工程有一个大概的了解和认识,再以系统图为线索深入阅读平面图、系统图和大样图。

2. 对照识读

(1) 本专业图之间的对照识读。

对照识读包括:系统图与平面图对照、大样图与平面图对照、大样图与系统图对照、材料表与平面图和系统图的对照等,目的是检核图纸、进一步熟悉管道走向及分布。

(2) 各专业图之间的对照识读。

安装工程是建筑安装单位工程的重要组成部分,它与建筑、结构、电气、燃气、采暖、通风等有着不可分割的联系,如:卫生设备与管道的安装必须依托建筑实体;系统的运行离不开电气动力和照明的配合;穿墙管道和穿楼板管道的安装,必须在土建施工阶段预留孔洞并安装套管等。明确各专业之间的衔接关系,有利于合理地组织施工,便于协作。

3. 识读要点

（1）理解并熟悉常用图例。

（2）管道走向以及与建筑物的依托关系。管道进入建筑物的位置；沿哪个建筑轴线布设；管道支架的类型、间距与数量；管道明装或暗敷的部位等。

（3）管道的材质和规格。

（4）阀门、水表、伸缩器等管道附件的类型、型号、规格、数量，以及安装位置等。

（5）管道、用水器具安装的平面位置和标高。

（6）用水器具安装的预埋件位置、管道安装的预留孔洞位置。

（7）用水器具的类型、型号、规格、性能、数量，以及与建筑物的依托关系，如：挂装在墙上、立装在楼地面上、吊装在楼板下面等。

（8）管道防腐、保温材料的类型，以及防腐和保温厚度等。

4. 快速识读的方法

识读系统图，建立整体印象；在平面图上找安装位置；在大样图上找局部安装情况和细部安装要求。

二、施工图中可以读到的信息

1. 设计说明、设备及主要材料表

设计说明即对工程设计进行的总说明，包括设计依据、设计参数、系统设计、管材及接口形式、管道敷设方式、管道试压、管道保温、图例等，并应列出施工中必须遵守的现行国家标准和技术规程。

对于工程选用的主要材料和设备，应列出名称、规格、单位、数量等。

2. 系统图

室内给水工程的系统图表示方法为轴测图，表述的主要内容为"水流如何分配"。在系统图上可以读到的信息为系统编号、立管编号、管道的位置、走向、标高、管径、给水附件等。

系统图识读时，应沿着水流方向，从引入管、干管、立管、横管、支管至配水终端的角阀、水龙头、淋浴喷头等。

室内给水工程的系统图如图 2-8（a）所示，从图中可以读到的信息如下：

（1）给水系统的立管编号为 JL-1。

（2）楼地面标高为 H、管道横管的标高为 $H+0.25$，即横管高于楼地面 0.25m。

（3）水龙头配水角阀的标高为 $H+0.45$，即角阀高于楼地面 0.45m。

（4）图示管道有 De25 和 De20 两种规格；公称直径 De 表示给水管道为非金属管材。

（5）立管与横管的三通处设置截止阀。

（6）图示配水点有两个：一个是单独的角阀；另一个是配备角阀的水龙头。

3. 平面图

室内给水工程的平面图是以建筑平面图为平台，针对卫生间、厨房、盥洗间等用水房间，表述与系统图对应的信息。在平面图上可以读到的信息为立管的平面位置和编号、给水管道及用水器具分布等。

室内给水工程的平面图如图 2-8（b）所示，从图中可以读到的信息如下：

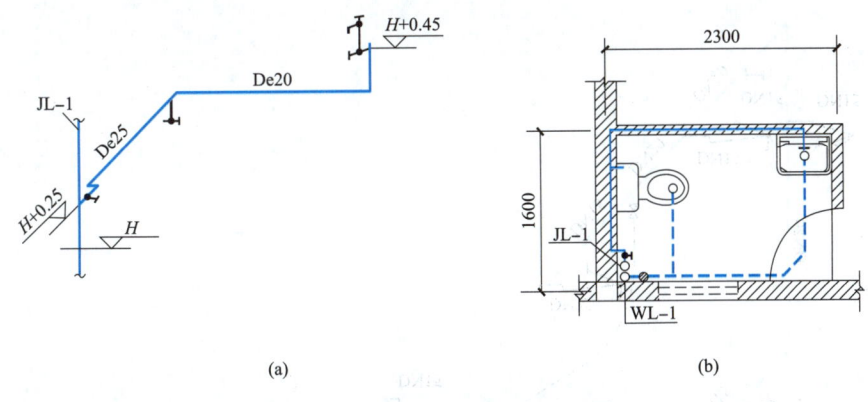

图 2-8 室内给水系统图与平面图

(a) 室内给水系统图；(b) 室内给水系统平面图

（1）图中粗实线所示为给水管道；通向用水设备的横管沿卫生间墙面暗敷。

（2）编号为 JL-1 的给水立管位于卫生间内西南角。

（3）截止阀的安装位置与系统图对应。

（4）用水器具有两个，一个是坐式大便器，与系统图中单独的角阀对应；另一个是挂式洗脸盆，与配备角阀的水龙头对应。

4. 节点大样图

节点大样图也称为大样图或详图。系统图和平面图中的局部构造，因受图面比例的限制无法表述清晰，为了正确安装和计价，须绘制大样图。

在节点大样图中可以读到的信息为立管距离墙的尺寸、水平管距离楼地面和墙的尺寸、用水设备的安装位置、套管大样等。

如图 2-9 所示，从淋浴器安装大样图中可以读到的信息为：钢管组装式淋浴器的立管距墙 40mm；喷头至立管之间的水平短管长 370mm；喷头洒水面至水平短管的垂直距离为 140mm；喷头洒水面距楼地面的安装高度为 2100mm；淋浴器开关距楼地面的安装高度为 1150mm。

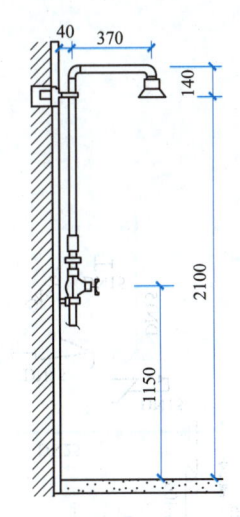

图 2-9 钢管组装淋浴器安装大样图

【例 2-1】 根据如图 2-10 所示生活给水系统图，回答下列问题。

（1）按照从大到小的顺序列出系统图中给水管道的直径。

DN50、DN40、DN32、DN25、DN20、DN15。

（2）系统图所示总进水管的标高是多少？

总进水管的标高标注位置在"室外水表井"标注下方的管道上，为 −1.000m。

（3）找出系统图中所有的图例，并写出图例名称和数量。

图 2-10 中所示图例及数量见表 2-2，图 2-10 中所示符号及含义见表 2-3。

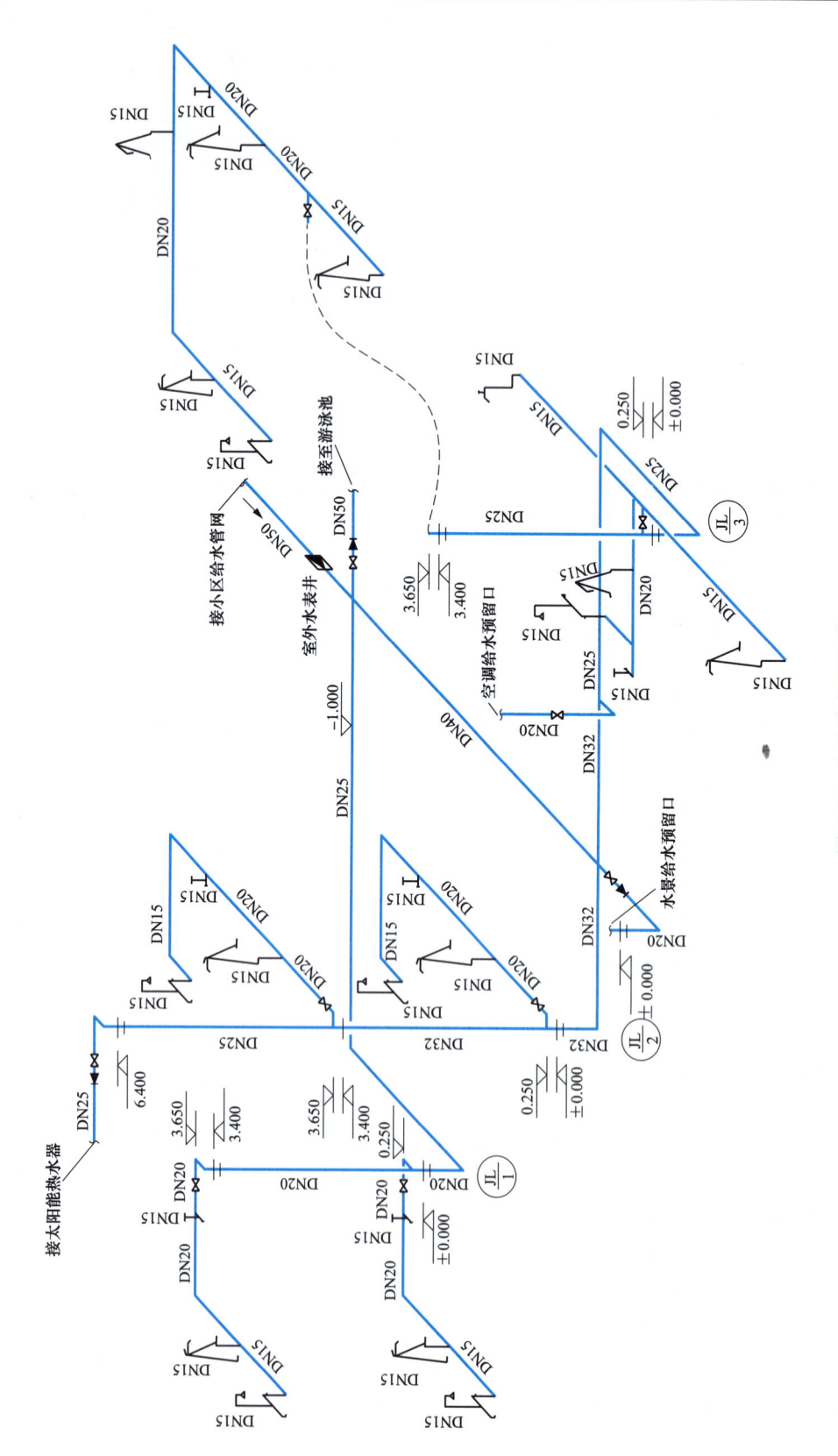

图 2-10 生活给水系统图

表 2-2　图 2-10 中所示图例及数量

图例	名称	数量
	室外水表井	1
	阀门	10
	防污止回阀	3
	冷热水混合淋浴器	6
	冷热水混合水龙头	10
	普通水龙头	1
	角阀	6

表 2-3　图 2-10 中所示符号及含义

符号	含义
	管道立管穿过楼地板或屋面板
	水平管标高 / 楼地面标高
DN×××	管道公称直径
JL/1	1号给水立管
JL/2	2号给水立管
JL/3	3号给水立管
	为了图面清晰,将一部分图平移。图中虚线表示移动轨迹

（4）系统图所示供水的楼层分别为哪几层？其楼地面标高分别是多少？

供水的楼层为首层用水、二层用水、屋面太阳能热水器进水。

首层楼地面标高：±0.000；二层楼地面标高：3.400；屋面标高：6.400。

（5）系统图所示所有水平管的标高分别是多少？

室外水平管标高：-1.000；首层水平管标高：0.250；二层水平管标高：3.650；接太阳能热水器的水平管标高：未标注。

（6）系统图所示水平管距离楼地面的距离是多少？写出水平管标高的通用表示方法。

首层水平管距离楼地面的距离：0.250－0.000＝0.250m；

二层水平管距离楼地面的距离：3.650－3.400＝0.250m；

因为接太阳能热水器的水平管标高未标注，所以，接太阳能热水器的水平管距离屋面的距离无法计算。在实际工作中，该数据在设计说明或大样图中提供。

因每层的水平管都高于地面 0.250m，可以写为通用的表示方法：$H+0.250$。

（7）说明系统图所示的三通在什么位置设置？

系统图所示的三通位置为：立管与水平管的连接处、水平管的分支处、用水设备与水平管的连接处。

（8）判断系统图所示的给水系统为冷水系统还是热水系统。

根据图 2-10 中冷热水混合龙头和冷热水混合淋浴器连接管道的位置，按照"左热右凉"的原则，判断系统图所示的给水系统为冷水系统。

（9）系统图所示的预留接口有哪几处？

图中有四处预留接口，分别是：接太阳能热水器、水景给水预留口、空调给水预留口、接至游泳池。

（10）系统图所示的管道交叉有哪几处？哪一处有错？

如图 2-11 所示，图中有 7 处管道交叉。其中，第 7 个节点的管道交叉上下关系表示错误，正确的表示方法如图 2-11 中节点 8 所示。

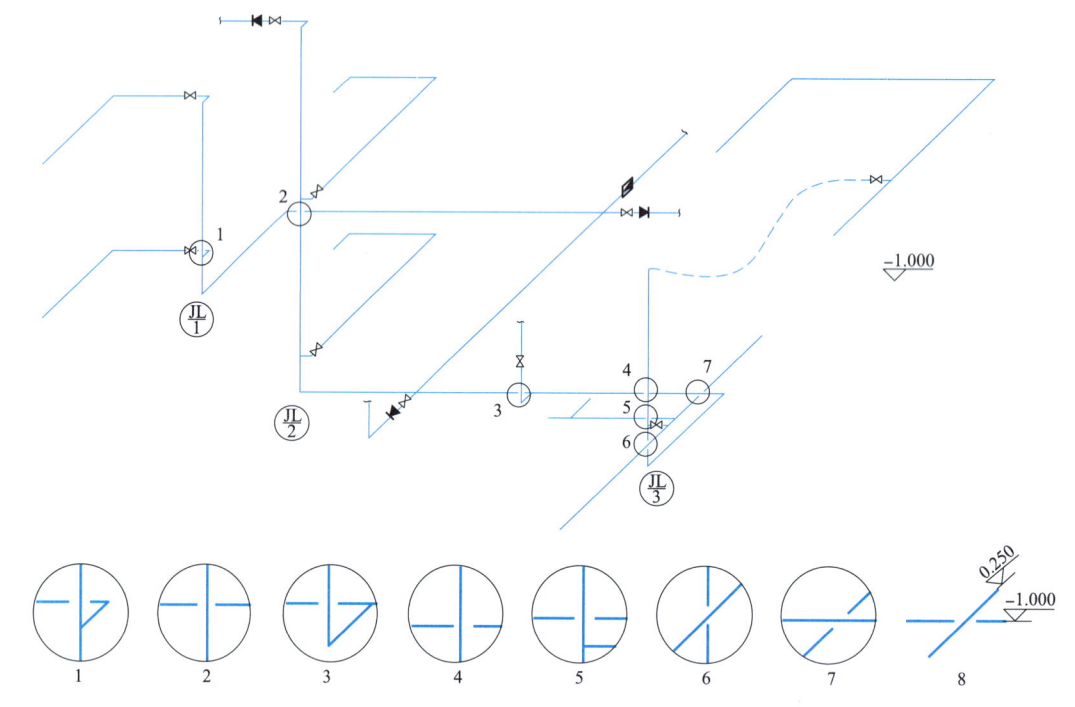

图 2-11　生活给水系统管道交叉标记

（11）系统图所示的四通有几个？型号分别是什么？

系统图所示的四通有两个，其位置如图 2-12 所示。按照"同向管道同径"的原则，节点 1 的四通型号为 DN50×DN50，节点 2 的四通型号为 DN40×DN32。

（12）在系统图所示的四通处，异径管应设置在什么位置？型号是什么？

如图 2-13 所示，节点 1 所示的四通处，设置两个异径管，型号分别是 DN50×DN25 和 DN50×DN40；节点 2 所示的四通处，设置一个异径管，型号是 DN40×DN20。

（13）根据图 2-10 所示的给水系统图，画出建筑物地下部分的给水平面图，以及建筑物一层、二层、屋面的给水平面图。

建筑物地下部分给水平面图如图 2-14 所示。

建筑物一层给水平面图如图 2-15 所示，图 2-15（a）为 1 号立管给水的用水设备及管道，图 2-15（b）为 2 号立管给水的用水设备及管道，图 2-15（c）为 3 号立管给水的用水设备及管道。

建筑物二层给水平面图：1 号立管给水的用水设备及管道同图 2-15（a）所示，2 号立管给水的用水设备及管道同图 2-15（b）所示，3 号立管给水的用水设备及管道如图 2-15（d）所示，建筑物屋面给水平面图如图 2-15（e）所示。

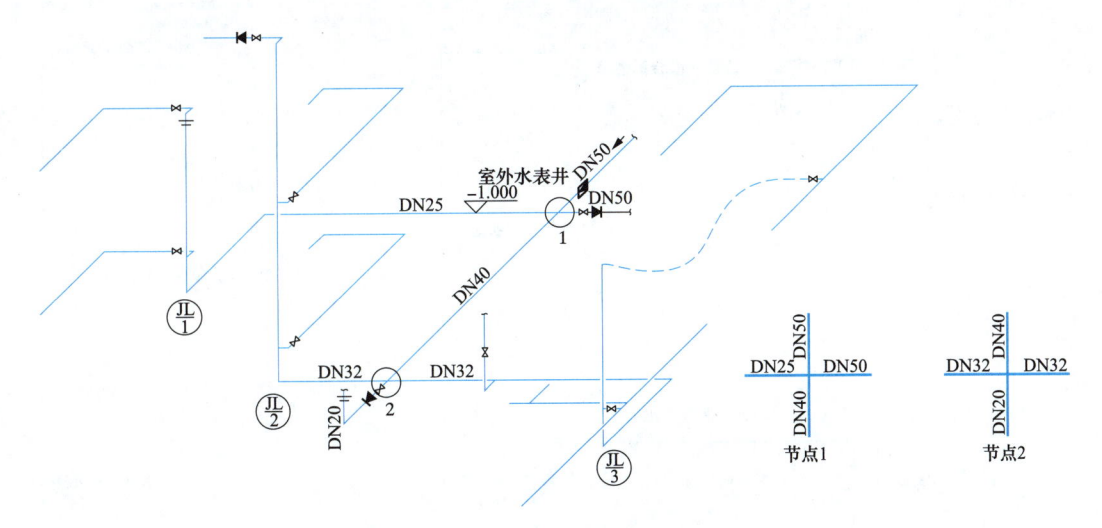

图 2-12 生活给水系统四通管件标记

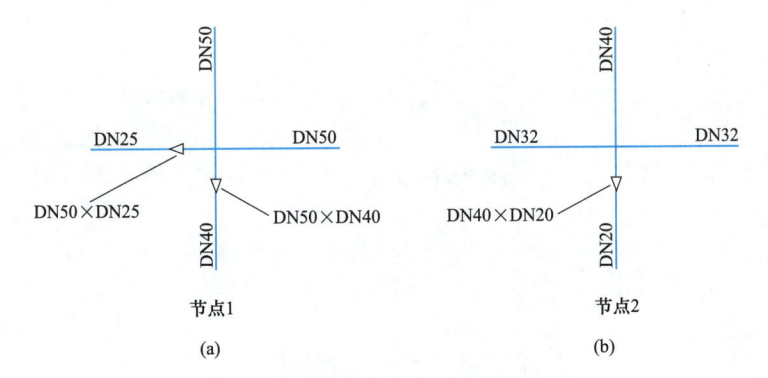

图 2-13 生活给水系统四通处的异径管标记

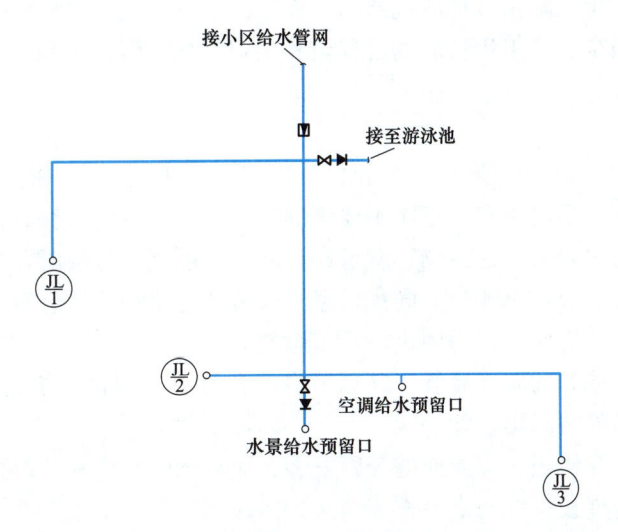

图 2-14 建筑物地下部分给水平面图

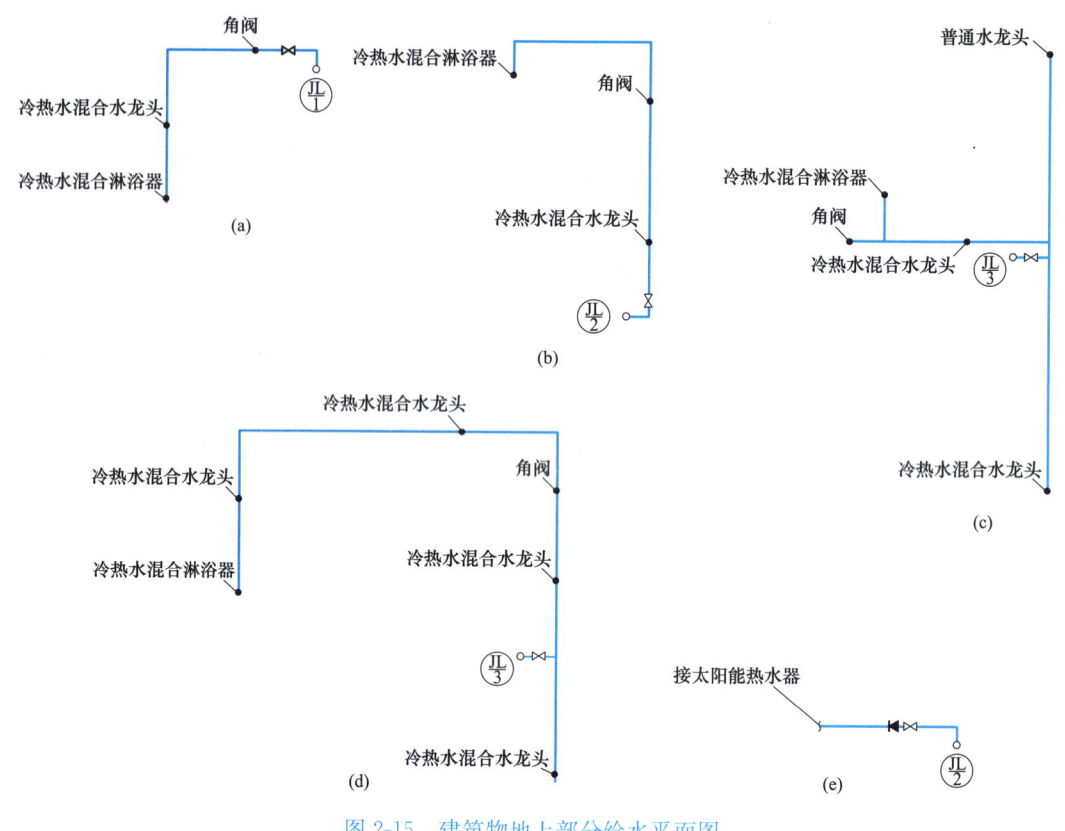

图 2-15 建筑物地上部分给水平面图

任务三　给水设施安装

为了保证工程质量、防止破坏建筑结构，在土建工程施工的过程中，应进行构件预埋或预留孔洞，避免或减少安装工程打洞的工程量和土建工程补洞的工程量。

一、套管安装

管道穿过建筑物外墙、水池壁及屋面时，应采取防水措施，采用刚性防水套管或柔性防水套管。刚性防水套管适用于有一般防水要求的建筑物；柔性防水套管适用于管道穿过墙壁处受振动或有严密防水要求的建筑物；管道穿过间墙、隔墙和楼板时，采用普通套管。

（1）防水套管安装应与土建施工同步，套管安装的位置和高度应符合设计要求，浇筑混凝土前应将两端用钢筋夹紧、点焊固定，不得歪斜。

（2）地下室出外墙处的防水套管，预制时应在套管一端焊接钢板封堵，并用软物填塞，待防水套管处的管道安装时再拆除。

（3）管道穿墙、穿楼板、穿屋面的套管安装，应在土建结构施工时预留孔洞，待结构施工完毕后再进行套管埋设。

（4）穿墙套管的两端应与墙平，套管与管道之间的缝隙应采用阻燃密实材料和防水油膏填实，并使端面光滑；穿楼板套管的下部应与结构楼板底平，上部应高于楼地面，高出的尺寸应符合设计要求，依普通楼地面、厨房、卫生间有所不同。

（5）套管的封堵应在管道安装以后进行，封堵的细部做法如图2-16所示。

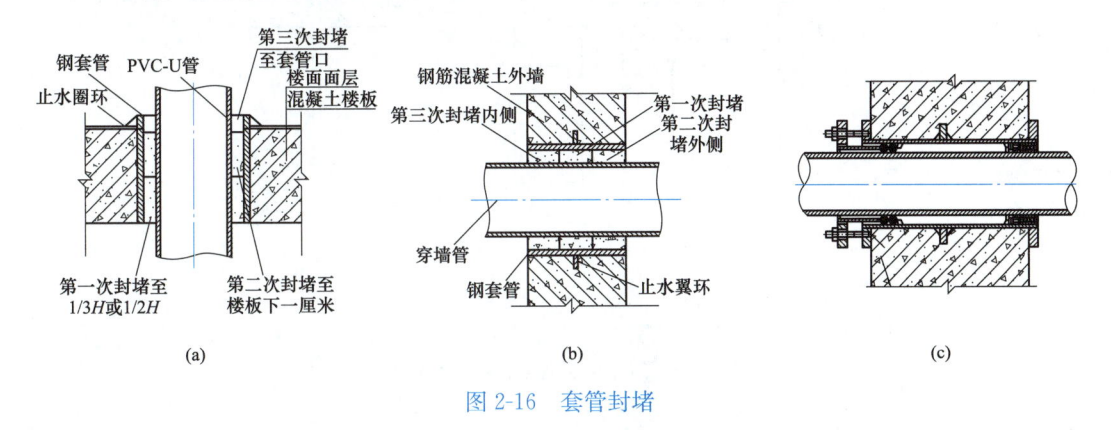

图2-16 套管封堵

二、管道安装

1. 管道的敷设方式

（1）明装。

管道在建筑物内沿墙、梁、柱、地板或在天花板下等处暴露敷设，用钩钉、吊环、管卡及托架等支托固定。其优点是造价低、安装和维护方便；缺点是管道表面容易积灰尘、产生冷凝水、影响环境卫生，不美观等。

一般的民用建筑和大部分生产车间内的给水管道可采用明装。

（2）暗装。

管道暗装的常规做法是：干管和立管敷设在吊顶、管井内，支管敷设在楼地面的找平层内或沿墙敷设在管槽内。暗装的优点是卫生条件较好、美观；缺点是造价高、施工复杂、不方便维修。

标准较高的民用住宅、宾馆，以及工艺技术要求较高的精密仪表车间内的给水管道一般采用暗装。

2. 管道支架安装

管道支架是将明装管道固定在建筑物上的结构构件。如图2-17所示，图2-17（a）为管卡；图2-17（b）为托架；图2-17（c）为吊环。

管道支、吊、托架安装时应牢固，间距应符合相关规定；固定在建筑结构上的支、吊架不得影响结构的安全。

3. 管道安装的技术要求

管道安装的原则：先地下后地上、先大管后小管、先主管后支管。

（1）引入管安装。

如图2-18所示，引入管埋地敷设进入建筑物内部有两种方式。

如图2-18（a）所示，引入管从建筑物的浅基础下面进入时，应采用管道预埋的方法。

如图2-18（b）所示，引入管穿过承重墙或基础进入建筑物时，应采用预留孔洞的方法，在此处安装刚性防水套管，其规格应比引入管大两个型号，保证套管与引入管之间的间

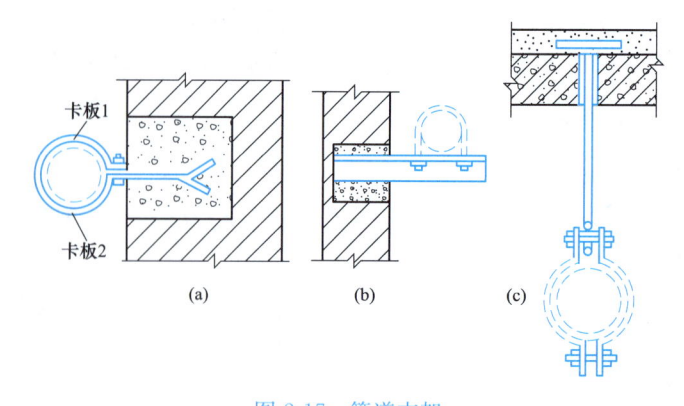

图 2-17 管道支架
(a) 管卡；(b) 托架；(c) 吊环

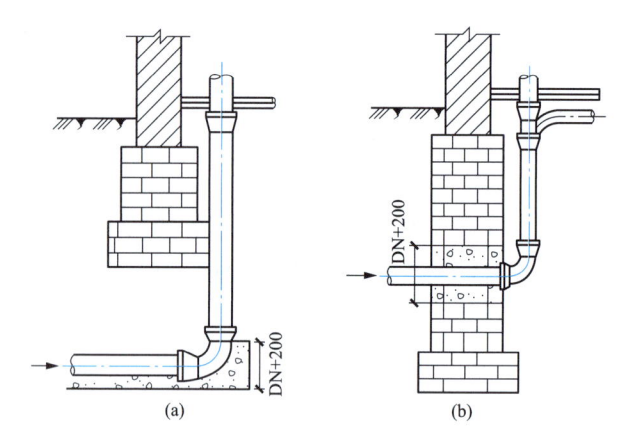

图 2-18 引入管进入建筑物的方式
(a) 管道预埋法；(b) 预留孔洞法

隙不小于建筑物的最大沉降量。引入管安装时，应在地面上分段预制成整体后，一次性穿入基础孔洞进行安装，且在套管处不得有接口。

引入管上设有阀门和水表时，应与引入管同时安装，并进行防护，以免损坏。

（2）干管安装。

埋地干管安装前应放线、抄平，保证干管的平面位置和标高符合设计要求。管道安装时应坡向室外，保证检查维修时能够排尽管内余水。管道安装后应进行水压试验和防腐处理，并在回填土之前进行隐蔽验收。

地上干管安装时，应对管道支架的预埋位置进行放线，打洞预埋支架，或钻孔预埋螺栓和膨胀螺栓固定支架，再进行管道安装。

（3）立管安装。

立管一般沿房间的墙角或墙、梁、柱敷设。立管安装的步骤：确定立管中心线的位置→埋设立管卡→预制组装立管→安装立管。

立管安装时应注意以下几个方面：

1）立管安装应从最底层干管的分支处向上逐层安装；

2）根据施工图中给水配件和卫生器具安装的大样图，确定支管的高度，在墙上弹水平线；

3）确定立管与支管的分支处，以便立管安装下料，并为支管安装指示位置；

4）在墙上打洞安装管卡，保证同一房间立管卡的安装高度一致；

5）立管垂直度检查后再固定管卡。

（4）支管安装。

1）支管暗装的步骤：

确定支管高度后画线定位→凿管槽→将支管敷设在槽内→找平、找正、定位后用钩钉固定→卫生器具的冷热水预留口，应加丝堵预留在墙外。

2）支管明装的步骤：

在支管水平线上标出各分支线和给水配件的安装位置→安装管卡→进行支管下料→与用水设备进行组装。

冷、热水管上下平行安装时，热水管应在冷水管上方；垂直安装时，热水管应在冷水管的左侧；在卫生器具上安装冷热水混合龙头时，热水方向应在左侧。

（5）管道穿过伸缩缝、沉降缝和防震缝的措施。

管道不宜穿过伸缩缝、沉降缝，必须穿过时应采取有效措施。

如图 2-19（a）所示，用橡胶软管或金属波纹管连接沉降缝或伸缩缝两边的管道。

如图 2-19（b）所示，在建筑物的沉降缝处设置弯管，利用丝扣弯头进行旋转补偿。

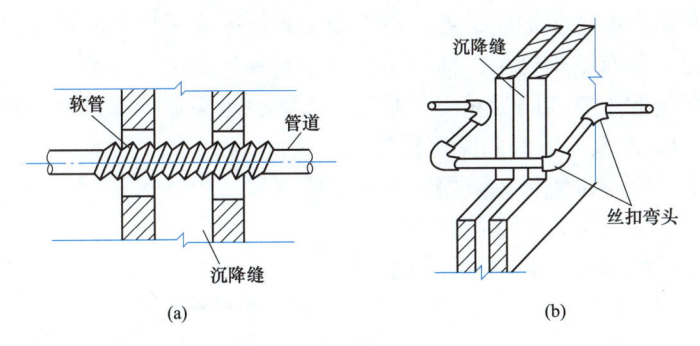

图 2-19 管道穿过伸缩缝、沉降缝的措施

4. 管道试压与冲洗消毒

（1）管道试压的目的是检验管道的强度和严密性。

室内给水管道的水压试验必须符合设计要求。当设计未注明试验压力时，按工作压力的 1.5 倍计，但不得小于 0.6MPa。

在试验压力下观测 10min，降压值不超过容许范围，认为管道强度符合要求；检查管身和接口不渗不漏，认为严密性符合要求。

（2）冲洗消毒。

新建给水管道水压试验合格后应进行冲洗消毒。用自来水冲洗管道中停留的杂物，直至出水口无任何杂物流出，关闭进水口和出水口，在进水口加药浸泡管道，经有关部门取样检验，符合生活饮用水标准方可使用。

三、阀门和水表安装

1. 阀门安装

阀门安装前，应做强度试验和严密性试验。

强度试验要求阀门在开启状态下进行，检查阀门外表面的渗漏情况。阀门的严密性试验要求阀门在关闭状态下进行，检查阀门密封面是否渗漏。

2. 水表安装

水表安装的主要技术要求如下：

（1）水表的安装位置应符合设计要求，应便于检修、拆换，不致冻结，不受雨水或地面水污染，不会受到机械性损伤，便于查读。

（2）安装水表的管段必须为直线段，且要求水平。

（3）水表外壳上的箭头应与水流方向一致，不同型号的水表有不同的安装要求。

（4）水表安装时，表外壳距墙表面净距为10～30mm，水表进水口中心标高应按设计要求，允许偏差为10mm。

（5）水表应在土建工程完工、管道冲洗以后安装，否则管道中的杂物会卡在水表的滤网上，影响水表的过水能力。

四、水泵安装

水泵是给水系统中的主要增压设备，室内给水系统中多采用离心式水泵，它利用叶轮旋转使水产生离心力，具有结构简单、体积小、效率高等优点。

水泵安装应解决的主要问题为减震与减噪，以减少水泵运行噪声对居住环境的影响。

如图2-20所示，水泵安装时的减震措施为：

（1）在水泵的泵座下设置橡胶隔振垫或安装隔振器。

（2）在吸、压水管上设置可曲挠接头。

（3）管道支架选择弹性吊架和弹性托架。

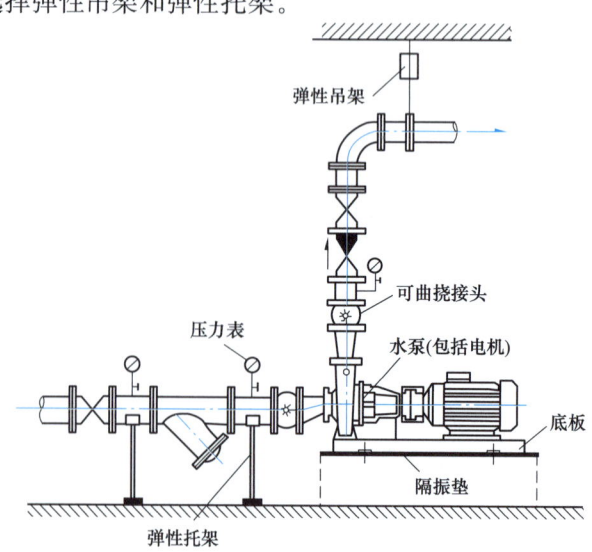

图2-20 单级单吸卧式离心泵安装示意

水泵安装的工艺流程为：

施工定位→基础施工（同时预埋地脚螺栓）→水泵安装→二次灌浆稳固→配管及附件安装→试运转。

五、水箱安装

水箱是重要的给水设备，在给水系统中的作用为储水和稳压。

水箱的构造如图 2-21 所示。水箱上安装的配管如下：

（1）进水管：是向水箱供水的管道，从侧壁接入，在进水管出口处设浮球阀或液压阀。浮球阀一般不少于 2 个。浮球阀直径与进水管直径相同时，每个浮球阀前应装有检修阀门。

（2）出水管：是将水箱中的水送往室内用水设备的管道，从侧壁接出。管口下缘应高出水箱底 50mm 以上，以防止污物从水箱流出、进入用水设备。

（3）溢流管：当水箱的进水浮球阀出现故障不能控制水箱的水位时，为了防止水箱中的水溢满，从水箱口流出，须设置溢流管，用来控制水箱的最高水位，一般情况下，溢流管应高于设计最高水位 50mm。溢流管上不能设置阀门，流出的水不能直接进入排水系统，可以流到屋面上进入雨水排放系统。

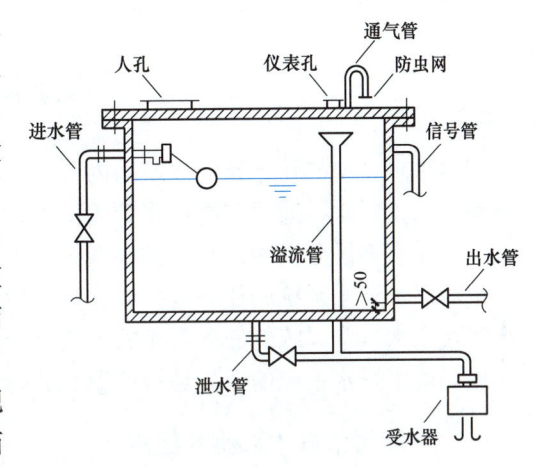

图 2-21 水箱的构造

（4）水位信号装置：当指示装置显示最低水位时，水泵向水箱补水，当指示装置显示最高水位时停止向水箱供水。水位信号装置由电气专业人员设计与安装。

（5）通气管：安装在密封的水箱盖上，管口朝下，在管口安装防虫网，其作用是使水箱内的空气流通，并防止灰尘、昆虫进入水箱。

水箱安装的顺序为先水箱后配管。

水箱安装的工艺流程如下：

焊接底架→固定底板→固定侧板→固定盖板→安装附件→开孔→整体焊接→密闭性能试验→爬梯安装。

配管安装的方法参照管道安装。

项目三 室内排水工程

[知识目标] 了解室内排水系统的分类及组成、室内生活污水排水系统和屋面雨水排水系统安装的程序和方法；掌握室内排水系统施工图的识读方法。

[能力目标] 室内排水工程施工图识读。

任务一 室内排水系统的分类与组成

室内排水系统的任务是将建筑物内部卫生器具和生产设备产生的污水和废水，以及降落在屋面上的雨雪水，通过室内排水管道排出，进入室外排水系统。

室内排水系统分为生活污水排水系统、工业废水排水系统和屋面雨水排水系统。

生活污水排水系统的任务是排放日常生活中产生的洗涤水、厕所冲洗水等。

工业废水排水系统的任务是排放工业生产过程中产生的生产污水和废水。

屋面雨水排水系统的任务是排放屋面的雨水和融化的雪水。

一、生活污水排水系统的组成

生活污水排水系统由污水收集器、排水管道、排水附件、局部处理构筑物组成。生活污水排水系统的一般组成如图 3-1 所示。

1. 污水收集器

污水收集器是收集污水的器具，包括厨房洗涤盆、洗脸盆、盥洗槽、污水池、大便器、小便器、浴盆、污水池等。

2. 排水管道

排水管道由器具排水管、排水横管、排水立管、通气管、排出管组成。

（1）器具排水管：连接卫生器具和排水横支管之间的短管。

（2）排水横管：连接两个及以上器具排水管的水平排水管，将器具排水管送来的污水排至立管。

为了保证顺利排水，需设置坡向立管的坡度，并在与立管的连接处设置斜三通。

（3）排水立管：将各楼层排水横管汇集的污水送至排出管。

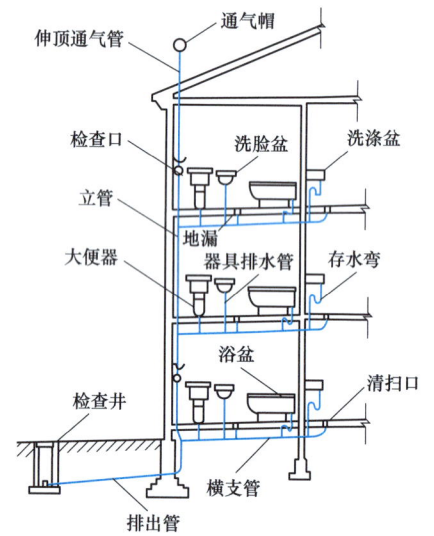

图 3-1 生活污水排水系统的组成

（4）排出管：也称出户管，是将污水排入室外排水系统的水平管道，应设置坡向室外检查井的下坡。

（5）通气管：立管上部无水的垂直管道，顶部设通气帽，防止杂物进入管道。

项目三 室内排水工程

通气管的作用是保持管内外压力一致,防止系统中的水封被破坏,并将排水系统中的臭气排到室外。

3. 排水附件

排水附件在生活污水排水系统中的位置如图3-2所示。

(1) 存水弯。存水弯应设置在器具排水管上。

如图3-3所示,常用的存水弯有S形和P形两种,其作用是形成一定高度(50~100mm)的水封,阻止排水系统中的有毒有害气体或虫类进入室内,保证室内环境卫生。

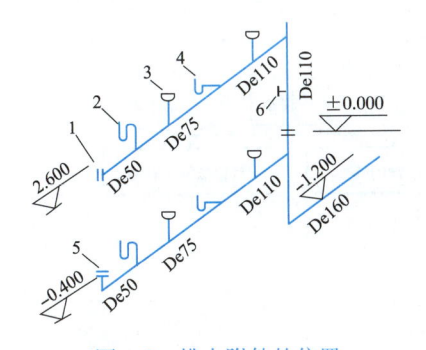

图3-2 排水附件的位置
1—清扫口;2—S形存水弯;3—地漏;
4—P形存水弯;5—地面清扫口;6—检查口

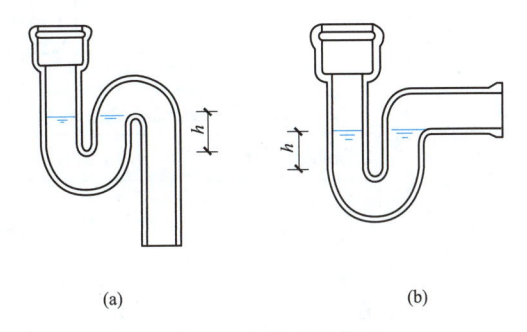

图3-3 存水弯的类型
(a) S形;(b) P形

(2) 地漏。如图3-4所示,地漏属于排水装置,设置在卫生间、厨房、淋浴房、盥洗室、水房中,用于排除地面上的积水,也可以作为清通装置进行局部清通。

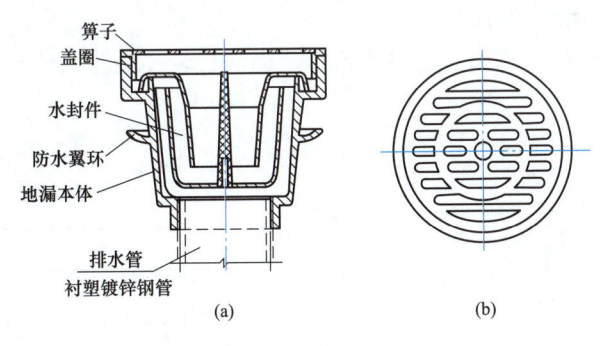

图3-4 地漏与箅子

(3) 清通装置。清通装置的作用是清通排水管道。生活污水排水系统中的清通装置包括清扫口、检查口和检查井。出户第一个检查井是室内排水系统与室外排水系统的分界点。

清扫口是设置在排水横管末端的清通装置,管道堵塞时打开清扫口可以疏通管道,相当于管道末端的堵头;建筑物底层的清扫口称为地面清扫口,其上口应与地面平齐。

检查口设置在排水立管上、带有可开启检查盖的清通装置,其作用为检查和清通。

(4) 局部处理构筑物。局部处理构筑物一般设置在室外,包括检查井、化粪池、隔油池、降温池、污水提升装置等。

二、屋面雨水排水系统的组成

1. 屋面雨水排水系统的分类

如图 3-5 所示,屋面雨水排水系统分为外排水系统和内排水系统。

外排水按雨水的收集方式进行划分。雨水不经过收集,直接从檐口流落到地面,称为无组织外排水;雨水经过收集后排到地面,称为有组织外排水。

内排水是指在屋面设置雨水斗收集雨水、在建筑物内部设置管道排放雨水。

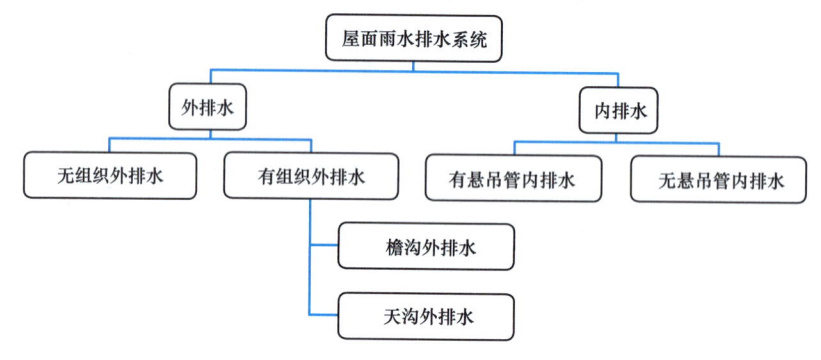

图 3-5 屋面雨水排水系统的分类

2. 屋面雨水排水系统的组成

（1）檐沟外排水。

如图 3-6 所示,檐沟外排水系统由檐沟、雨水斗及水落管（立管）等组成。

檐沟外排水系统的排水方式：将雨水汇集到建筑物屋面边缘的檐沟,流入水落管,沿水落管排泄到地下管沟或排到地面。

檐沟外排水系统的适用范围：居住建筑、屋面面积较小的公共建筑、小型单跨厂房。

（2）天沟外排水。

如图 3-7 所示,天沟外排水系统由天沟、雨水斗、排水立管等组成。

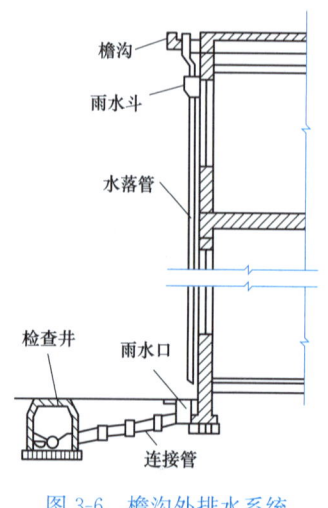

图 3-6 檐沟外排水系统

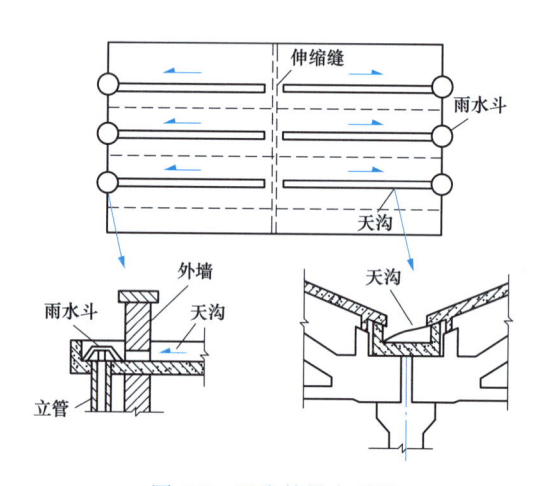

图 3-7 天沟外排水系统

天沟外排水系统的排水方式：在屋面上设置有坡度的排水沟（天沟），雨水沿天沟流向建筑物的两端，经墙外的立管排到地面或排到室外地下雨水管道。

天沟外排水系统的适用范围：大型屋面的建筑、多跨工业厂房。

（3）内排水。

如图 3-8 所示，内排水系统由雨水斗、连接管、悬吊管、立管和排出管等组成。

内排水系统的适用范围：屋面跨度大、屋面曲折（壳形、锯齿形）、屋面有天窗等设置天沟有困难的建筑；大屋顶建筑、高层建筑、建筑立面要求较高的建筑；寒冷地区不宜在室外设置雨水立管的建筑。

雨水斗：是整个雨水管道系统的进水口，其作用是拦截粗大的杂质，对流入的雨水具有整流和导流作用，使水流平稳，最大限度地排放雨水。

连接管：连接雨水斗与悬吊管的短管。

悬吊管：与连接管和雨水立管进行连接、架空设置的横管，其坡度坡向立管。对于重要的厂房，不允许在室内设置检查井和埋地横管时，必须设置悬吊管。

立管：接纳雨水斗或悬吊管的雨水，与排出管连接。

排出管：将立管的雨水输送到地下管道中。

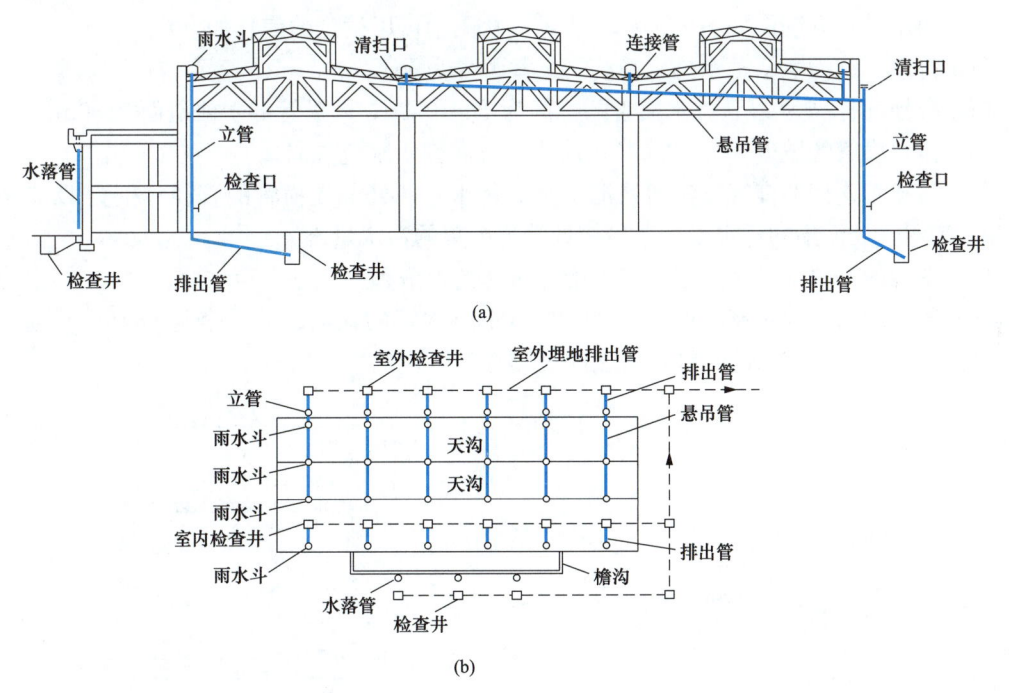

图 3-8　内排水系统的组成

任务二　室内排水工程施工图识读

一、施工图识读的顺序

室内排水系统与室内给水系统共用一套施工图。其中，系统图和节点大样图依热水、冷水、消防、中水、污水、雨水等不同的系统有所区别,所有给排水系统的信息在同一张平面图上体现。整套给排水工程施工图见项目十一中的"综合练习一"。

二、生活污水排水系统施工图识读

1. 设计说明、设备及主要材料表

设计说明包括设计依据、设计参数、系统设计、管材及接口形式、排水管伸缩节设置、管道敷设方式、卫生洁具配水点安装高度、图例等,并应列出施工中必须遵守的现行国家标准和技术规程。

对于工程选用的主要材料和设备,应列出名称、规格、单位、数量等。

2. 系统图

生活污水排水系统图的表示方法为轴测图,表述的主要内容为水流如何汇集。在系统图上可以读到的信息为系统编号、立管编号、管道的位置、走向、标高、管径、排水附件、污水收集器等。

系统图识读时,应沿着水流方向,从污水收集器和地漏开始,沿排水横管、排水立管、排出管至出户的第一个检查井。

室内污水排水系统图如图 3-9(a)所示,从图中可以读到的信息如下:

(1) 排水系统为生活污水排水系统、立管编号为 WL-1。
(2) 楼地面标高为 H、排水横管的标高为 $H-0.30$,即横管低于楼地面 0.30m。
(3) 排水横管的坡度为 $i=2.6\%$,箭头的方向表示水流方向。
(4) 与立管连接的横管收集两处汇集来的污水,两处分支横管的直径分别为 DN110 和 DN50,表明一处汇集的污水量大,另一处管道汇集的污水量小。
(5) 图示的排水配件为一个带有 S 形存水弯的地漏和一个 S 形存水弯。
(6) 图示的污水收集有三处。一个是带 S 形存水弯的地漏、另一个与 DN110 管道终端的立管连接,第三个与 DN50 管道终端的 S 形存水弯连接。

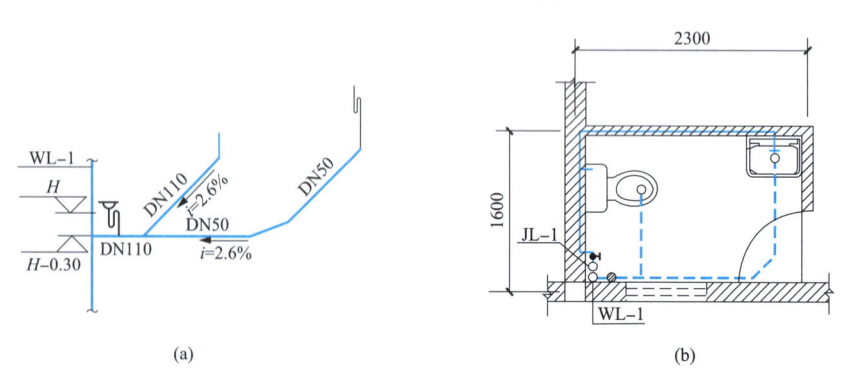

图 3-9 室内污水排水系统图与平面图
(a) 室内污水排水系统图;(b) 室内污水排水平面图

3. 平面图

生活污水排水系统与给水系统共用同一张平面图。在平面图上可以读到的信息为立管的平面位置和编号、排水管道的分布、排水附件,污水收集器。

图 3-9（b）与图 2-8（b）为同一张图。在图 3-9（b）中可以读到的排水系统信息如下：
(1) 图中粗虚线所示为排水管道。
(2) 编号为 WL-1 的排水立管位于卫生间内西南角，与给水立管并排布置。
(3) 图示的污水收集器有两个，一个是坐式大便器，另一个是洗脸盆。
(4) 两个污水收集器所在的横管上有一个三通和两个 45°弯头。
(5) 图中所示的排水附件为地漏。

4. 节点大样图

排水系统节点大样图的作用是为排水设施安装提供安装尺寸。

生活污水排水设施安装包括厨房洗涤盆安装、洗脸盆安装、蹲式大便器安装、坐式大便器安装、小便器安装、浴盆安装、管道安装等，安装大样图见后续内容"卫生器具安装"。

三、屋面雨水排水系统施工图识读

屋面雨水排水系统的施工图与给水、生活污水排水系统共用一套图，施工图识读方法，同生活污水排水系统，即：顺着水流方向，从上向下识读。

1. 设计说明、设备及主要材料表

屋面雨水排水系统的设计说明中，除屋面雨水排放方式外，其他同生活污水排水系统。

2. 平面图

屋面雨水排水系统的平面图如图 3-10 所示，在平面图中可以读到的信息如下：

(1) 从图 3-10 中的 JL、RL、PL、YL 可知，平面图中所示的给排水系统为冷水给水系统、热水给水系统、生活污水排水系统、屋面雨水排水系统。

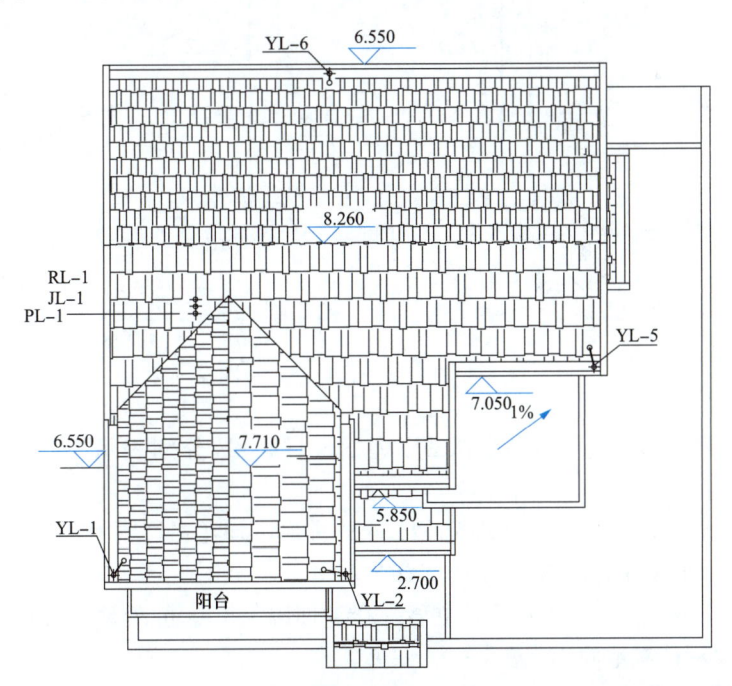

图 3-10 屋面雨水排水系统平面图

(2) 屋面平面图外围的双线条表示檐沟，说明雨水排水系统的类型为檐沟排水。
(3) 图中箭头方向为平台处雨水的流向。

(4) 图中所示的雨水立管有 4 根,编号分别为 YL-1、YL-2、YL-5、YL-6。

(5) 图中有两处屋脊,其中东西方向屋脊的标高为 8.260,南北方向屋脊的标高为 7.710。

(6) 图中所示檐口标高分别为 6.550、7.050、5.850、2.700。其中,雨水立管进水口所在的标高见表 3-1。

表 3-1　　　　　　　　　　　雨水立管进水口标高

雨水立管编号	YL-1	YL-2	YL-5	YL-6
立管进水口标高（m）	6.550	6.550	7.050	6.550

3. 系统图

与图 3-10 配套的屋面雨水排水系统图如图 3-11 所示。沿水流方向识读,从系统图中可以读到的信息如下:

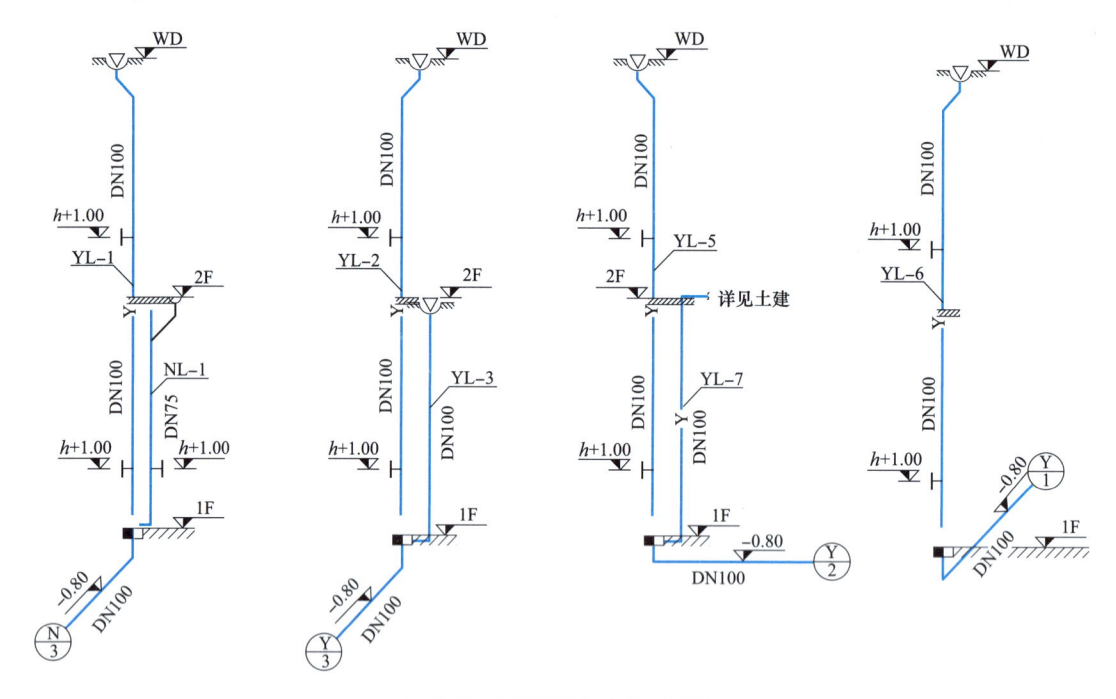

图 3-11　屋面雨水排水系统图

(1) 图中 WD 表示屋顶,即图中二层屋面;1F、2F 分别表示一层楼地面和二层楼地面。

(2) 雨水立管 YL-1、YL-2、YL-5、YL-6 的进水口均在二层屋面。

(3) 图中所示雨水立管的管径均为 DN100。

(4) 图中标注 $h+1.00$,表示雨水立管在楼地面以上 1.00m 处设置检查口,h 表示本层楼地面,"+"表示在楼地面以上。

(5) 一楼屋面收集的雨水汇入凝结水立管 NL-1,在地面上设横管流入单算雨水口;雨水立管 YL-1 中的雨水在一层楼地面处流入单算雨水口,汇入 $\frac{N}{3}$ 排出管。

（6）雨水立管 YL-2 中的雨水在一层楼地面处流入单箅雨水口。雨水立管 YL-3 收集一楼屋面的雨水，通过埋入地下的横管进入单箅雨水口，汇入 $\left(\dfrac{Y}{3}\right)$ 排出管。

（7）雨水立管 YL-5 中的雨水在一层楼地面处流入单箅雨水口。雨水立管 YL-7 收集一楼屋面水平管的雨水，通过埋入地下的横管进入单箅雨水口，汇入 $\left(\dfrac{Y}{2}\right)$ 排出管。

（8）雨水立管 YL-6 中的雨水在一层楼地面处流入单箅雨水口，汇入 $\left(\dfrac{Y}{1}\right)$ 排出管。

（9）所有排出管的管道标高均为 -0.80m、管径均为 DN100。

任务三 排水设施安装

一、生活污水系统管道安装

1. 套管及支架安装
排水管道的套管及支架安装方法见本书项目二的相关内容。

2. 管道安装程序
不同材质的管道安装方法不同。室内排水系统管道安装的步骤如下：

1）将管道伸出建筑物基础 1m 以上，安装排出管。

2）从下向上逐层安装管道，基本流程为：下料→干管安装→立管安装→支管安装→卡件固定→封口堵洞。

3）土建工程完工后，将排出管延伸至检查井。

4）对排水系统作闭水试验。

3. 排水管道安装的技术要求

（1）器具排水管只连接一个卫生器具，在器具排水管上应设置水封装置，防止排水管道中的有害气体进入室内。

（2）为了便于排水、防止堵塞，排水横管应设有坡向立管的下坡、排水横管与立管的连接处采用斜三通、排水横管应直接与立管连接，不得拐弯。

（3）楼层排水横管设置在以下楼层的天棚下，首层的排水横管埋地敷设。

（4）立管应布置在靠近杂质多、排水量大的地方，一般在墙角明装，固定在不靠卧室的墙上。每个楼层设一个立管卡子，托在立管的承口下面。

排水主立管应做通球试验，通球球径不小于排水管道管径的 2/3，通球率必须达到 100%。

（5）排水通气管不得与风道或烟道连接。

二、生活污水系统管道附件安装

1. 阻火圈安装

如图 3-12 所示，阻火圈主要由金属外壳和热膨胀芯组成，其耐火等级不小于安装部位建筑构件的耐火等级。

火灾发生时，阻火圈内芯材受热后急剧膨胀，并向内挤压塑料管壁，在短时间内封堵洞口，起到阻止火势蔓延的作用。

阻火圈安装应与套管安装同步进行。将阻火圈套在 UPVC 管壁上，用膨胀螺栓固定在楼板或墙体上，然后分两次浇筑混凝土，封堵管道与楼板之间的空隙。

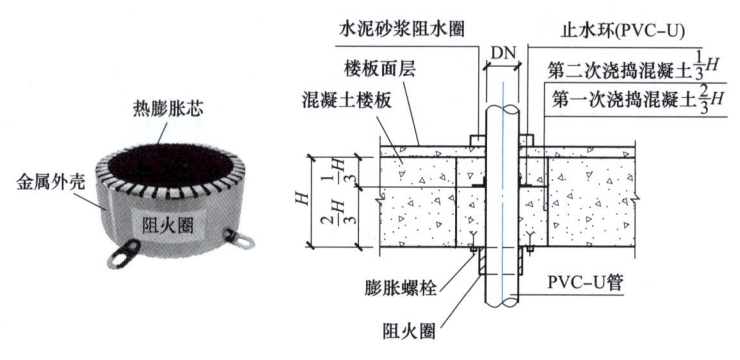

图 3-12 阻火圈安装

2. 地漏安装

地漏安装应与地面装饰层施工同期进行，为了使地面积水顺利排放，应使地漏的排水面低于地面 3~5mm。

有水封的地漏安装步骤如下：

（1）在地漏预留管周围做局部防水，再做地面结构层整体防水；对地面整体防水进行闭水试验 24h。

（2）将地漏套筒插入地漏管，封堵地漏套筒与地漏管之间的孔隙。

（3）地面面层施工、安装地漏箅子。

3. 清通装置安装

清通装置包括检查口和清扫口。

立管安装包括检查口安装，横管安装包括清扫口安装，地面清扫口安装的方法同地漏安装。

三、卫生器具安装

卫生器具安装应参照大样图，并在土建工程基本完工，室内排水管道安装后进行，以免因交叉施工损坏卫生器具。

1. 蹲式大便器安装

蹲式大便器安装应与卫生间室内地坪同时完成。脚踏式蹲式大便器安装尺寸如图 3-13 所示。安装步骤如下：

（1）将大便器的出水口插入预留的排水管口。

（2）在底部均匀铺水泥砂浆，将大便器平稳地坐在水泥砂浆上，周边砌砖支撑。

（3）大便器脚踏面抄平，使大便器的后边底部比出水口略低，以便在使用时有少量存水。

（4）将大便器用填料密实稳固。

（5）冲洗管下料，将冲洗管与大便器进行连接。

（6）安装冲洗阀，并将冲洗管与给水支管进行接通。

2. 坐式大便器安装

坐式大便器安装应在卫生间室内地面和墙面装饰完成以后进行。连体式坐式大便器安装尺寸如图 3-14 所示。安装步骤如下：

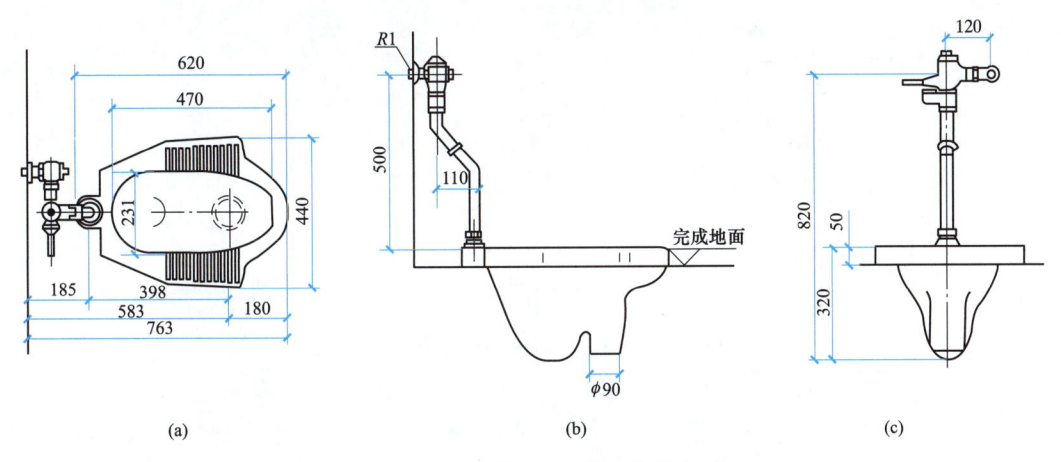

图 3-13 脚踏式蹲式大便器安装尺寸

（1）将坐式大便器的出水口插入预留的排水管口进行试安装，调整平整程度。
（2）在污水口周围和坐式大便器底部抹油灰；连接坐式大便器的进水软管。
（3）坐式大便器安装时，应将排出口对准预留的排水管口，落在地面上将填料压实稳定。
（4）进水软管的另一端与墙上的角阀连接。
（5）用白灰膏或玻璃胶密封坐式大便器底座与地面的缝隙。

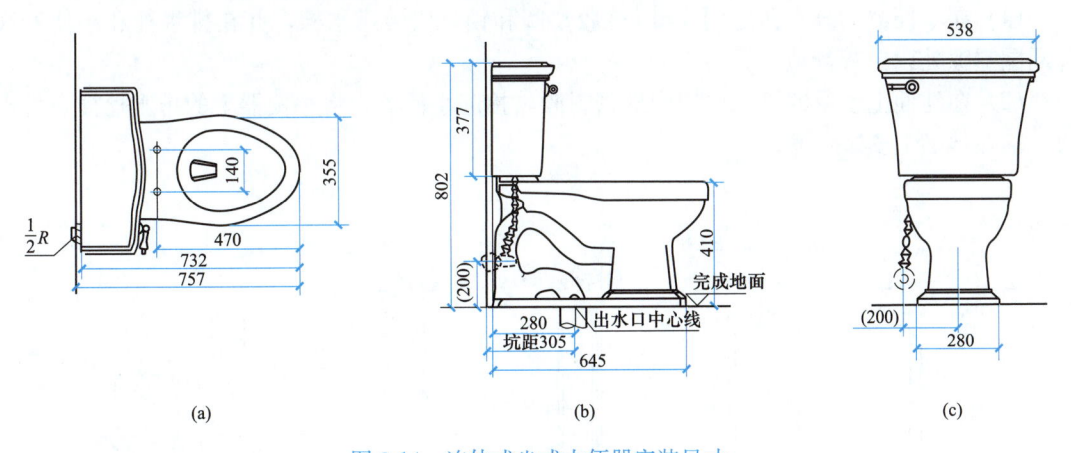

图 3-14 连体式坐式大便器安装尺寸

3. 挂式小便斗安装

挂式小便斗安装应在卫生间地面及墙面装饰完成以后进行。挂式小便斗安装尺寸如图 3-15 所示。安装步骤如下：
（1）土建施工时，根据安装高度和小便斗耳孔位置画出十字线，并砌入木砖。
（2）小便斗安装时，在墙面上恢复小便斗安装中心线。
（3）将小便斗用木螺丝穿过耳孔拧在木砖上，或用膨胀螺栓固定在墙面上。
（4）给水管连接。给水管道明装时，用截止阀、短管与小便器的进水口压盖连接；给水管道暗装时，用角阀、短管与小便器的进水口锁母和压盖连接。

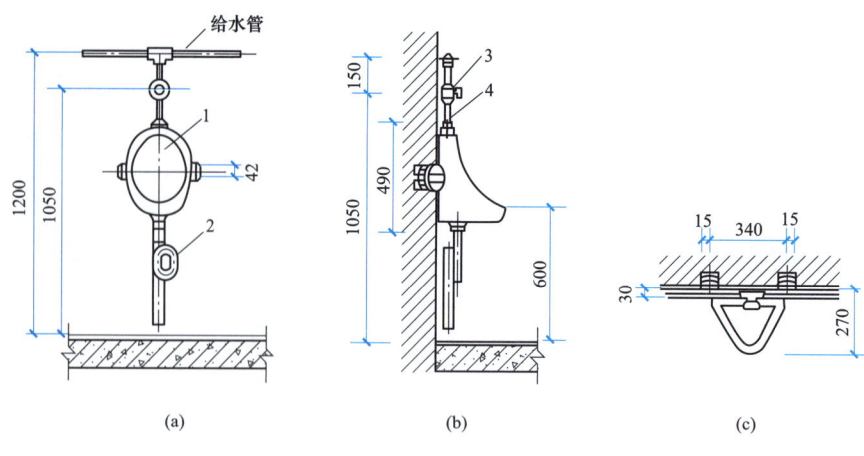

图 3-15 挂式小便斗安装尺寸

（5）排水管连接。存水弯的上端与小便斗排水口连接，下端插入预留的排水系统支管，用密封材料填塞缝隙。

4. 立式小便器安装

立式小便器安装应在卫生间地面及墙面装饰完成以后进行。立式小便器的安装尺寸如图 3-16 所示。

立式小便器的安装方法与挂式小便斗的安装方法类似，须注意以下两点：

（1）在小便器的排水孔上用 3mm 橡胶垫圈和锁母安装排水栓，并在排水栓和小便器底部周围空隙处以白灰膏填平。

（2）在地面上预留的排水口周围抹密封胶，抬起小便器，将小便器上的排水栓插入排水口，落在地面上安装稳固。

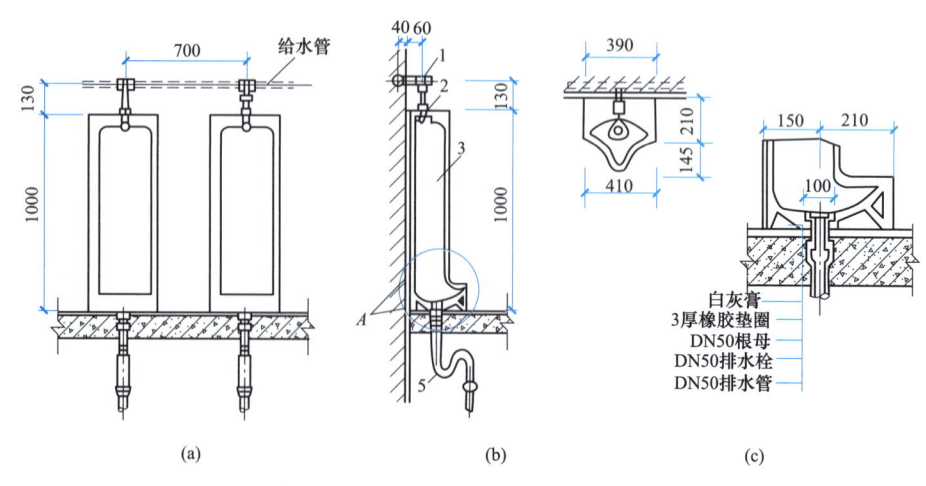

图 3-16 立式小便器安装尺寸

5. 挂式洗脸盆安装

挂式洗脸盆安装应在卫生间地面及墙面装饰完成以后进行。挂式洗脸盆安装尺寸如

图 3-17 所示。安装步骤如下：

（1）土建施工时，根据盆架眼孔的十字线位置砌入木砖。

（2）墙面装饰后，在墙面上画安装十字线。

（3）将盆架用木螺丝穿过耳孔拧在木砖上，或用膨胀螺栓固定在墙面上。

（4）在洗脸盆上安装下水口，通过短管接存水弯，存水弯插入预留的排水管，其间隙填入密封胶等材料密封。

（5）给水管连接。给水管道明装时，用截止阀、短管与洗脸盆的水龙头进行连接；给水管道暗装时，用角阀、短管与洗脸盆的水龙头进行连接。

6. 立式洗脸盆安装

立式洗脸盆安装应在卫生间地面及墙面装饰完成以后进行。立式洗脸盆的安装尺寸如图 3-18 所示。

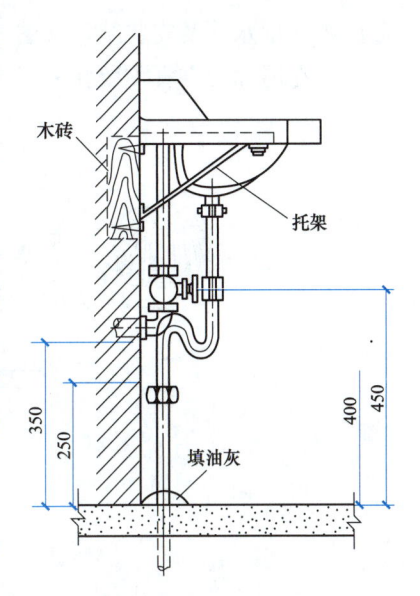

图 3-17 挂式洗脸盆安装尺寸

立式洗脸盆的安装方法与挂式洗脸盆的安装方法类似，应注意支承底座在安装过程中是否平整、牢固、与洗脸盆的接触是否紧密。

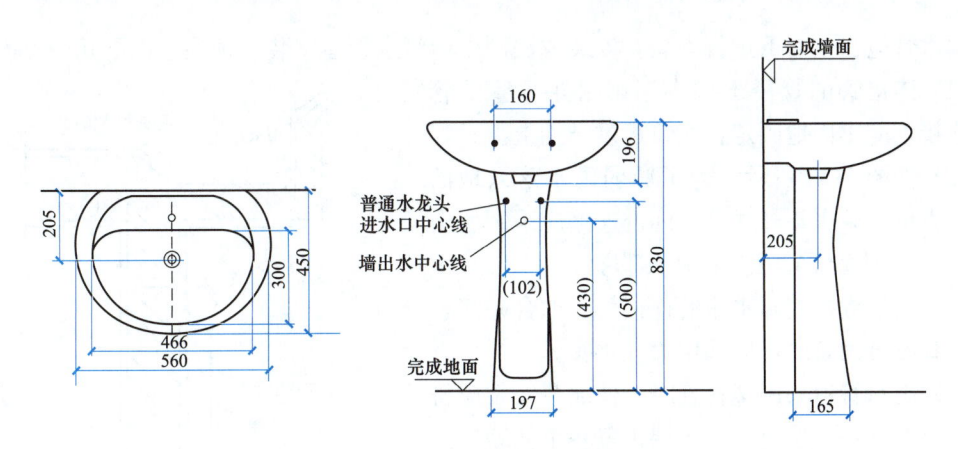

图 3-18 立式洗脸盆安装尺寸

7. 浴盆安装

浴盆一般位于墙角处，定位找平后即可安装给排水管道。浴盆排水管包括盆侧上方的溢水管和盆底部的排水管。连接时溢水口处及三通结合处均应加橡胶垫圈，用锁母紧固，排水管端部插入排水短管后应用密封材料进行密封。

浴盆的淋浴喷头与混合器的连接为锁母连接，固定喷头的立管应设立管卡固定，活动喷头用的喷头架应紧固在预埋件上。

四、雨水排水系统安装

屋面雨水排水系统的安装流程为：雨水斗安装→连接管安装→立管安装→接地管安装。

1. 雨水斗安装

虹吸式雨水斗及安装结构如图 3-19 所示。安装程序如下：

（1）在屋面雨水管预留孔的正上方安装雨水斗底盘，确保底盘与面板顶面标高一致。

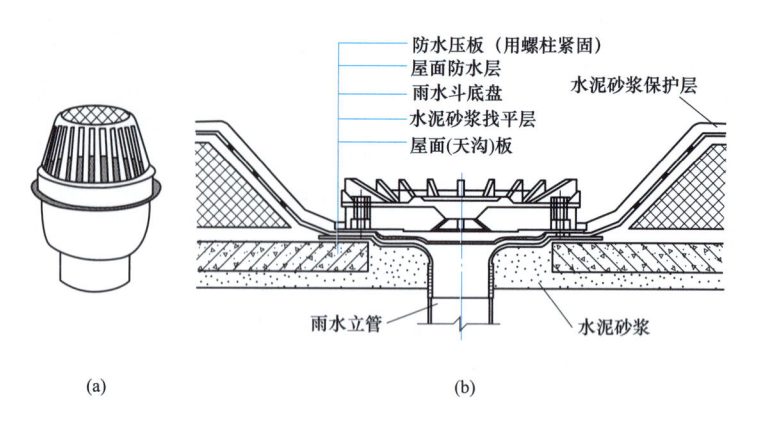

图 3-19　虹吸式雨水斗及安装结构

（2）安装尾管，用水泥砂浆封堵尾管与预留洞之间的空隙。

（3）屋面防水层施工后，安装夹圈、空气挡板或隔栅防护罩。

2. 雨水管安装

雨水管应自上而下进行安装，安装方法同生活污水管道安装。须注意以下几个方面：

（1）连接管的管径不得小于雨水斗短管的管径，连接管应牢固地固定在建筑承重结构上。

（2）如图 3-20 所示，为了减弱雨水落入地面的冲击力量，雨水斗与立管之间的连接应采用两个 45°弯头，雨落管下端也应采用 45°弯头。

（3）变形缝两侧雨水斗的连接管，如合并接入一根立管或悬吊管时，应采用柔性接头。

（4）雨水管道采用塑料管时，伸缩节安装应符合设计要求，一般情况下，每层设置一个伸缩节。

（5）连接暗井的雨水立管，距离地面 1.0m 处应设检查口。

（6）在设置悬吊管的内排水系统中，多雨水斗排水系统的排水连接管应接至悬吊管上，连接管宜采用斜三通与悬吊管相连。

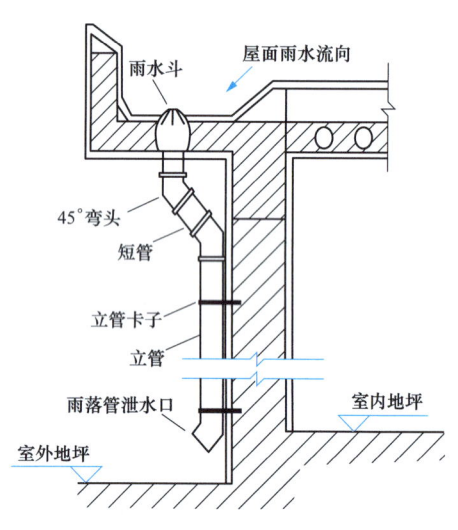

图 3-20　外排水雨落管与建筑物

（7）为了保证雨水顺利排出，悬吊管应有足够的坡度坡向立管。

项目四　建筑消防灭火系统

[知识目标] 了解建筑消防灭火系统的组成及分类、消防设施安装的程序和方法；掌握消火栓给水灭火系统和自动喷水灭火系统的施工图识读方法。

[能力目标] 消火栓给水灭火系统和自动喷水灭火系统的施工图识读。

任务一　建筑消防灭火系统概述

一、室内消防灭火系统的组成

建筑消防灭火系统主要有三大类型，即消火栓给水灭火系统、自动喷水灭火系统和其他灭火系统。

1. 消火栓给水灭火系统

消火栓给水灭火系统的终端是消火栓。发生火灾时，将消火栓箱内的水枪、水龙带与消火栓口接通，用水枪喷水扑灭建筑物内部的初期火灾，或控制火势蔓延。

2. 自动喷水灭火系统

自动喷水灭火系统的终端是喷头。发生火灾时，火焰或高温气流使喷头自动开启，喷水灭火。这种灭火方式不需要救火人员到火灾现场，且扑灭初期火灾的成功率高，是建筑消防灭火的发展趋势。

3. 其他灭火系统

其他灭火系统的分类及特点见表 4-1。

表 4-1　　其他灭火系统的分类及特点

其他灭火系统	灭火原理	特点	安装方式
干粉灭火	吸收部分热量，分解生成不活泼气体	抑制燃烧	移动式
泡沫灭火	产生可漂浮的黏性物质，附着在可燃体表面	隔绝、冷却	移动式
气体灭火	对于不宜用水的可燃物进行气体阻燃（卤代烷、二氧化碳）	电绝缘性好	移动式

二、室内消防灭火系统的设置要求

在室内消防灭火系统中，消火栓给水灭火系统与自动喷水灭火系统属于水系统，也是消防灭火系统的主要形式。相关要求如下：

（1）因消火栓给水灭火系统与自动喷水灭火系统在作用时间、压力、水质等方面有不同的要求，所以两个系统应分开设置。

（2）高层民用建筑和高层厂房（仓库）的室内消防给水系统，应与生活、生产给水系统分开，独立设置。

（3）消防给水系统与生活给水系统共用管道连接时，应设置防止回流污染的技术措施。

（4）建筑物高度超过 50m 或消火栓口处的静水压力大于 1.0MPa 时，消防车难以协助灭火，同时水龙带的工作耐压强度难以保证。因此，为了加强供水的安全可靠性，宜采用分区给水的方式。

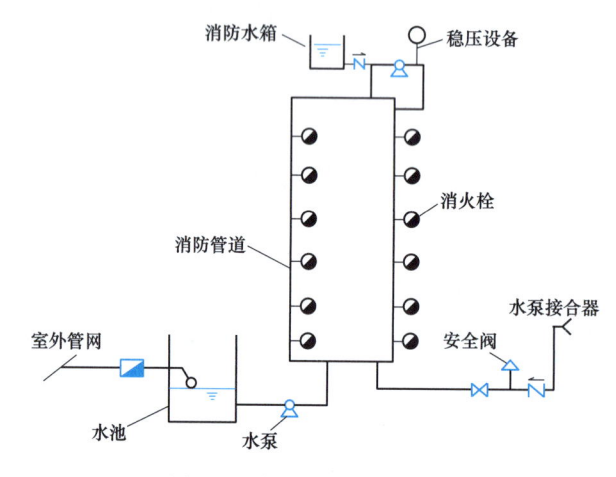

任务二　消火栓给水灭火系统

一、消火栓给水灭火系统的组成

消火栓给水灭火系统的一般组成如图 4-1 所示。

图 4-1　消火栓给水灭火系统

消火栓给水灭火系统由消火栓设备、消防管道和消防设施组成。

1. 消火栓设备

消火栓设备包括水枪、水龙带、消火栓、消火栓箱、消防报警按钮等。

消火栓箱安装在建筑物内部消防给水管路的终端，由箱体、室内消火栓、消防接口、水龙带、水枪、消防软管卷盘及电器设备等消防器材组成，是具有给水、灭火、控制、报警等功能的固定式消防装置。

消火栓箱内的主要设施如图 4-2 所示。

图 4-2　消火栓箱内的主要设施
(a) 室内消火栓；(b) 水龙带；(c) 水枪

如图 4-2（a）所示为室内消火栓。它是消火栓给水灭火系统终端带有内扣接口的阀门，安装在消火栓箱内,灭火时消火栓与水龙带和水枪等器材配套使用。《消防给水及消火栓系统技术规范》(GB 50974—2014)规定,应采用DN65室内消火栓。

消火栓的型号代码见表4-2。

表4-2　　　　　　　　　　　消火栓的型号代码

| 出水口形式 || 栓阀数量 || 普通直角出口型 | 减压稳压型 | 旋转型 | 旋转减压稳压型 |
单出口	双出口	单阀	双阀				
不标注	S	不标注	S	不标注	W	Z	ZW

如图4-2(b)所示为水龙带,它是能承受一定液体压力的管状带织物,是连接消火栓与水枪的消防器材。

水龙带的两端设有接口,有10m、15m、20m、25m等长度,其材料有麻织水龙带和橡胶水龙带两种,其中,橡胶水龙带的水流阻力小、易老化、质重;麻织水龙带抗折叠、质轻、水流阻力大。目前,消火栓箱内的水龙带采用带内衬的麻织水龙带,规范规定水龙带的长度不宜超过25m。

如图4-2(c)所示为水枪,它是一个渐缩管,灭火时与水龙带相连。

水枪喷嘴的规格有三种：13mm、16mm和19mm。消火栓箱内,与DN65消火栓配套的水枪喷嘴直径为16mm和19mm。

如图4-3所示,从水枪喷嘴喷出的水流,应该具有足够的射程,保证所需的消防流量到达着火点。

消防水流的有效射程通常用充实水柱表述。水枪的充实水柱长度过小,水流不能到达着火点;充实水柱长度过大,射流的反作用力会使消防人员无法把握水枪灭火,影响灭火效果。

当水枪喷嘴距离着火点较远时,消防车通过水泵接合器向室内消防管道加压,可以保证充实水柱的长度。

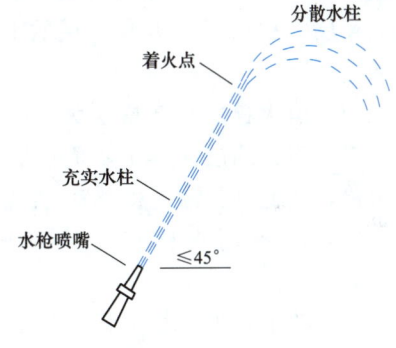

图4-3　充实水柱

2. 消防管道

消防管道即输送消防用水的管道,涂红色油漆进行管道防腐和标识。

3. 消防设施

室外管网的水压和水量不能满足室内消防要求时,消火栓给水灭火系统还应设置消防水泵、水泵接合器、水池和水箱等消防设施。

二、施工图识读

建筑消防系统的施工图是建筑工程施工图的重要组成部分,其识读方法同室内给水系统。

1. 设计说明、设备及主要材料表

消火栓灭火系统的设计说明包括：设计依据、设计参数、系统设计、管材及接口形式、管道敷设方式、管道试压、管道保温、图例等,并应列出施工中必须遵守的现行国家标准和技术规程。某建筑消火栓给水灭火系统的设计说明如下：

(1)本工程设置室内消火栓系统,室内消防用水量为15L/s,消防用水由小区消防泵房经减压给水，管径 DN100，系统呈环状且两路供水。系统工作压力 0.5MPa，消防压力不小于 1.4MPa。

（2）消火栓为单阀、单枪，25m 衬胶水龙带，消火栓口的口径为 DN65，水枪口径为 DN19，消火栓箱内设有启泵按钮。设室外水泵接合器一个，型号为 SQX 型，DN100，安装形式采用地下式。

（3）消防给水管，泄水管采用镀锌钢管，螺纹连接，消防系统阀门带开关显示。

2. 系统图

消火栓给水灭火系统的系统图识读方法，同室内给水系统图识读。

如图 4-4 所示，系统图中可以读到的信息如下：

（1）图示室内消火栓给水灭火系统，从室外消防管网分两处进入建筑物，从负一层楼地面以下 1.2m 处引入。

（2）在标高为 $H+3.40$ 的顶层水平管上设置阀门控制两个进水系统的贯通与切断。

（3）图示有 XL-1、XL-2、XL-3、XL-4 等 4 根消防立管。其中，XL-3 和 XL-4 两个立管只设在负一层，XL-1 立管从负一层开始垂直通向 4 层，XL-2 立管从负一层的水平干管分流通向 4 层。

（4）消火栓的分布楼层为负一层、地上一、二、三、四层。其中，负一层设置 3 个消火栓，地上每层设置 2 个消火栓。

（5）图示消火栓口距离地面的高度为 1100mm。

（6）图示水平干管的管径为 DN100；向负一层消火栓供水的立管为 XL-3、XL-1、XL-4，管径均为 DN65；向地上各楼层供水的立管为 XL-1、XL-2，管径均为 DN100。

3. 平面图

消火栓给水灭火系统的平面图识读方法，同室内给水系统的平面图识读。

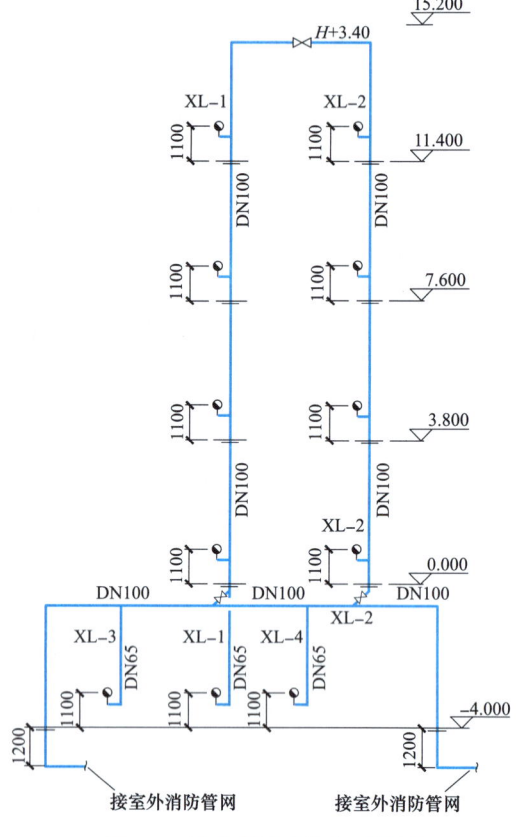

图 4-4 消火栓消防给水系统图

与图 4-4 配套的负一层平面图如图 4-5 所示，从图中可以读到的信息如下：

（1）图示建筑消火栓灭火系统有 $\frac{X}{1}$ 和 $\frac{X}{2}$ 两个引入管，分别从③轴附近和⑪轴附近的地下 1.2m 处进入建筑物。

（2）系统引入管的管径为 DN100，管道穿墙设置刚性防水套管，套管的管径为 DN125。

（3）在平面图中有 XL-3、XL-1、XL-4、XL-2 等 4 个消防给水立管，其中，XL-3、XL-1、XL-4 连接消火栓箱。

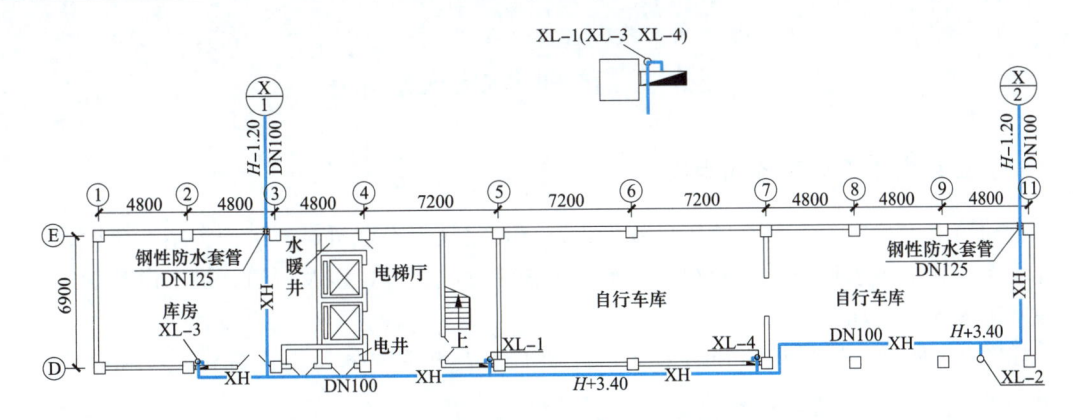

图 4-5 负一层消火栓消防给水平面图

（4）与 X/1 和 X/2 连接的水平干管标高均为 $H+3.40$，位于负一层楼地面以上 3.4m 处。

4. 节点大样图

消火栓给水灭火系统的节点大样图即安装图。如图 4-6 所示，根据图中的数据，即可进行消火栓箱内的消防设置安装。

图 4-6 消火栓箱大样图

三、消防设施安装

1. 管道安装的技术要求

（1）系统管材应采用镀锌钢管，不应采用焊接的方式连接。

管径不大于 DN100 时，管道接口形式为螺纹连接，管道与设备、法兰阀门连接时采用法兰连接；管径大于 DN100 时，管道接口形式为法兰连接或沟槽连接；管道与法兰的连接处应作防腐处理。

（2）管道穿过楼板或墙体时，应设置套管。

（3）管道变径时，应使用标准的异径管接头和管件。

（4）埋地金属管道应进行防腐和保温处理。

（5）室内消火栓给水系统安装完成后均应作消火栓试射试验。选取有代表性的三处（首层取两处消火栓，屋顶取一处消火栓）进行试射，检验两股充实水柱同时喷射到达最远点的能力。

2. 室内消火栓安装

室内消火栓安装流程：根据栓口位置进行箱体定位→箱体安装→消火栓安装（栓口中心距地面为 1.1m）→箱内其他固定消防设施安装。

3. 消防水箱安装

消防水箱安装的方法参照室内给水系统的水箱安装。

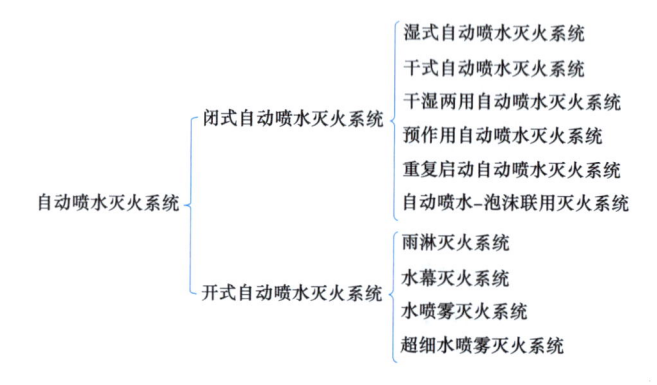

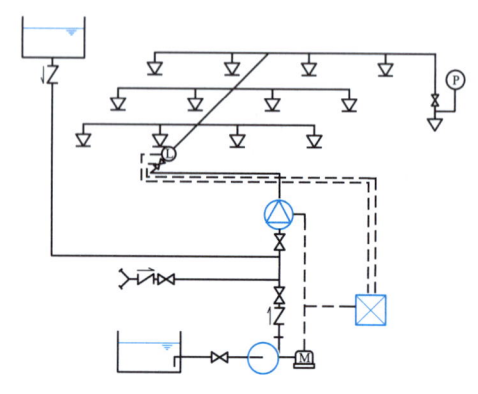

任务三　自动喷水灭火系统

一、自动喷水灭火系统的组成

自动喷水灭火系统是最有效的自救灭火系统，它具有安全可靠、经济实用、灭火成功率高等优点。它由洒水喷头、报警阀组、水流报警装置等组件，以及管道、供水设施组成，并能在发生火灾时自动喷水。

如图 4-7 所示，按喷头的开启形式，自动喷水灭火系统分为闭式喷头系统和开式喷头系统。

图 4-7　自动喷水灭火系统分类

闭式自动喷水灭火系统采用闭式喷头，喷头处于常闭状态，其感温装置和闭锁装置只有在一定的温度和环境下才会脱落和开启。

开式自动喷水灭火系统采用开式喷头。喷头处于常开状态，不带感温装置和闭锁装置，当火灾发生时，火灾所处的系统保护区域内的所有开式喷头一起出水灭火。

1. 湿式自动喷水灭火系统

湿式自动喷水灭火系统是指准工作状态时管道内充满用于启动系统的有压水的闭式系统。

湿式系统由闭式喷头、湿式报警阀组、管道系统、水流指示器、报警控制装置和末端试水阀、给水设备等组成。

如图 4-8 所示的湿式系统包括：水池、水泵、止回阀、闸阀、水泵接合器、消防水箱、湿式报警阀组、配水干管、水流指示器、配水支管、闭式喷头、末端试水装置、驱动电机、报警控制器等。

图 4-8　湿式自动喷水灭火系统

火灾发生时，火源周围的温度上升，火焰或高温气流使闭式喷头的热敏感元件动作，喷头被打开喷水灭火。此时，水流指示器由于水的流动被感应并送出电信号，在报警控制器上显示某一区域已在喷水，湿式报警阀后的配水管道内水压下降，使原来处于关闭状态的湿式报警阀开启,压力水流向配水管道,随着报警阀的开启,报警信号管路开通,压力水冲击水力警铃发出声响报警信号,同时安装在管路上的压力开关接通并发出相应的电信号,直接或通过消防控制中心自动启动消防水泵向系统加压供水,达到持续自动喷水灭火的目的。

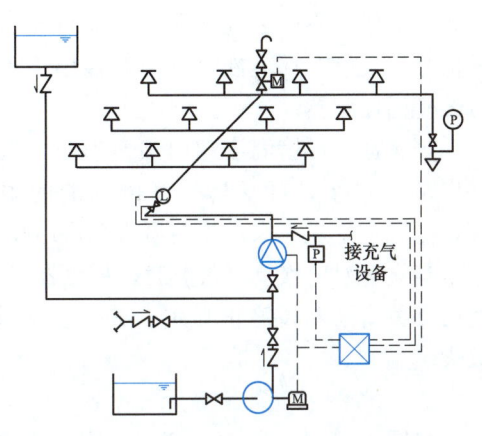

2. 干式自动喷水灭火系统

干式自动喷水灭火系统是指准工作状态时配水管道内充满用于启动系统的有压气体的闭式系统。

干式系统由闭式喷头、管网、干式报警阀组、充气设备、报警控制装置和末端试水装置、给水设施等组成。

如图4-9所示的干式系统包括:水池、水泵、止回阀、闸阀、水泵接合器、消防水箱、干式报警阀组、配水干管、水流指示器、配水支管、闭式喷头、末端试水装置、快速排气阀、电动阀、报警控制器等。

干式自动喷水灭火系统的主要工作过程与湿式系统无本质区别,只是在喷头动作后有一个排气过程。

平时,干式报警阀后配水管道及喷头内充满有压气体,用充气设备维持报警阀内气压大于水压,将水隔断在干式报警阀前,干式报警阀处于关闭状态。

图4-9 干式自动喷水灭火系统

发生火灾时,闭式喷头受热开启首先喷出气体,排出管网中的压缩空气,于是报警阀后管网压力下降,干式报警阀阀前的压力大于阀后压力,干式报警阀开启,水流向配水管网,并通过已开启的喷头喷水灭火。

3. 干湿两用自动喷水灭火系统

干湿两用自动喷水灭火系统是交替使用干式和湿式的一种闭式灭火系统,它克服了干式系统效率低的缺点,其系统组成与干式大致相同,只是将干式报警阀改为干湿两用阀,或者干式报警阀与湿式报警阀的组合阀。

4. 预作用自动喷水灭火系统

预作用自动喷水灭火系统是指准工作状态时配水管道内不充水,由火灾自动报警系统或闭式喷头作为探测元件,自动开启雨淋阀或预作用报警阀组后,转换为湿式系统的闭式系统。

预作用自动喷水灭火系统由闭式喷头、预作用报警阀组或雨淋阀组、充气设备、管道系统、给水设备和火灾探测报警控制装置等组成。

如图4-10所示的预作用系统包括:水池、水泵、止回阀、闸阀、水泵接合器、消防水箱、预作用报警阀组、配水干管、水流指示器、配水支管、闭式喷头、末端试水装置、快速排气阀、电动阀、电磁阀、感温探测器、感烟探测器、报警控制器等。

预作用自动喷水灭火系统管道内平时无水,充以有压或无压气体,呈干式。

发生火灾时,保护区内火灾探测器,首先发出报警信号,报警控制器在接到报警信号后有声光显示的同时即启动电磁阀排气,报警阀随即打开,使压力水迅速充满管道,这样原来呈干式的系统迅速自动转变成湿式系统，完成预作用过程。待闭式喷头开启后，便即刻喷水灭火。

5. 重复启动自动喷水灭火系统

重复启动自动喷水灭火系统能在扑灭火灾后自动关闭报警阀，发生复燃时又能再次开启报警阀恢复喷水。

重复启动自动喷水灭火系统与预作用灭火系统类似。不同之处是采用了既可输出火警信号，又可在环境恢复常温时输出灭火信号的感温探测器。

当感觉到环境温度超出预定值时，报警并启动供水泵，打开具有复位功能的雨淋阀，为配水管道充水，并在喷头动作后喷水灭火。

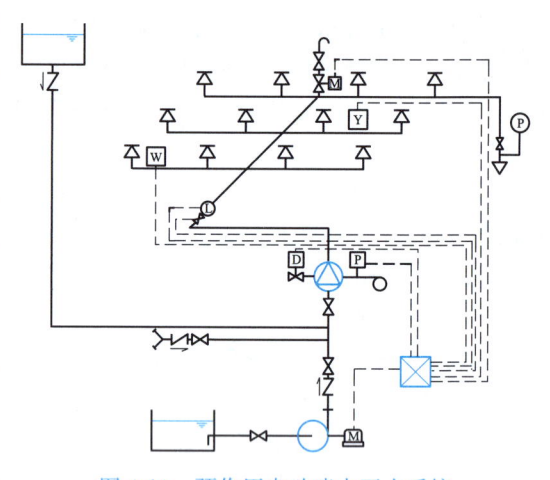

图 4-10　预作用自动喷水灭火系统

当火场温度恢复至常温时，探测器发出关停系统的信号，在按设定条件延迟喷水一段时间后，关闭雨淋阀停止喷水。若火灾复燃，温度再次升高，系统则再次启动，直至彻底灭火。

6. 自动喷水—泡沫联用灭火系统

如图 4-11 所示，自动喷水—泡沫联用灭火系统主要由泡沫液储罐、泡沫液输送管、比例混合器组、喷头和湿式报警阀等组成装置、泡沫液输送管网等部件组成。

自动喷水—泡沫联用系统是在自动喷水灭火系统的基础上，增设了泡沫混合液供给设备。灭火时，通过自动控制实现喷头喷放初期的一段时间内喷射泡沫，组成既可以喷水又可以喷泡沫的固定式灭火系统。

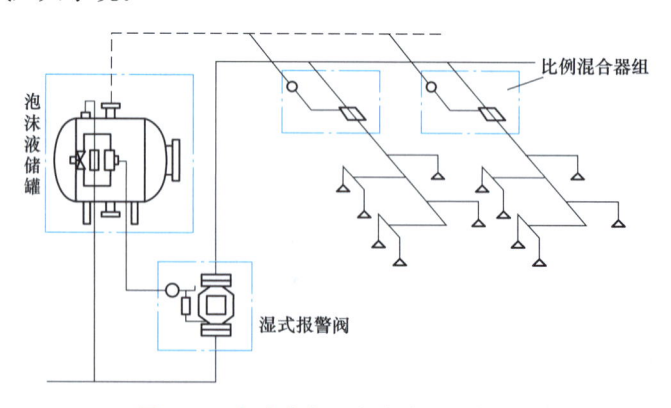

图 4-11　自动喷水—泡沫联用灭火系统

7. 雨淋灭火系统

如图 4-12 所示，雨淋灭火系统是由火灾自动报警系统或传动管控制，自动开启雨淋报警阀并启动消防水泵，向开式洒水喷头供水的自动喷水灭火系统。

雨淋灭火系统由开式喷头、雨淋报警阀组、管道以及供水设施组成，与湿式系统、干式系统、预作用系统的最大区别是，系统一旦动作，保护面积内将全面喷水。

图 4-12　雨淋灭火系统

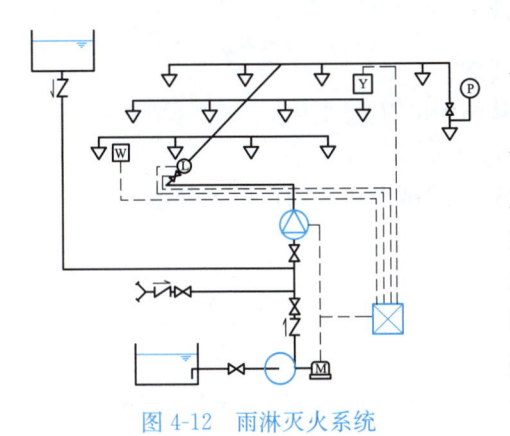

平时，雨淋阀处于关闭状态，雨淋阀入口侧与进水管相通，出口侧接喷水灭火管路。

发生火灾时，雨淋阀开启装置探测到火灾信号后，通过传动阀门自动地释放传动管网中有压力的水，使传动管网中的水压骤然降低，于是雨淋阀在进水管的水压推动下瞬间自动开启，压力水便立即充满灭火管网，系统上所有开式喷头同时喷水，可以在瞬间喷出大量的水，覆盖或阻隔整个火区，实现对保护区的整体灭火效果。

8. 水幕灭火系统

水幕灭火系统的喷头沿线状布置，发生火灾时，主要起阻火、冷却、隔离作用，是唯一不以直接灭火为目的的灭火系统。

水幕灭火系统与雨淋灭火系统的工作原理相同，主要由火灾探测传动控制系统、控制阀门系统和带水幕喷头的自动喷水灭火系统等三部分组成。其作用方式也与雨淋灭火系统相同，由火灾探测器或者人发现火灾，电动或手动开启控制阀，系统供水通过水幕喷头喷水阻火。

9. 水喷雾灭火系统

水喷雾灭火系统是将高压水通过特殊的水雾喷头呈雾状喷出的灭火系统，雾状水粒的平均粒径一般为 100～700μm，水雾喷向燃烧物，通过冷却、窒息、稀释等作用扑灭火灾。

水喷雾灭火系统的水压高、喷射出来的水滴小、分布均匀、水雾绝缘性好，在灭火中产生大量的蒸汽，具有冷却灭火、窒息灭火、乳化灭火和稀释灭火的作用。

10. 超细水喷雾灭火系统

超细水喷雾灭火系统与水喷雾灭火系统的区别只有喷头，有压水通过超细水喷雾喷头后呈现水粒的平均粒径不大于 400μm 的细水雾。其特点如下：

（1）采用冷却和窒息的原理进行灭火，灭火效果较好。

（2）水滴直径减小，单位体积水的比表面积加大，水与火灾现场的热量交换加快，可以使火灾现场快速降温，达到冷却灭火的目的。

（3）水吸收热量后汽化，迅速变成蒸汽，体积膨胀数百倍，从而可以稀释火灾现场的氧气浓度，导致周围环境缺氧，达到窒息灭火的目的。

二、施工图识读

1. 设计说明、设备及主要材料表

自动喷水灭火系统的设计说明包括：设计依据、设计参数、系统设计、管材及接口形式、管道敷设方式、管道试压、管道保温、图例等，并应列出施工中必须遵守的现行国家标准和技术规程。某建筑自动喷水灭火系统的设计说明如下：

（1）本工程自动喷水灭火系统采用直立型及下垂型喷头，厨房内喷头的动作温度为 90℃，其余部位喷头的动作温度为 68℃。

（2）自动喷水灭火系统报警阀组采用湿式报警阀组，接入大厦自动喷水灭火系统。

（3）自动喷水灭火系统管道采用热镀锌钢管，DN≥100mm 时沟槽连接，DN<100mm

时丝扣连接。

2. 系统图

自动喷水灭火系统的系统图如图 4-13 所示，从图中可以读到的信息如下：

（1）图中 ZP 表示自动喷水灭火系统的消防管道。

（2）图示立管编号为 PL-1，该系统由园区自喷管网接入建筑物，引入管位于负一层楼地面以下 1.2m。

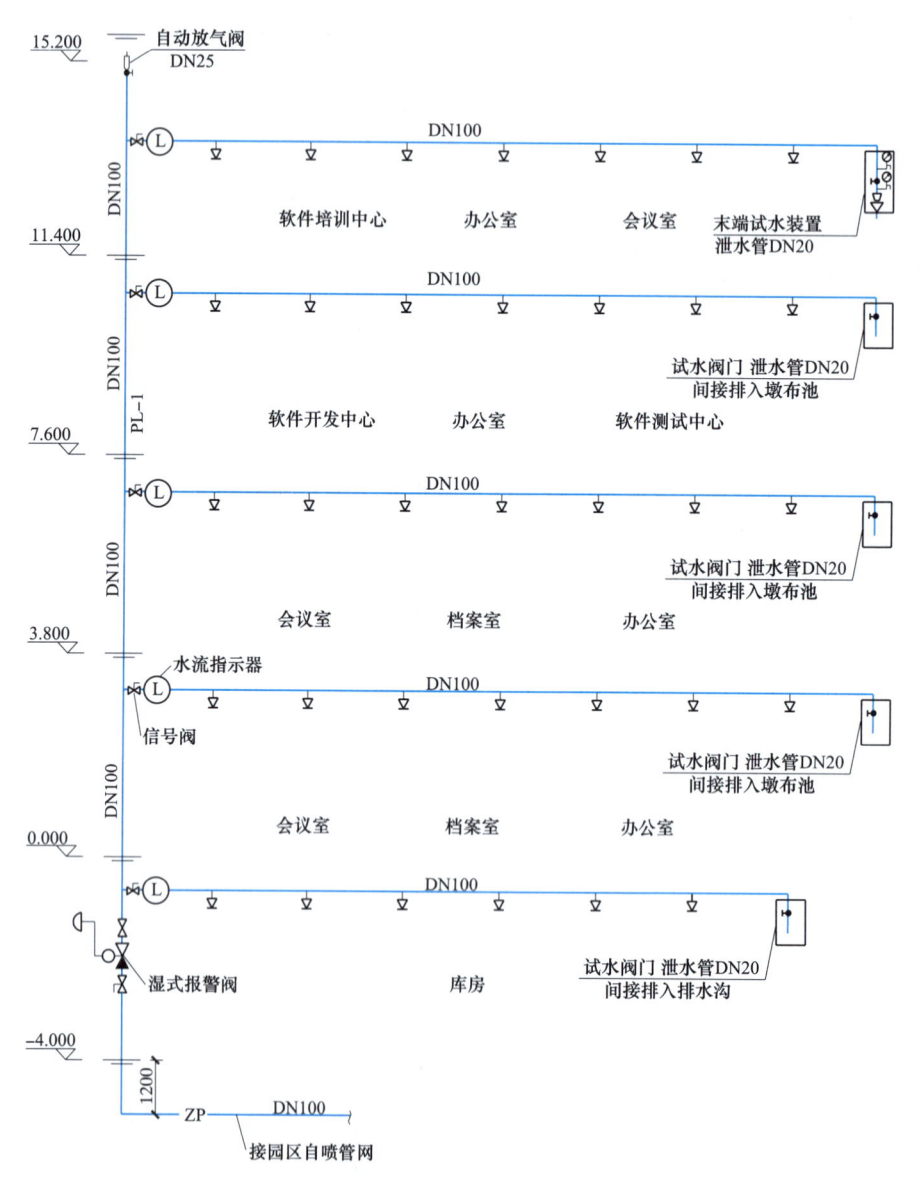

图 4-13 自动喷水灭火系统消防给水系统图

（3）图示管道直径分别为：引入管直径 DN100、立管直径 DN100、各楼层配水管直径 DN100、末端泄水装置上的泄水管直径 DN20。

（4）自动喷水灭火系统的覆盖范围：负一层的库房；一层的会议室、档案室和办公室；

二层的会议室、档案室和办公室；三层的软件开发中心、办公室和软件测试中心；四层的软件培训中心、办公室和会议室。

（5）图示立管上设置的消防设施：负一层立管上设置的湿式报警阀；立管顶端设置规格为 DN25 自动放气阀。

（6）每层设置的消防设施：信号阀、水流指示器、配水管、闭式喷头、末端泄水装置。

3. 平面图

与图 4-13 系统图配套的平面图如图 4-14 所示，平面图中可以读到的信息如下：

（1）符号 ZP 表示自动喷水灭火系统的消防管道，立管 PL-1 设置在水暖井内西北角。

（2）图中圆圈表示喷头。

（3）首层自动喷水系统的覆盖范围：南朝向的 6 个办公室，每个办公室内安装 4 个喷头；北朝向的 2 个办公室，每个办公室内安装 4 个喷头；接待室内安装 6 个喷头；会议室内安装 12 个喷头；两个卫生间内共安装 6 个喷头；电梯厅内安装 3 个喷头；走廊内安装 16 个喷头。覆盖范围内共安装 75 个喷头。

（4）配水管标高为 $H+3.40$，高于本层楼地面 3.4m。

（5）配水干管向远端延伸的直径依次为 DN100、DN80、DN65、DN50、DN40、DN32、DN25；配水支管的直径为 DN25，当两个喷头串联设置时，近端直径 DN32、远端直径 DN25；电梯厅内三个喷头串联设置时，配水支管的直径依次为 DN40、DN32、DN25。

（6）自动喷水灭火系统的末端位于东南角。泄水管从东南角的配水支管上引出向东、向北通过走廊、会议室，再向西引至女卫生间，接至墩布池。

（7）试水阀门设置在女卫生间墩布池上方的泄水管末端，泄水管的公称直径为 DN20。

4. 节点大样图

节点大样图的作用是为消防设施的安装提供依据。

三、自动喷水灭火系统安装

自动喷水灭火系统安装的顺序：放线→支、吊架预制安装→管道及阀门安装→系统冲洗→系统主要部件安装→系统试压→刷漆→系统调试。

消防系统套管安装、管道安装、法兰安装、阀门安装，同室内给水管道安装的相关内容。

1. 湿式报警阀组安装

湿式报警阀组的主要部件如下：

湿式报警阀：只允许水单方向流入喷水系统并在规定流量下报警。

延迟器：延迟水力警铃动作时间，减少因水压波动而造成的误报警。

水力警铃：系统启动后，能发出声响的水力驱动式报警装置。

压力开关：报警阀动作后，压力开关动作接通电触点。

警铃阀：伺应状态下为常开，检查、维护和修理时才可关闭此阀。

试警铃阀：在调试、维护才开启此阀，以判定系统工作情况。

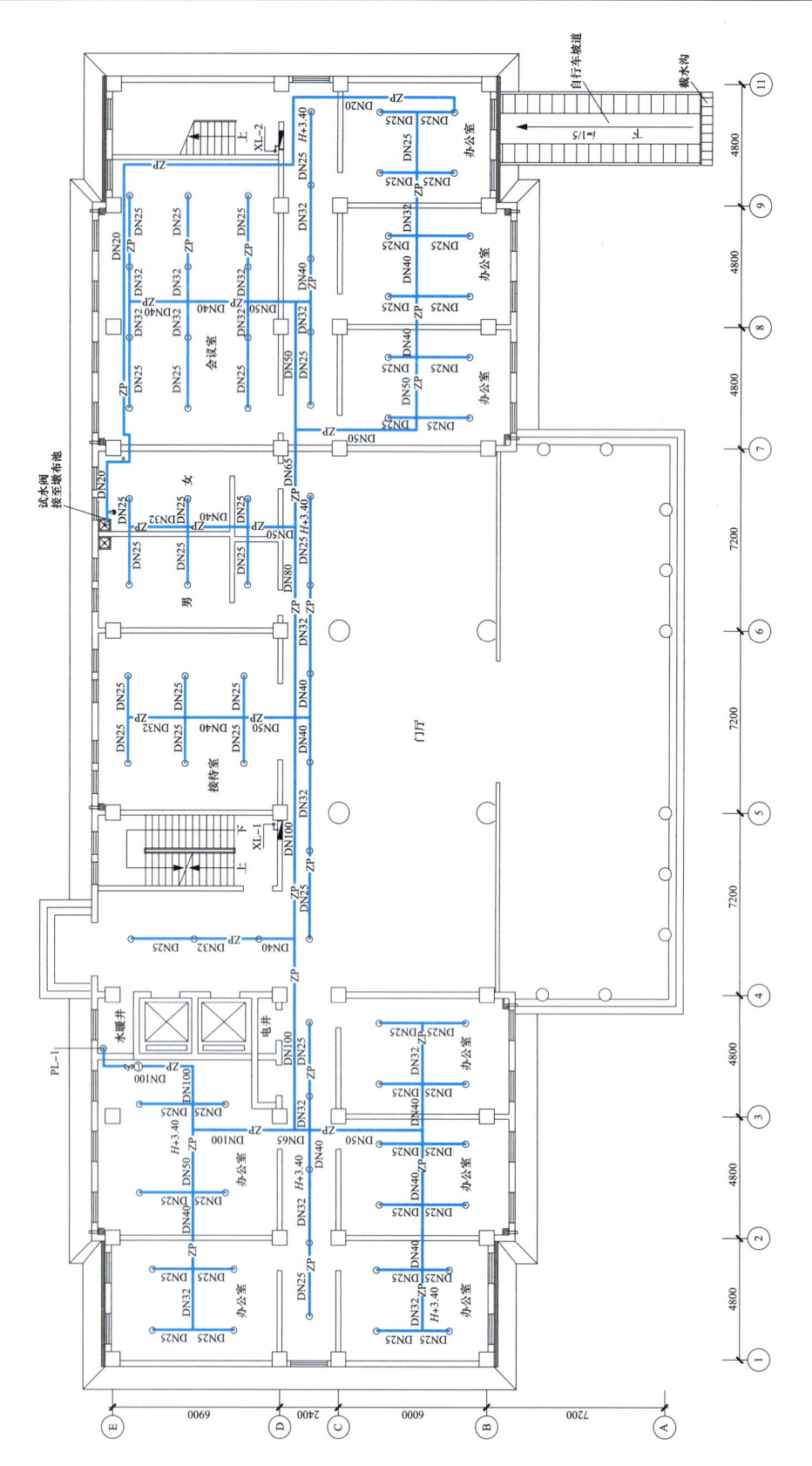

图 4-14 首层自动喷水灭火系统消防给水平面图

放水阀：排出阀后管网内的余水，以进行检修或更换喷头。

湿式报警阀组安装时，先安装水源控制阀和报警阀，然后再进行报警阀附件安装，最后再和管道进行连接。水源控制阀、报警阀与配水干管连接时，应按正确的水流方向安装。

2. 水流指示器安装

水流指示器是自动喷水灭火系统中的辅助报警装置，安装在各分区的配水干管上，靠管内压力水流动的推力而动作，从而推动微动开关，将水流动的信号转换为电信号，对系统实行监控和报警。

水流指示器的类型如图 4-15 所示。图 4-15（a）为马鞍型水流指示器，图 4-15（b）为法兰型水流指示器，图 4-15（c）为螺纹型水流指示器，图 4-15（d）为焊接型水流指示器。

图 4-15 水流指示器
(a) 马鞍型；(b) 法兰型；(c) 螺纹型；(d) 焊接型

水流指示器安装的技术要求如下：

（1）每个报警分区应设置一个水流指示器，安装在每层的水平分支干管或某区域的分支干管上。

（2）水流指示器应水平立装，倾斜度不宜过大，以保证叶片活动灵敏。

（3）水流指示器前后应保持有 5 倍安装管径长度的直管段，安装时注意水流方向与指示器的箭头一致。

（4）信号阀应安装在水流指示器前的管道上，与水流指示器的距离不宜小于 300mm。

3. 喷头安装

闭式喷头与开式喷头应用于不同的自动灭火系统。二者的区别是，闭式喷头的喷口由玻璃球或易熔合金等热敏元件组成，而开式喷头的喷口没有释放机构。

闭式喷头的类型及构造如图 4-16 所示。

喷头安装应在系统管网试压和冲洗后进行，其安装的技术要求如下：

（1）喷头的接口为螺纹接口，安装时应采用专用扳手。

（2）在吊顶天棚上安装喷头，装饰盘应紧贴天棚底，不能对棚面产生挤压力；在无吊顶的天棚上安装喷头，喷头溅水盘距棚板顶面或风道底面紧贴棚底 100mm。

（3）成排安装的喷头应左右成线，偏差不得超过 ±2mm。

（4）宽度大于 1.2m 的梁、排管、桥架、通风管道等水平障碍物下面应安装喷头。

4. 排气阀安装

自动喷水灭火系统的排气阀如图 4-17 所示。

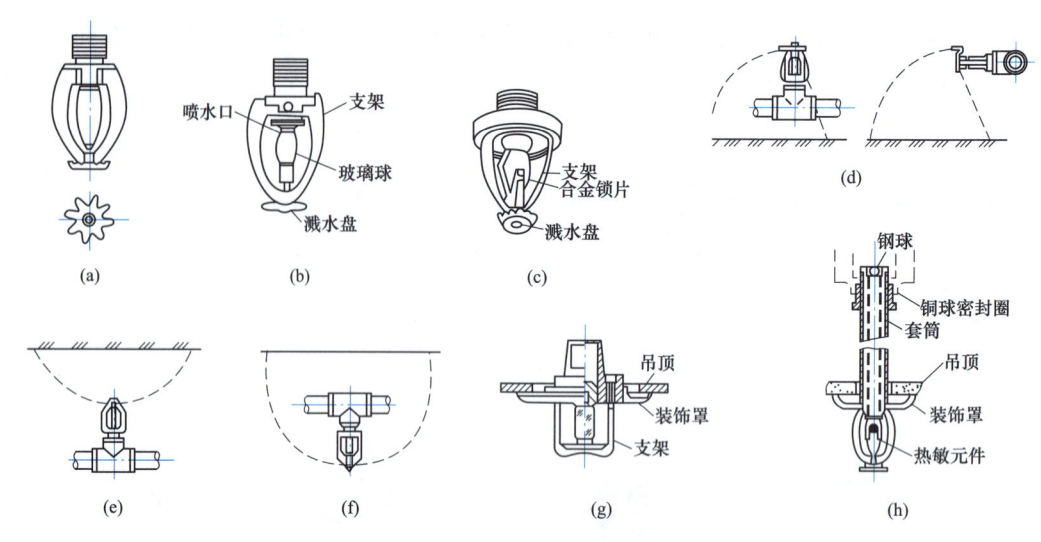

图 4-16 闭式喷头构造示意图

(a) 普通型；(b) 玻璃球洒水喷头；(c) 易熔合金洒水喷头；(d) 边墙型喷头（立式、水平式）；
(e) 直立型喷头；(f) 下垂型喷头；(g) 吊顶型喷头；(h) 干式下垂型喷头

系统未充水时，排气阀呈开启状态，管内空气与大气相通；压力水进入相通管道后，管内的空气被压缩并推向排气阀，通过排气孔自动排出管外；当压力水至排气阀后，浮球向上运动，密封排气孔将压力水密封在系统管内，无渗漏；管道运行时如有少量气体集中到阀内一定程度后，阀内水位下降，浮球随之下降，气体从小孔排出。

排气阀安装应在系统管网试压和冲洗合格后进行，在系统的最高点垂直安装。

图 4-17 排气阀

5. 末端试水装置安装

如图 4-18 所示，图 4-18（a）与图 4-18（b）为末端试水装置组成大样图，图 4-18（b）较图 4-18（a）增加一个常闭式球阀。末端试水装置与配水管、泄水管之间的关系如图 4-18（c）所示，其安装方法参照给水管道安装。

6. 系统水压试验及管道冲洗

自动喷水灭火系统水压试验的相关要求如下：

（1）水压试验借助信号蝶阀隔离，按楼层分段进行。

（2）管道注水应自上而下，排净空气后关闭阀门。

（3）测压点设在管道系统的最低部位。管道系统加压应逐渐升高，升至工作压力时应停泵观察，确认无渗漏后再升至试验压力。

（4）强度试验按试验压力稳压 30min，压降值不超过 0.05MPa 为合格，且管道无渗漏、无变形。

（5）严密性试验应在强度试验和管网冲洗后进行，按工作压力稳压 24h，无泄漏为合格。

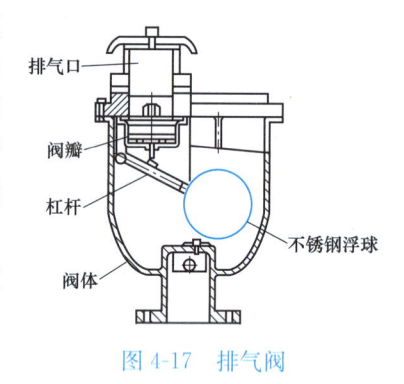

项目四 建筑消防灭火系统

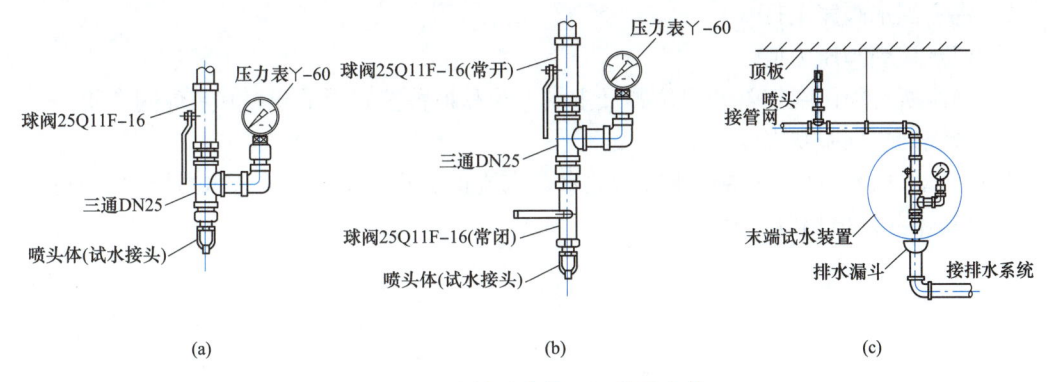

图 4-18 末端试水装置组成及安装

（6）系统冲洗应分区、分段进行。冲洗的水流方向应与火灾时系统运行的水流方向一致。

7. 管道标记

（1）系统试压合格后，配水干管和配水支管应做红色标记。

（2）湿式报警阀的出水立管、末端试水管上应标记与之对应区域的字条，字条上的字应为红色。

（3）地下室、竖井内管道喷上"水流方向及喷淋管道"字条，字条上的字应为红色。

8. 自动喷水灭火系统的整体调试、试运行

（1）准备工作。

1）消防水池、消防水箱已注满水，喷淋泵、稳压系统已供电正常运转。

2）系统管网充满水，湿式报警阀处、末端试水处的排水设施已安装。

3）配合自动报警系统完成湿式报警阀处、末端试水处的放水试验，记录水流指示器、压力开关的动作返回信号和时间，开关信号蝶阀，记录动作返回信号。

（2）水源测试。核实消防水箱容积、设置高度、消防水泵结合器的数量和供水能力，并通过移动式消防水泵做供水试验进行验证。

（3）消防水泵调试。以自动或手动方式启动消防水泵时，消防水泵应在 30s 内投入正常运行；备用电源切换时，消防水泵应在 30s 内投入正常运行。

（4）稳压泵调试。模拟设计启动条件，稳压泵应立即启动，当达到系统设计压力时，稳压泵应立即停止运行。

（5）试运行。湿式自动喷水灭火系统的操作方法如下：

1）关闭系统主供水阀（湿式报警阀进口端信号蝶阀）、末端试验阀。

2）打开系统排水阀（湿式报警阀排水阀），排出系统内的水。水排尽后关闭系统排水阀。

3）打开区域信号阀。

4）缓慢打开主供水阀向系统供水，逐个打开所有保护区域的末端试验阀，直到有稳定的水流从末端试验阀流出，关闭末端试验阀。

5）打开报警控制阀，检查延迟器下漏水接头是否滴水，检查水力警铃是否发出响声。

6）将主供水阀完全打开。

7）记录报警阀压力值。

8）确认所有阀门在正常开启位置（主供水阀和报警控制阀常开，其余球阀常闭）。

9）系统处于伺服状态。

10）联动试验：打开末端试水装置放水，水流指示器、压力开关、水力警铃和消防水泵等应及时动作并发出相应信号。

项目五 采 暖 工 程

[知识目标] 了解室内热水采暖系统和分户地暖系统的管路布置、系统组成、采暖系统安装的程序和方法；掌握采暖工程施工图识读的方法。

[能力目标] 采暖工程施工图识读。

任务一 集中采暖系统

集中采暖系统是传统的采暖系统，俗称为"大采暖"系统，是以整幢建筑作为对象进行设计，其优点是构造简单、节约管材，缺点是缺乏独立调节能力，不利于节能与自主用热。

一、集中采暖系统的分类

1. 普通热水采暖系统

普通热水采暖系统的热媒为热水。

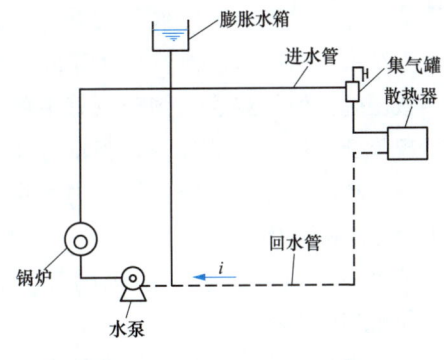

（1）机械循环热水采暖系统。

机械循环热水采暖系统中，循环水泵提供动力使热水循环流动，其作用压力比自然循环热水采暖系统大得多，系统的作用半径大，是应用广泛的采暖系统。

如图5-1所示，机械循环热水采暖系统由锅炉、散热器、集气罐、膨胀水箱、水泵、进水管、回水管等组成。

锅炉：将冷水加热成为热水。

膨胀水箱：容纳水受热以后的膨胀量。

集气罐：排除管道和散热器中的空气。

图5-1 机械循环热水采暖系统

散热器：将热量散发到室内。

水泵：使水克服阻力，在系统中保持循环流动，向锅炉补水。

进水管：也称供水管，其作用是将热水从锅炉送至散热器。图5-1中实线表示进水管。

回水管：将热量散发以后的冷水送回锅炉。图5-1中虚线表示回水管。

（2）自然循环热水采暖系统。

自然循环热水系统与机械循环热水系统的区别：一是循环动力不同；二是膨胀水箱的连接点不同。

自然循环热水采暖系统，又称为重力循环热水采暖系统，在系统中不设水泵。它以供回水密度差产生的重量差为循环动力，推动热水在系统中循环流动。

自然循环热水采暖系统充水后，水在锅炉中被加热，水温升高而密度变小，沿供水管上升流入散热器；热水经过散热器时散失热量，水温降低而密度增加，沿回水管流回锅炉而再次加热；热水不断被加热、循环，将热量送至散热器。

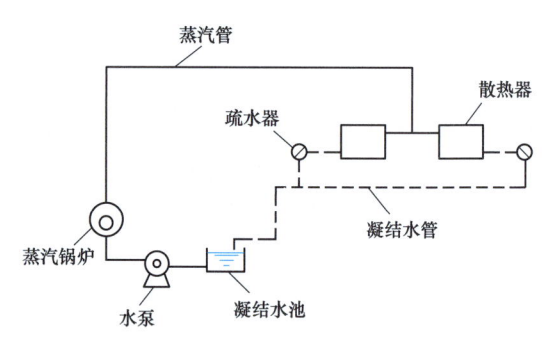

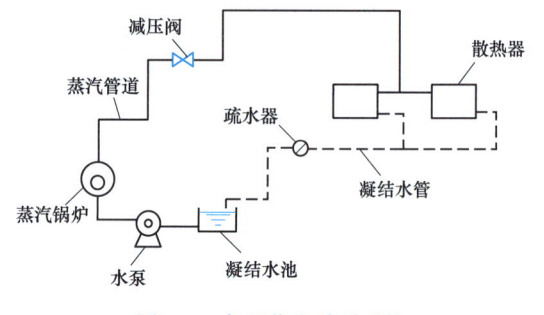

2. 低压蒸汽采暖系统

低压蒸汽采暖系统的热媒为表压不大于 0.07MPa 的蒸汽。

如图 5-2 所示，低压蒸汽采暖系统由蒸汽锅炉、蒸汽管道、散热器、疏水器、凝结水管、凝结水池、水泵等组成。

蒸汽锅炉：将水加热成为蒸汽。

蒸汽管：将蒸汽从锅炉送至散热器。

散热器：将热量散发到室内，使蒸汽变为凝结水。

疏水器：起阻汽疏水的作用，设置在每组散热器后面，阻止蒸汽进入凝结水管道。

图 5-2 低压蒸汽采暖系统

凝结水管：将凝结水从散热器送至凝结水池。凝结水靠管道坡度重力流到凝结水池。

凝结水池：收集并容纳凝结水。

水泵：使水克服阻力，在系统中保持循环流动，向锅炉补水。

3. 高压蒸汽采暖系统

高压蒸汽采暖系统的热媒为表压大于 0.07MPa 的蒸汽。

如图 5-3 所示，高压蒸汽采暖系统由蒸汽锅炉、蒸汽管道、减压阀、散热器、疏水器、凝结水管、凝结水池、水泵等组成。

减压阀：设置在建筑物蒸汽管道的入口处，起降低蒸汽压力的作用。当蒸汽压力超过室内采暖的工作压力时，使压力稳定保持在采暖要求的范围内。

疏水器：与低压蒸汽系统的疏水器相比，作用相同，构造不同。

图 5-3 高压蒸汽采暖系统

凝结水管：将凝结水从散热器送至凝结水池。高压蒸汽系统的凝结水靠蒸汽有压力流到凝结水池。

水泵：作用同"低压蒸汽采暖系统"。高压蒸汽锅炉的补水泵一般采用高扬程的水泵。

高压蒸汽采暖系统中的蒸汽锅炉、蒸汽管、散热器、凝结水池，其作用同"低压蒸汽采暖系统"。

4. 热水采暖系统与蒸汽采暖系统对比

热水采暖系统与蒸汽采暖系统的对比见表 5-1。

表 5-1 热水采暖系统与蒸汽采暖系统对比表

比较项目	热水采暖系统	蒸汽采暖系统	说明
热媒	依靠热水降温度放出热量，热水的聚集状态不发生变化	依靠水蒸气凝结成水放出热量，聚集状态发生变化	蒸汽采暖所需的蒸汽质量、流量较热水流量少

续表

比较项目	热水采暖系统	蒸汽采暖系统	说明
系统组成和运行管理	热水在封闭系统内循环流动,流量和比容的变化较小	蒸汽和凝结水在系统管路内流动,状态参数变化较大	蒸汽系统较热水系统复杂
散热面积	热水进出口温度为95℃/70℃,散热器内热媒的平均温度为82.5℃	在低压及高压蒸汽供暖系统中,散热器内热媒的温度等于或高于100℃	相同热负荷下,蒸汽系统比热水系统节省散热设备面积
卫生条件	较好	散热器表面温度高,易烧烤积在散热器上的灰尘,产生异味	热水采暖优于蒸汽采暖
散热速度	较慢	升温较快、降温较快	蒸汽系统腐蚀较快,使用年限较热水系统短
适用范围	居住建筑	俱乐部、会议室、礼堂等公共场所	

二、集中热水采暖系统

室内热水采暖系统的管路布置,应根据建筑物的具体条件、与外网连接的形式,以及运行情况等因素,选择合理的布置方案,力求系统管道走向布置合理,节省管材,便于调节和排除空气,各并联环路的阻力损失易于平衡。

1. 配管方式

热水采暖系统的配管方式,即散热器与管道连接的方式。

如图 5-4 所示,根据散热器与进回水管的连接方式,热水采暖系统分为双管系统与单管系统。

图 5-4(a)为双管系统,各楼层的散热器共用同一个进水管及回水管,上下楼层散热器的传热相近;图 5-4(b)为单管系统,上面楼层的回水管是下面楼层的进水管,上下楼层散热器的传热不均衡。

双管系统与单管系统的对比见表 5-2。

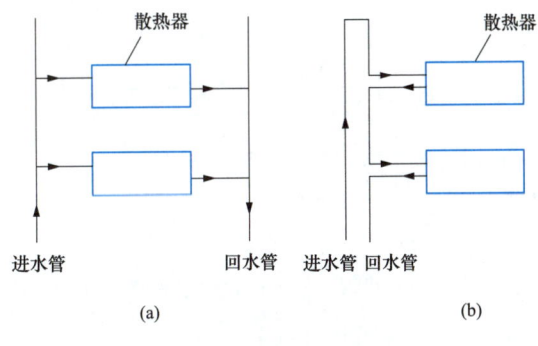

图 5-4 双管系统与单管系统示意
(a)双管系统;(b)单管系统

表 5-2　　　　　　　　　　双管系统与单管系统对比表

采暖系统	重力循环作用压力	各层散热器进口水温	垂直失调的原因
双管系统	各层散热器作用压力不同	相近	重力循环作用压力不同
单管系统	供、回水共用一根管	不相同	各层散热器进口水温不同

注　垂直失调是指在采暖的建筑物内，同一竖直方向各采暖房间出现上下冷热不均的现象。

2. 常用的采暖系统

（1）双管上供下回式。

如图 5-5 所示，双管上供下回式采暖系统的供水干管设在系统的顶部，回水干管设在系统的下部，散热器的供水管和回水管分别设置，每组散热器都能组成一个循环回路。每组散热器的供水温度基本一致，各组散热器可自行调节热媒流量，互相不受影响。

供水干管应按水流方向设上升坡度，使气泡随水流方向流动汇集到系统的最高点，通过在最高点设置排气装置，将空气排出系统外；回水干管的坡向与自然循环系统相同，坡度宜采用 0.3%。

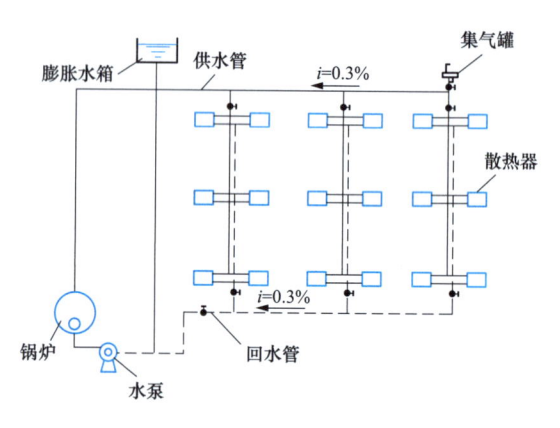

图 5-5　双管上供下回式热水采暖系统

（2）双管下供下回式。

如图 5-6 所示，双管下供下回式采暖系统的供水干管和回水干管均敷设在地沟或地下室内。管道保温效果好，热损失少，但系统内的空气排除比较困难。

系统排气的方法主要有两种：一种是通过顶层散热器的排气阀，手动分散排气；另一种是通过专设的空气管，手动或集中自动排气。

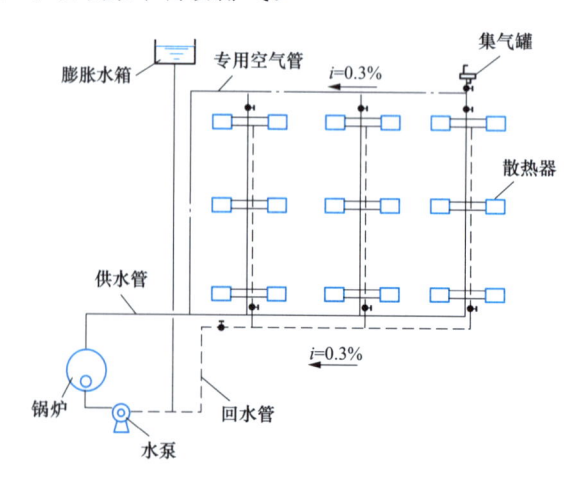

图 5-6　双管下供下回式热水采暖系统

（3）单管上供下回式。

如图 5-7 所示，单管系统散热器的供、回水立管共用一根管，立管上的散热器串联起来构成一个循环回路。从上到下各楼层散热器的进水温度不同，温度依次降低，每组散热器的热媒流量不能单独调节。

图中立管 1 为双侧连接有跨越管，立管 2 为双侧连接无跨越管，立管 3 为单侧连接无跨越管。为了防止部分热水不经任何散热器直接进入回水管，底层不宜设置跨越管。

每根立管上、下各设一个阀门，用来调节水量，并在检修时使用。

（4）单管下供上回式。

单管下供上回式，也称为倒流式系统。

如图 5-8 所示，供水干管设在所有散热器设备的下面，回水干管设在所有散热器上面，水流沿散热器的立支管自下而上流动，膨胀水箱连接在回水干管上，回水经膨胀水箱流回锅炉房，再被循环水泵送入锅炉。

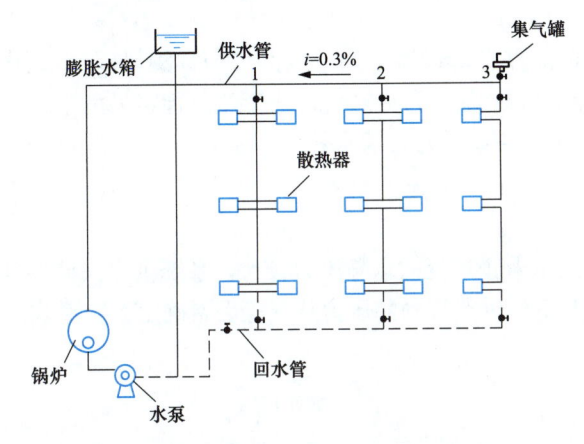

图 5-7 单管上供下回式热水采暖系统

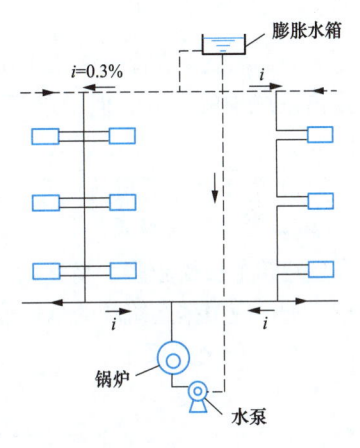

图 5-8 单管下供上回式热水采暖系统

（5）单、双管中供式。

如图 5-9 所示，单、双管中供式采暖系统的总供水干管在系统中部。总供水干管以下为上供下回式，总供水干管以上为下供上回式。图 5-9（a）为双管中供式，图 5-9（b）为双侧连接无跨越管和单侧连接无跨越管。

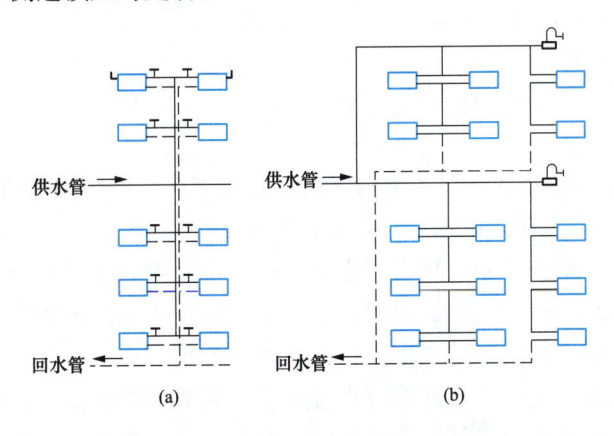

图 5-9 中供式热水采暖系统

（6）水平串联式。

如图 5-10 所示，水平串联式，即一根立管水平串联多组散热器，热媒沿水平方向传递热量。

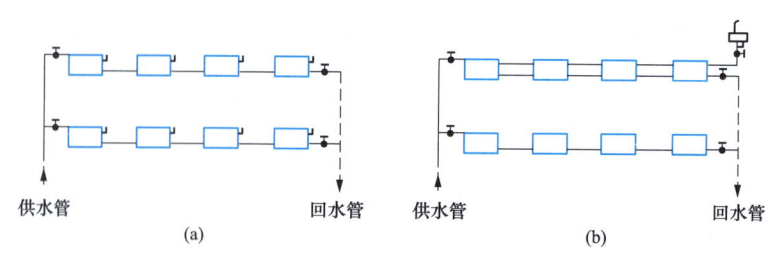

图 5-10　水平串联热水采暖系统
(a) 单管串联式系统；(b) 双管串联式系统

图 5-10（a）为单管串联式系统，每个散热器上都设置手动放气阀（俗称跑风门），其作用为排出系统中的空气。但由于管道热胀冷缩的影响，手动放气阀处管理不善容易漏水。

图 5-10（b）为双管串联式系统，一般设置在屋顶无人的水箱间，在最后一组散热器的出水一侧设置自动排气阀。

3. 高层建筑的采暖系统

高层建筑的楼层较多、高度大，建筑物热水采暖系统的水静压力较大，系统垂直失调的问题比较严重，应根据建筑物的承压能力，以及室外供热管网的压力状况等因素确定系统形式。

（1）竖向分区式系统。

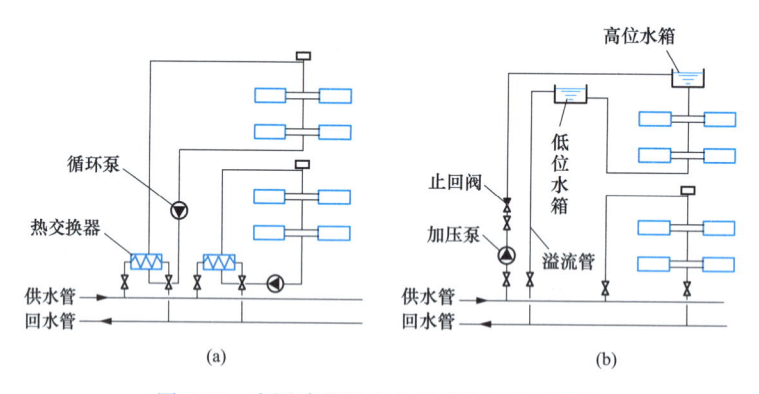

图 5-11　高层建筑竖向分区式热水采暖系统

如图 5-11 所示，高层建筑的热水采暖系统在垂直方向分成两个或两个以上的独立系统。

图 5-11（a）所示，上层系统通过热交换器与外网间接相连，热交换器作为高层的热源，在高层设置循环水泵、膨胀水箱，独立成为与外网压力隔绝的完整系统。

图 5-11（b）所示，上层系统与外网直接连接。当外网供水压力低于高层建筑静水压力时，在用户供水管上加设加压泵，利用进、回水箱两个水位高差进行上层系统的水循环。上层系统利用非满管流动的溢流管与外网回水管连接，两个水箱代替热交换器起隔绝压力的作用。该系统简化了入口设备，降低了系统造价，但采用了开式水箱，易使空气进入系统，造成系统腐蚀。

（2）双线式系统。

如图 5-12 所示，在高层建筑双线式采暖系统中设置节流孔板、调节阀等设施解决系统失调的问题。

图 5-12（a）所示，垂直双线单管式采暖系统的立管为双线立管，即上升立管和下降立管，垂直方向各楼层散热器的热媒平均温度近似相等，有利于避免垂直失调现象，系统在每根回水立管的末端设置节流孔板，以增大各立管环路的阻力，可减轻水平失调现象。

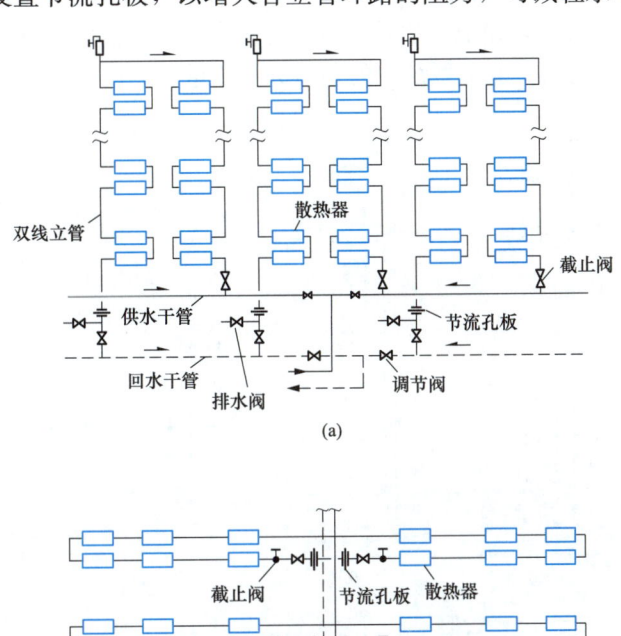

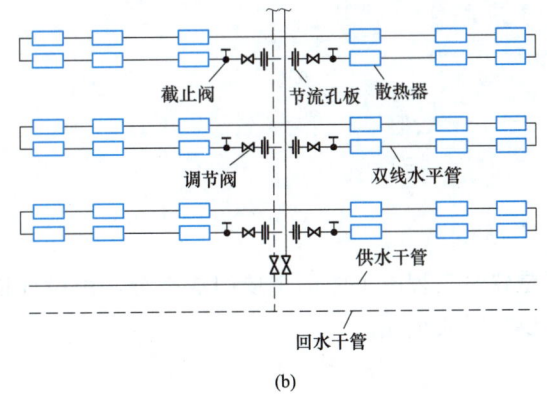

图 5-12　高层建筑水平双线式热水采暖系统

图 5-12（b）所示，水平双线单管式采暖系统，水平方向各组散热器的热媒平均温度近似相等，有利于避免水平失调现象。系统在每根水平管线上设置调节阀进行分层流量调节，在每层水平回水管的末端设置节流孔板，以增大各水平环路的阻力，可减轻垂直失调现象。

(3) 单、双管混合式系统。

如图 5-13 所示，单、双管混合式系统将垂直方向的散热器按 2～3 层为一组，在每组内采用双管系统，而组与组之间采用单管连接。

该系统克服了单管系统散热器不能够单独调节的缺点，避免了楼层数过多时双管系统出现的严重竖向失调

图 5-13　单、双管混合式热水采暖系统

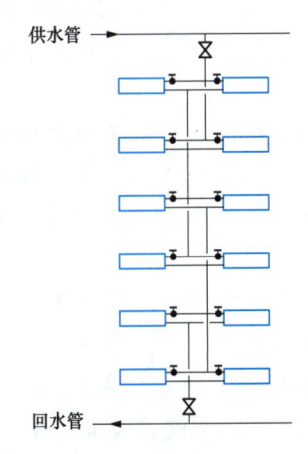

现象。

4. 分户计量热水采暖系统

分户计量采暖是以户为单位，以计量的方式向户内供给采暖热量，其目的是以经济手段促进节能，提高室内供热质量。

如图 5-14 所示，采暖系统的分户节点结构为：在供水立管与入户水平支管的连接处设置阀门，在供水阀门后安装热量表，以达到分户计量和独立控制温度的目的。在供水阀门和热量表之间安装Y形除污器，避免系统中的杂质进入热量表，达到安全计量的目的。

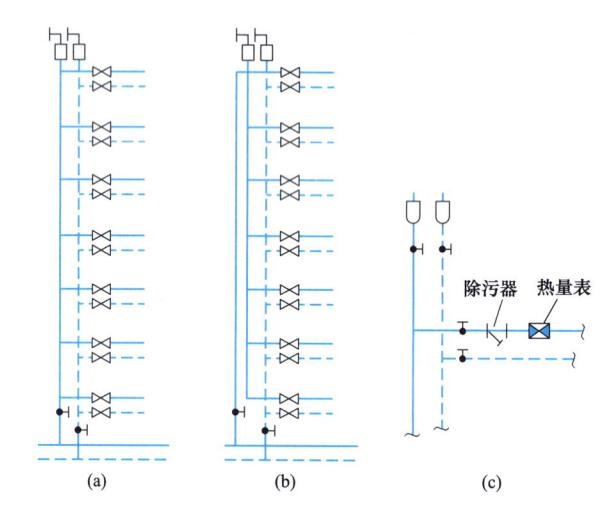

图 5-14　采暖系统的分户节点

三、施工图识读

采暖系统的施工图是建筑工程施工图的重要组成部分，由设计说明、系统图、平面图、节点大样图、设备及主要材料表组成。

1. 设计说明

室内采暖系统的设计说明一般包括以下内容：系统的热负荷、作用压力；热媒的品种及参数；系统的形式及管路的敷设方式；选用的管材及其连接方法；管道和设备的防腐、保温做法；散热器及其他设备、附件的类型、规格和数量等；施工及验收要求等。

2. 系统图

系统图的表示方法为轴测图，表述的主要内容为采暖系统的空间形式，如：散热器的位置、系统的配管方式等。系统图上可以读到的信息为系统编号、立管编号、管道的位置、走向、标高、管径、散热器与管道之间的连接方式、采暖附件、散热器的位置和数量等。

系统图识读时，应沿着水流方向，从热力管入口开始，按照进水管、散热器、回水管的顺序进行识读。

如图 5-15 所示，从系统图中可以读到的信息如下：

（1）图示采暖系统为上分式、上供下回、单管式集中热水采暖系统。

（2）图示系统的采暖楼层为两层。

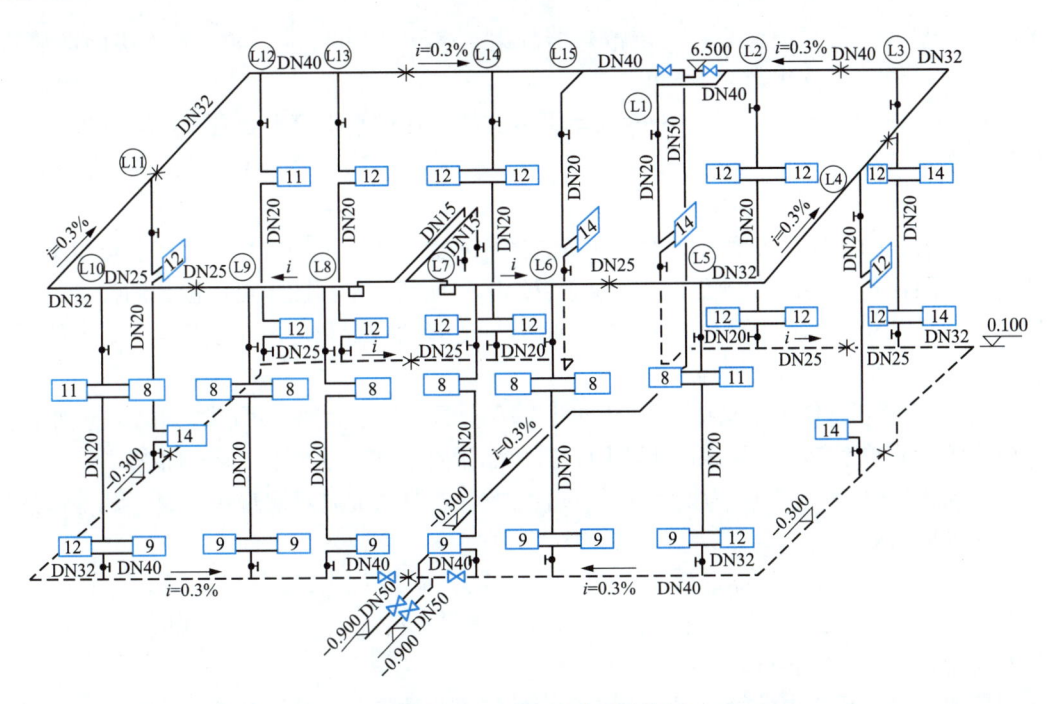

图 5-15 民用建筑采暖系统图

（3）图示采暖系统的热力管引入口位于建筑物南面的正中位置，总供水管与总回水管的标高均为－0.900m，管径均为DN50。

（4）图示采暖系统引入口处的供水干管，经两个90°弯头至－0.300m标高，再沿地面暗敷，向北经两个90°弯头至供水立管，供水立管至顶层天棚下分为左右两个供水环路。

（5）图示采暖系统左回路的水平供水干管依次连接 L15、L14、L13、L12、L11、L10、L9、L8 等 8 条供水立管，向二层及一层的散热器输送热量；右回路的水平供水干管连接 L1、L2、L3、L4、L5、L6、L7 等 7 条供水立管向二层及一层的散热器输送热量。

（6）图示采暖系统共设置6个主控阀门，分别位于热力管引入口的供水干管、回水干管上，以及顶部左右两个回路的供水管分支处，底部左右两个回路的回水管分支处，可以对每个支路独立控制。

（7）水平干管设置 $i=0.3\%$ 的坡度，沿水流方向为上坡。

（8）沿水流方向，图示系统的供水管直径依次为 DN50、DN40、DN32、DN25，供水管末端两个泄水管的直径为 DN15；回水管直径依次为 DN25、DN32、DN40、DN50。

（9）图示系统所示的标高见表5-3。

表 5-3　　　　　　　　民用建筑采暖系统标高统计表　　　　　　　　（单位：m）

热力引入口		一层供水干管	二层供水干管分支	一层北侧回水管	一层南侧回水管
供水管	回水管				
－0.900	－0.900	－0.300	6.500	0.100	－0.300

（10）图示采暖系统中，符号 ⌐12 表示散热器，其中的数字标注为散热器的组数，表示

12组。对于整个采暖系统而言，一层散热器的组数多于二层。如：L9 立管连接的散热器，二层组数为 8+8，一层组数为 9+9。

（11）图示采暖系统中，符号 ─╳─ 表示管道支架，在供水干管上设置 6 个，在回水干管上设置 5 个。

3. 平面图

平面图表述的主要内容为采暖管道和散热器的平面位置，分为首层平面图、楼层平面图和顶层平面图，若每层楼的设置不同，应逐层绘制平面图。平面图上可以读到的信息为建筑物轮廓、轴线尺寸、房间主要尺寸、干管、立管、支管的位置和走向、立管编号、散热器的位置和数量，采暖附件的位置等。

与图 5-15 所示系统图配套的平面图如图 5-16 所示。从平面图中可以读到的信息如下：

（1）图示采暖系统为二层采暖平面图，其供水干管沿建筑物外墙的内侧布置。

（2）供水支管 L1 和 L15 为设置在楼梯休息平台处的两个散热器输送热量；其他散热器布置在室内窗口处。

（3）图示采暖系统左回路的水平供水干管依次连接 L15、L14、L13、L12、L11、L10、L9、L8 等 8 条供水支管，右回路的水平供水干管连接 L1、L2、L3、L4、L5、L6、L7 等 7 条供水支管，与系统图相符。

（4）图示采暖系统中的管道支架为 6 个，其位置与数量与系统图相符。

（5）沿水流方向，图示系统的供水管直径依次为 DN40、DN32、DN25、DN20，供水管末端两个泄水管的直径为 DN15。

（6）平面图中所示的散热器组数如下：北侧散热器组数依次为 11、12、12、12、14、14、12、12、12、14；南侧散热器组数依次为 11、8、8、8、8、8、8、8、8、11；东侧与西侧散热器组数均为 12。与系统图相符。

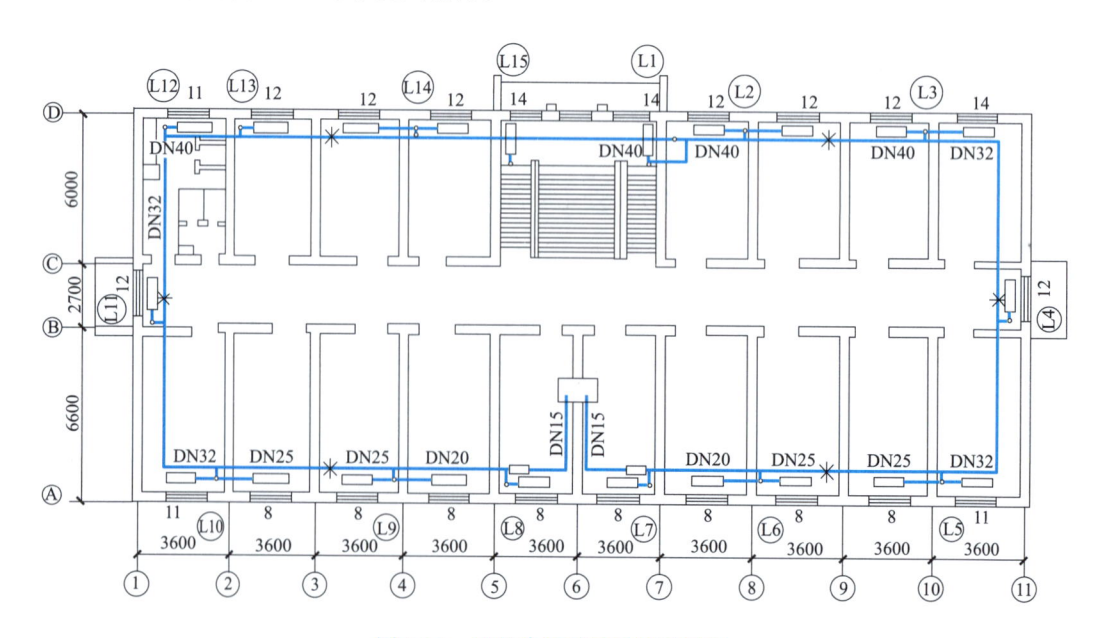

图 5-16 民用建筑采暖系统平面图

4. 节点大样图

节点大样图也称为详图，其作用是把采暖平面图和系统图上无法清晰表述、用文字无法详尽说明的节点用大样图表示，并为采暖设施的安装提供数据。

如图 5-17 所示，从散热器安装节点大样图中可以读到的信息如下：

(1) 散热器的出水方式为同侧上进下出，在散热器上设置手动排气阀。
(2) 供水支管和回水支管沿楼地面暗敷，地面面层的厚度要求不小于 50mm。
(3) 地面以上供水竖支管和回水竖支管的中心间距为 80mm。
(4) 在供水支管上设置手动调节阀。手动调节阀的安装位置为距离第一片散热器 80mm，至竖向供水支管的垂直距离不小于 350mm。
(5) 在供水支管和回水支管上均设置管卡，对竖直管道进行固定。
(6) 管道设置 $i=1‰$ 的坡度。顺着水流方向，供水支管的坡向为上坡，回水支管的坡向为下坡。
(7) 在回水支管上设置活接头，其位置为散热器与回水支管的连接处。
(8) 图 5-17 中所示散热器为 9 组，90°弯头 4 个、管卡 2 个。
(9) 在散热器的中间位置，用固定卡进行散热器与墙体之间的固定。

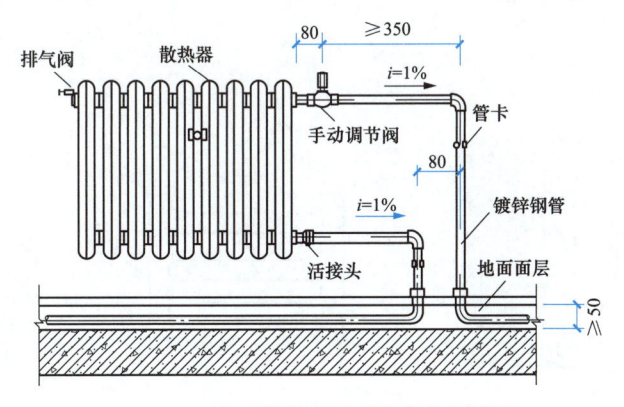

图 5-17 民用建筑采暖系统节点大样图

5. 设备及主要材料表

为了方便施工备料，一套施工图中应有设备及主要材料表，材料表的主要内容为编号、名称、型号规格、单位、数量、备注等，将施工图中的阀门、仪表、设备、管材等列入表中，对于不影响工程质量的零星材料可不列入表中。

四、采暖系统安装

采暖系统的安装程序为：

安装准备→下料→管卡安装→干管安装→立管安装→散热器安装→支管安装→水压试验及系统冲洗→防腐及保温→采暖系统辅助设备及附件安装→系统运行及调试。

1. 立管、干管及管卡安装

立管、干管及管卡安装的方法，同给水管道安装的相关内容。金属管道立管管卡安装的数量及要求见表 5-4。

表 5-4　　　　　　　　　　　　立管管卡安装的数量及要求

楼层高度	数量	安装高度	备注
层高>5m	每层不少于 2 个	匀称安装	同一房间的管卡，
层高≤5m	每层至少 1 个	距地面 1.5~1.8m	安装高度应相同

2. 散热器安装

（1）散热器类型。

散热器按材质分为铸铁、钢制、复合型、铜管、不锈钢散热器等；按结构形式分为翼形、柱形、管形、板形等；按传热方式分为对流型和辐射型。不同结构形式的散热器如图 5-18 所示。不同材质散热器的特点见表 5-5。

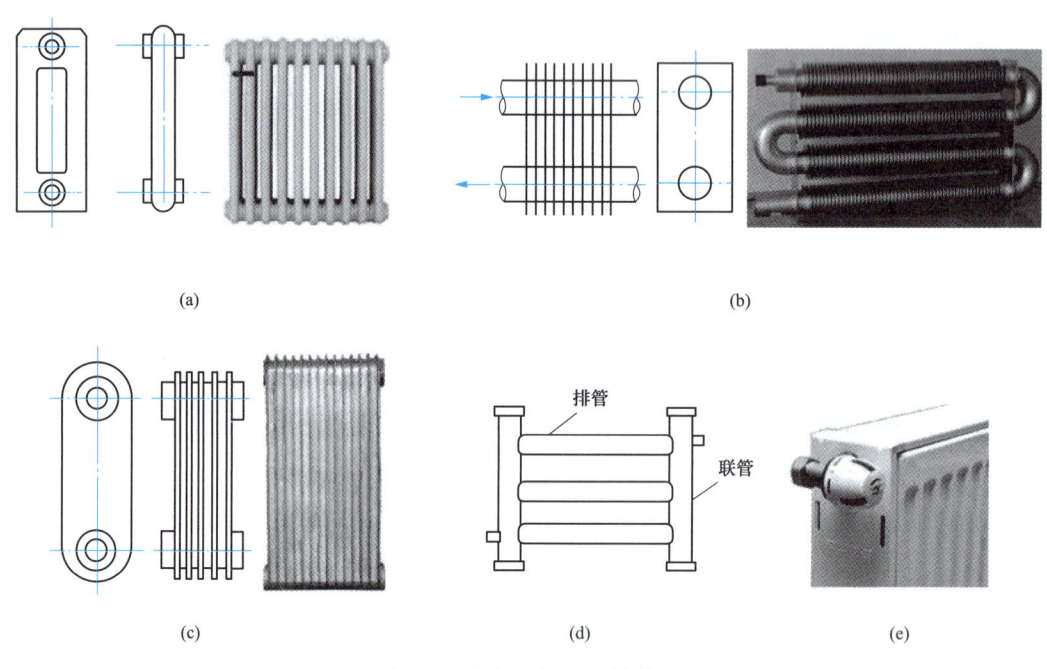

图 5-18　不同结构形式散热器

（a）钢管柱形散热器；（b）钢串片式散热器；（c）翼形铸铁散热器；
（d）光管式散热器；（e）平钢板式散热器

图 5-18（a）为钢管柱形散热器，中间有几根中空的立柱，各立柱的上下两端互相连通，有一对带正反螺纹的孔，该孔为热媒的进出口。

图 5-18（b）为钢串片式散热器，由钢管和薄钢板组成。与柱形散热器相比，热媒的通道为钢管，钢串片只起传递并散发热量的作用。

图 5-18（c）为翼形铸铁散热器，形状是外有翼片、内部呈扁盒状的空间，一次铸造而成。

图 5-18（d）为光管式散热器，由钢管焊接而成，由联管和排管两部分组成。

图 5-18（e）为平钢板式散热器，由钢管和钢板组成，是钢串片式散热器的改形，其外壳为钢板，增强了散热器的散热效果；上端装有格栅盖板，两侧装有侧盖板，提高散热器的美观性。

表 5-5　　　　　　　　　　　不同材质散热器的特点

散热器	优　点	缺　点	适用范围
铸铁散热器	价格低、耐腐蚀	承压低、体积重、外形粗陋	市场占有率较大
钢制散热器	承压能力高、款式多样、对流效果好	易氧化、使用寿命短	适合大户型住宅
复合型散热器	兼有各种散热器的优点	两种材料的热膨胀系数不同和共振效应产生热阻、散热量逐年递减	使用量少
铝制散热器	散热效率高、轻巧、价格便宜、使用寿命长	碱性环境下发生腐蚀	适合中小户型住宅
铜管散热器	价格高	散热效果差	使用量少
不锈钢散热器	价格高	散热效果差	使用量少

（2）散热器安装的工艺流程。

散热器安装的工艺流程：编制组片统计表→散热器组对→外拢条预制和安装→散热器单组水压试验→散热器安装。

1）按照施工图分段、分层、分规格对散热器的组数和每组片数进行统计和编号；编制组片统计表，以便组对和安装时使用。

2）散热器组对前应检查每片散热器有无裂纹、砂眼及其他损坏，接口断面是否平整。

3）散热器组对应按照统计表的数量和规格进行，且组对后应进行单组水压试验。

4）根据施工图确定散热器的平面位置，根据安装大样图进行散热器安装。散热器与墙的距离应符合设计要求，如未注明，应为 30mm。

5）散热器托钩和固定卡的形状如图 5-19 所示。安装时应使固定卡的埋设深度为 120mm，外露 70mm；托钩的埋设深度为 140mm，托钩埋设最深处至散热器支撑点的距离为 c，其数值依散热器的型号和规格有所不同。

固定卡和托钩的安装数量应符合设计文件的要求，若设计未注明，应符合表 5-6 的规定。

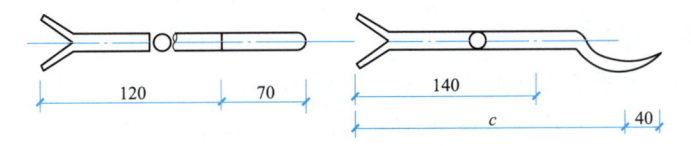

图 5-19　散热器固定卡及托钩

表 5-6　　　　　　　　　　　托钩和固定卡安装数量表

散热器类型	每组片数	固定卡（个）	下托钩（个）	合计（个）
各种铸铁及钢制柱形对流散热器、M132 型	3～12	1	2	3
	3～15	1	3	4
	16～20	2	3	5
	21 片及以上	2	4	6

续表

散热器类型	每组片数	固定卡（个）	下托钩（个）	合计（个）
铸铁圆翼型散热器	每组散热器 2 个托钩			
各种板式散热器	每组装 4 个固定螺栓或 4 个厂家生产的托钩			
各种钢制闭式散热器	高度不大于 300，每组焊 3 个固定架或 3 个固定螺栓；高度大于 300，每组焊 4 个固定架，或 4 个固定螺栓			

3. 支管安装

支管安装必须在建筑物内部墙体面层完成以后进行。

（1）支管与散热器的连接方式。

支管与散热器的连接方式如图 5-20 所示。图 5-20（a）为异侧上进下出连接；图 5-20（b）为同侧上进下出连接；图 5-20（c）为下进下出连接；图 5-20（d）为底进底出连接。

支管与散热器的连接方式不同，散热量稍有不同。同侧或异侧上进下出的连接，其散热量大；同侧或异侧下进下出的连接，其散热量稍低。

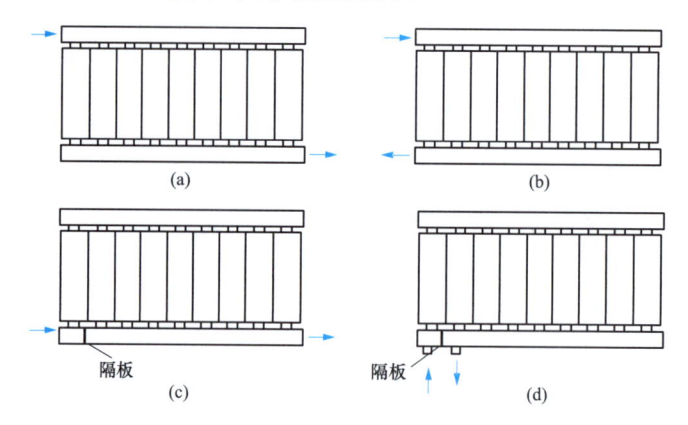

图 5-20　支管与散热器的连接方式

（a）异侧上进下出连接；（b）同侧上进下出连接；
（c）下进下出连接；（d）底进底出连接

（2）乙字管加工及下料。

如图 5-21 所示，连接散热器的供水支管和回水支管应加工成乙字管，在支管上应设置活接头和乙字管。活接头是管道安装的最后一道工序，作用是维修管道时，可以随时拆卸，其安装位置如图 5-17 所示；乙字管的作用有两个，一是补偿支管的热膨胀，二是缩短支管与墙的距离。

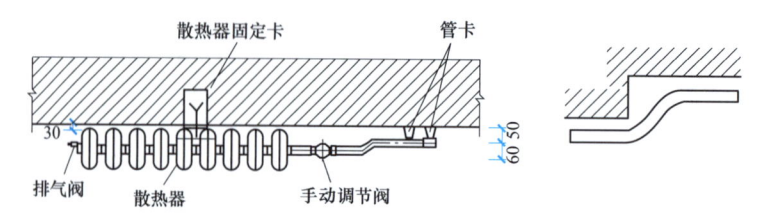

图 5-21　支管与散热器连接平面图

乙字管加工是将钢管进行煨弯，也称为钢管煨弯。煨弯的方法分为冷煨和热煨。一般中小管径的弯管采用冷弯加工；大管径的弯管可以采用热煨。

(3) 了解安装工艺再下料。如图 5-22 所示，金属管段下料长度为：

下料长度 L＝图示数据－活接头长度/2＋丝扣长度

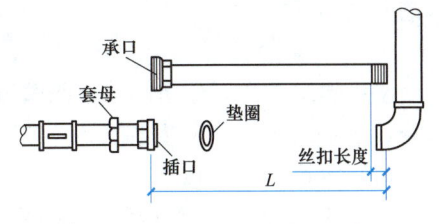

图 5-22 活接头连接及管段下料

(4) 螺纹接口管道安装时，应在丝头处缠油麻或生料带，将管节对准丝扣慢慢转动入扣，要求丝扣外露 2～3 扣，对准调直后，清理麻头。

4. 水压试验及系统冲洗

(1) 水压试验。

蒸汽、热水采暖系统，应以顶点工作压力加 0.1MPa 作水压试验，同时在系统顶点的试验压力不小于 0.3MPa。

高温热水采暖，试验压力为系统顶点工作压力加 0.4MPa。

使用塑料管及复合管的热水采暖系统，应以系统顶点工作压力加 0.2MPa 作水压试验，同时系统顶点的试验压力不小于 0.4MPa。

(2) 系统冲洗。

系统试压合格，应对系统进行冲洗。

热水采暖系统可用水冲洗。将系统内充满水，打开系统最低处的泄水阀，排出系统中的水和杂物，反复多次，直到排出的水清澈透明为止。

蒸汽采暖系统可采用蒸汽冲洗。打开疏水装置的旁通阀，送汽时，将送汽阀门慢慢开启，蒸汽由排汽口排出，直到排出干净的蒸汽为止。

5. 防腐及保温

采暖系统试压、冲洗结束后，应对管道、设备进行防腐和保温。

(1) 焊接管道防腐的程序为除锈，刷防锈漆，刷面漆。管道防腐常用的油漆见表 5-7。

表 5-7　　　　　　　　　管道防腐常用的油漆

防腐油漆	适 用 范 围	配 合 比
红丹防锈漆	地沟内保温的采暖及热水供应管道和设备	油性红丹防锈漆：200 号溶剂汽油＝4：1
防锈漆	地沟内不保温的管道	酚醛防锈漆：200 号溶剂汽油＝3.3：1
银粉漆	室内采暖管道、给水排水管道及室内明装设备面漆	银粉、200 号汽油、酚醛清漆＝1：8：4
冷底子油	埋地管材的第一遍漆	沥青：汽油＝1：2.2
沥青漆	埋地给水或排水管道的防水	煤焦沥青漆：动力苯＝6.2：1
调和漆	有装饰要求的管道和设备的面漆	酚醛调和漆：汽油＝9.5：1

(2) 保温应在防腐和水压试验合格后进行。

对保温材料的要求是重量轻、热传导率小、隔热性能好、阻燃性能好、绝缘性高、耐腐蚀性高、施工简单、价格低廉等。

保温结构一般由保温层和保护层两部分组成。

常用的保温材料有水泥膨胀珍珠岩、岩棉、矿棉、玻璃棉，保温方法有预制法、包扎法、填充式、浇灌式等。

保护层的材料主要有沥青油毡、石棉水泥、铁皮等。目前，室外埋地部分的保温层结构如图 5-23 所示。

6. 采暖系统辅助设备及附件安装

多层建筑和高层建筑的热水采暖系统中，每根立管和分支管道的始末端均应设置调节、检修、泄水用阀门，采暖系统各并联环路应设置关闭和调节阀门。

（1）散热器恒温阀。

如图 5-24 所示，散热器恒温阀是无须外加能量即可工作的比例式调节控制阀，它通过改变采暖热水流量调节和控制室内温度、利用阀的感温原件控制阀门的开度，控制散热器的进水量，从而达到节约能源的目的，是一种经济节能产品。

图 5-23 采暖管道保温层结构

图 5-24 散热器恒温阀

恒温阀安装前，应对管道和散热器进行彻底清洗，阀体安装后应进行保护，直至交付使用才可安装调温器。调温器应水平安装在阀体上，并使标记位置朝上。

（2）水力控制阀。

水力控制阀利用管路内的自身压力，通过上下腔控制室的压力差，控制主阀盘的运动，再通过旁通管道和各种不同构造的导阀起不同作用，从而达到各种目的。

水力控制阀的种类及作用见表 5-8。

表 5-8　　　　　　　　　　　水力控制阀的种类及作用

水力控制阀	作　用	备　注
平衡阀	流量测量、流量设定、关断、泄水	安装在回水管路上
自力式流量控制阀	使系统流量在一定压差范围内保持恒定	
自力式压差控制阀	控制系统压差恒定	
锁闭调节阀	调节和锁闭	内置专用弹子锁

水力控制阀、膨胀水箱、排气装置、热量表、除污器、补偿器等辅助设备及附件安装方法，参照室内给水系统安装相关内容。

7. 系统试运行及调试

系统试运行应提前一个月进行，先供冷水循环，再供热水运行，尽量避免冬季试运行。

采暖系统试运行及调试的流程为：

系统灌水→打开单元入户的旁通阀门、关闭供回水阀门→室外管网循环→清理泵房内的过滤器→关闭旁通阀、打开供回水阀门→室内管网循环

系统试运行时，应测量室温，检查是否存在渗漏，并针对存在问题进行调试和整改。

任务二　分户采暖系统

一、分户采暖的系统组成

分户采暖，即每户有一个独立的采暖系统，其特点是具有独立调节能力，有利于节能与自主用热。

1. 分户采暖的分类

根据设备和热源不同，分户采暖分为分户锅炉供暖、地板辐射采暖、空调采暖等，其类型及特点见表5-9。

表5-9　分户采暖系统的类型及特点

特点分析	燃气壁挂炉+地板采暖	燃气壁挂炉+散热器	低温发热电缆地板采暖	空调系统
初装费用	较高	较高	较低	较高
工作原理	锅炉产生热水，通过暗敷地下的管道传热	锅炉产生热水，采用对流采暖的方式，通过散热器传热	发热电缆暗铺在地板下，由电能转换成热能，通过加热地板传热	通过动力热风将热量送到采暖房间；兼顾制冷、制热
舒适度	清洁、舒适、散热均匀、低温辐射	对流+辐射	清洁、舒适、低温辐射	对流、噪声、温度分布不均匀
热稳定性	基本不受室外环境影响	基本不受室外环境影响	基本不受室外环境影响	室外温度越低效率越低，开门窗有影响
热工工艺	较复杂	较复杂	较简单	—
使用寿命	8~12年，锅炉需要更换	8~12年，锅炉需要更换	与建筑物同寿命	8~12年，压缩机寿命影响
运行成本	中	偏低	高	偏低
维护成本	系统管路多，定期维护	系统管路多，定期维护	—	—
适用范围	层高要求高，不可铺设实木地板	层高受限制的区域、卫生间	小面积铺设	—

2. 低温热水地板采暖系统组成

低温热水地板辐射采暖，简称地暖，是目前较舒适的家庭采暖方式。它通过地板辐射层中的热媒，均匀加热整个地面。室温由下而上逐渐递减，给人以脚温头凉的舒适感觉。可以实行分户分室控制，能够有效地节约能源。

地暖系统由热源、分集水器和散热管等三个部分组成。

居住建筑地暖系统的组成如图5-25所示。

（1）热源。

图5-25所示的地暖系统，其热源为燃气壁挂炉。它产生的热水分为两部分，一部分向洗脸盆和淋浴花洒输送热水，热水不循环使用；另一部分作为采暖系统的热媒，向分集水器

输送热水，热水循环使用。

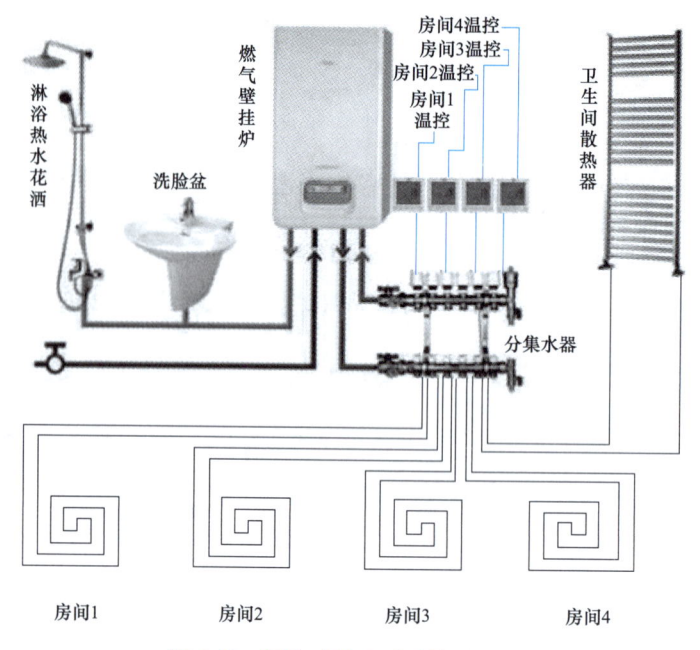

图 5-25　居住建筑地暖系统的组成

（2）分集水器。

分集水器由分水主管和集水主管组成，分水主管连接采暖系统的供水管，集水主管连接采暖系统的回水管。

分水器的作用是通过若干支管，将采暖系统的热水分配到采暖房间，使热水在地暖管中流动，将热量传递到地板，再通过地板向室内辐射传热；集水器的作用是通过若干支管，将散发热量后的冷水进行收集，送回热源。

图 5-25 中分集水器分为 5 个回路，房间 1、房间 2、房间 3、房间 4 均采用地暖的方式采暖，且每个房间均安装温控装置；卫生间采用对流式散热器采暖。

为了防止锈蚀，分集水器一般采用耐腐蚀的纯铜或合成材料制成，常用的材料为铜、不锈钢、铜镀镍、合金镀镍、耐高温塑料等。

（3）地暖管。

地暖管是低温热水地面辐射采暖系统（简称地暖）中，用作低温热水循环流动载体的管道，主要有交联夹铝管（XPAPR）、交联聚乙烯（PE-X）、铝塑复合管（PAP）、耐冲击共聚聚丙烯（PP-B）、耐高温聚乙烯（PE-RT）、超耐高温聚丁烯（PB）等材质。这些管材的优点是耐老化、耐腐蚀、不结垢、承压高、无污染、沿程阻力小等。

地暖管常用的排管方式如图 5-26 所示。

（4）采暖地面结构。

如图 5-27 所示，地暖的地面结构从下向上依次为结构楼地面、复合保温层、填充层、找平层和地面面层。

1）复合保温层。

底层保温材料为聚苯乙烯泡沫板或节能型保温材料 XPS 挤塑板。挤塑板的表面硬膜均匀平整，内部的闭孔发泡连续均匀，呈蜂窝状结构，具有高抗压、轻质、不吸水、不透气、

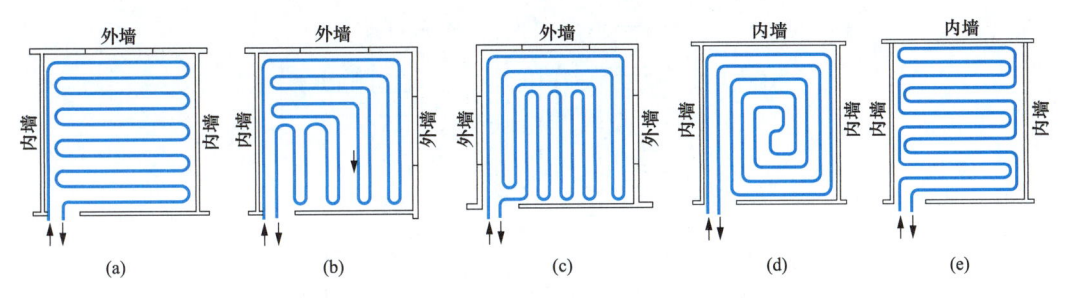

图 5-26 地暖管的排管方式

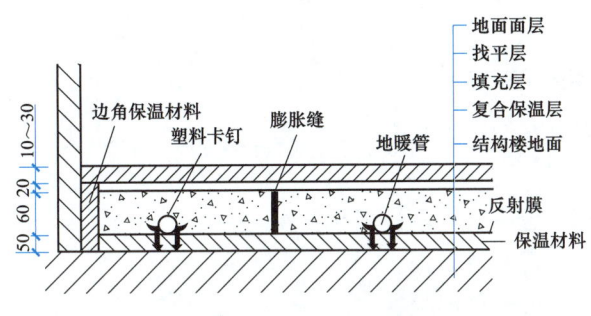

图 5-27 地暖地面结构图

耐磨、不降解的特点。XPS 挤塑板的强度、保温和抗渗透等性能优于聚苯乙烯泡沫板。

上层覆盖夹筋铝箔等反射膜，其作用是控制热量的传递方向，将地暖管的热量向本层楼地面反射，防止通过楼板向下层传热。

2）填充层。

填充层的最小厚度为 50mm，材料应采用粒径为 5～12mm、没有棱角的豆石混凝土，优点是保护地暖管，使线热源变成面热源，扩大散热面积，并使散热面均匀分布，增加热稳定性。

3）找平层及地面面层。

找平层的材料同普通楼地面；面层采用块料面层或复合木地板有利于热量传递。实木地板因铺设龙骨，而使面层与找平层之间形成隔热保温层，地暖的热量被阻挡，不能有效传递到采暖房间。

二、地暖系统安装与平面图识读

1. 根据具体户型设计地暖施工方案，画地暖排管平面图

如图 5-28 所示，地暖排管平面图所示的信息如下：

（1）该户型的地暖采暖房间为卧室、卫生间、客厅、餐厅等 7 个房间。

（2）壁挂炉安置在厨房靠窗的墙面上，分集水器安置在次卫外面的走廊上，连接壁挂炉与分集水器的供回水管靠墙布置。

（3）图中所示的采暖回路为 5 个：

北朝向的次卧与次卫共用一个回路；主卧与主卫共用一个回路；南朝向的次卧为一个独立的回路；客厅为一个独立的回路；餐厅为一个独立的回路。

（4）地暖管未满铺的房间如下：

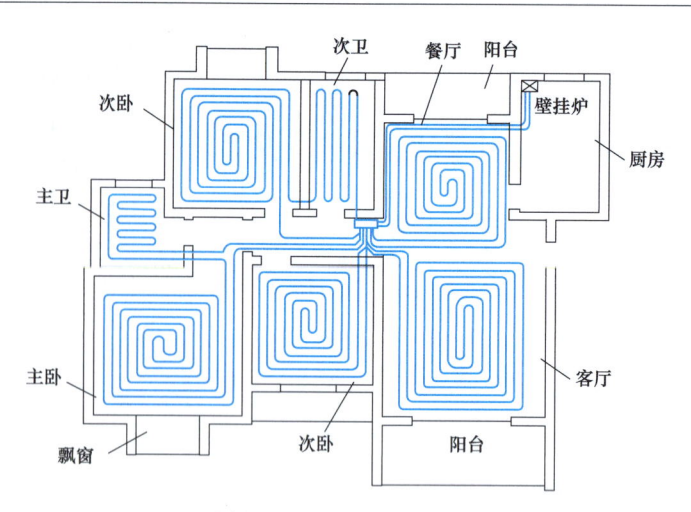

图 5-28 地暖排管平面图

①客厅的东西两侧，考虑安放电视柜和沙发。
②主卧的门右侧，考虑安放衣柜。
③卫生间入口处，考虑安放洗脸盆。
④卫生间不是主要采暖房间，布管密度低于其他采暖房间。
⑤考虑到厨房的食品应该便于贮存，不铺设地暖管。

2. 施工前的准备工作

（1）在地暖系统施工前完成水电改造工作。
（2）厨房和卫生间应做闭水试验并通过验收。
（3）确定温控装置的位置，预留温控管和温控线。
（4）清扫墙面和地面，铲除凸出部分，填堵凹面，保证其平整度。

3. 分集水器节点施工

分集水器的部件组成如图 5-29 所示。安装要求如下：

（1）考虑后期检修方便，分、集水器应在铺设地暖管前进行安装。
（2）分集水器应水平安装，中心距宜为 200mm，距离地面不应小于 300mm。
（3）在分水器之前的供水管上，应按顺水流方向安装阀门、过滤器、热计量装置；在回水管上，安装可关断的调节阀。
（4）管道施工完成后应在每个支路上做区域标记，方便后期的检修。

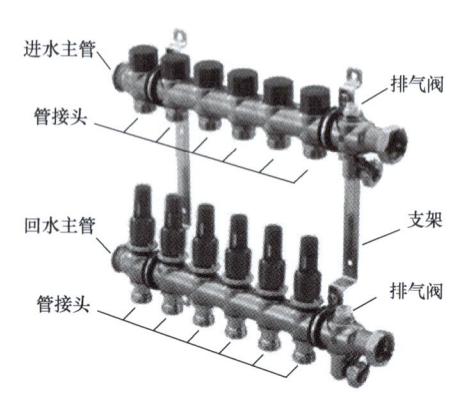

图 5-29 分集水器的部件

4. 墙体保温条施工

墙体保温条是地暖施工中不可缺少的部分，其作用是作为伸缩缝和防止热量通过墙体散失。墙体保温条的施工要求如下：

（1）墙体保温条的材料，应为发泡 EVA 材质、低吸水率、具有伸缩和膨胀的余量。严禁使用切割的保温板替代墙体保温条。

（2）连接处应采用搭接的方法进行连接，搭接长度不小于 10mm。

（3）墙体转弯处，保温条应切断重新安装，安装时尽量减小切口的缝隙。

5. 保温层施工

保温层是地暖保温系统重要的组成部分，保温板的密度、抗压强度、导热系数均应满足地暖技术规程。常用的保温板为聚苯乙烯泡沫板和挤塑板。保温层的施工要求如下：

（1）保温板的厚度一般为 2cm，潮湿环境或保温性差的区域应选用厚度不小于 2cm 的保温板。

（2）应采用"整张板铺四周，切割板铺设中间"的原则，施工中尽量减少拼缝。

（3）保温板之间的缝隙应不大于 5mm，保温板之间的高差应不大于 5mm。

（4）保温板之间的拼缝应采用铝箔胶带粘连，防止热量从保温板的缝隙中散失，保证保温层整体的密封性。

6. 反射膜铺设

反射膜的作用是热量反射和隔热，防止热量向下散失，确保室内温度恒定。常见的反射膜有无纺布反射膜、铝箔复合反射膜、真空镀铝反射膜等。其中，真空镀铝反射膜的价格高、反射效果好。反射膜带有彩色印格，方便地暖管铺设排管。铺设要求如下：

（1）应铺设平整，尽量减少褶皱。

（2）拼接处应实施搭接，搭接宽度为 2～5cm。

（3）应注意方格对齐，方便施工时计算地暖管的间距。

（4）应将保温层全部遮盖，不得有漏铺现象。

（5）反射膜铺设完毕后，应使用铝箔胶带粘连。

7. 地暖管铺设

排管时应注意以下几个方面：

（1）每个回路的地暖管不应有接头，在铺设过程中如有管道损坏或者渗漏现象，应当整根更换，严禁拼接使用。

（2）地暖管应按规定的间距和走向铺设，保持平直，管间距为 100～350mm，误差不应大于 10mm。

（3）最外圈的地暖管与墙面的间距宜为 100～150mm。

（4）每个分支环路的排管长度应相近，一般为 60～80m，最长不宜超过 120m。每个环路实铺长度与设计误差不应大于 8%。

（5）如图 5-30 所示，将有倒钩的管卡垂直插入复合保温层，边排管边用管卡固定，且在管道转弯处加密管卡。

图 5-30 地暖管铺设与管卡分布

（6）地暖管设置套管保护的部位如下：

1）主管或地暖管穿墙处、分集水器附近管道密集处设置套管保护。

2）管间距小于100mm时，应设保温套管对供水管进行保温处理、过于密集的保温管，可用聚氨酯发泡处理。

8. 填充层施工

填充层施工时应注意以下几点：

（1）成品保护。将分集水器进行覆盖保护，防止溅上混凝土造成腐蚀；保护墙体保温条。

（2）为了避免填充层开裂，一般在管道上方1cm处铺设钢丝网，网片大小应覆盖地暖管的密集区。

（3）不得将混凝土直接倒在地暖管上，应先倒在木板上，再用平头铁锹回填。

（4）施工人员应穿软底鞋，由内向外倒退施工，保证填充层平整。

9. 水压试验及系统调试

水压试验应进行两次：第一次为浇筑混凝土填充层前，检验管道安装的质量；第二次为填充层养护期满以后，检验填充层施工是否对管道造成损伤。要求如下：

（1）水压试验应以每组分集水器为单位，逐回路进行，检验管道的强度和严密性。

（2）水压试验宜采用手动泵缓慢升压，升压过程中应随时观察与检查不得有渗漏。

（3）系统调试应在混凝土填充层养护期满、正式采暖运行前进行。调试时应注意缓慢升温，并及时对每组分集水器连接的加热管路进行调节，直至达到设计要求。

项目六　燃　气　工　程

[知识目标] 了解城镇燃气输配系统和农村沼气供应系统的组成、燃气系统安装的程序和方法；掌握燃气工程施工图识读的方法。

[能力目标] 燃气工程施工图识读。

任务一　城镇燃气输配系统

一、燃气供应系统概述

燃气供应系统由气源、城镇燃气输配系统、燃气用户三部分组成。

1. 气源

我国城镇燃气的主要来源为西气东输、进口液化天然气、近海天然气利用和煤层气开发利用等。

2. 城镇燃气输配系统

如图 6-1 所示，城镇燃气输配系统由燃气门站、燃气储配站、管网、燃气调压站及调度管理机构组成。

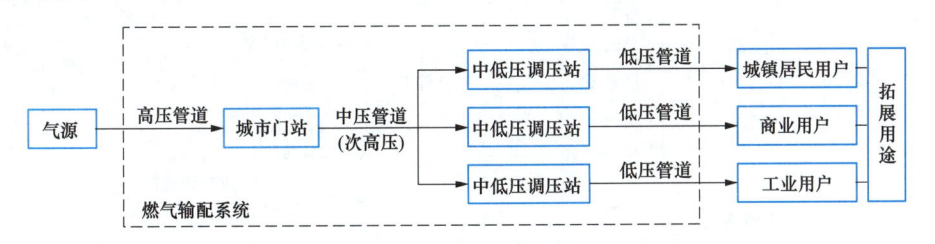

图 6-1　城镇燃气输配系统

（1）城市门站是高压输气管道进入城市的第一站，具有存储、调压、计量、加臭、伴热、分配和远程遥测遥控等功能。

（2）燃气管道。按照输气压力不同，燃气管道分为超高压、高压、次高压、中压、低压管道。其中，低压管道的压力 $P \leqslant 0.05$MPa，其作用为分配燃气。

（3）燃气管网。城市燃气管网是城市燃气输配系统的主要组成部分，根据管网压力级制的不同可分为一级管网系统、二级管网系统、三级管网系统、多级管网系统。

一级管网系统：只用低压管网输送和分配燃气，适用于小城镇。

二级管网系统：由中压（或次高压）和低压两级管网组成，适用于中小型城市。

三级管网系统：由高压、中压（或次高压）和低压三级管网组成，适用于大型城市。

多级管网系统：由高压、次高压中压和低压的管网组成，适用于大型城市。

3. 燃气用户

燃气用户分为城镇居民用户、商业用户、工业用户和拓展用途，其特点和适用范围见表 6-1。

表 6-1　　　　　　　　　　　　　燃气用户的适用范围及特点

燃气用户	适用范围	特 点
城镇居民用户	炊事和生活用水的加热	单户用气量小、用气随机性强
商业用户	公共建筑设施、机关、科研机构等的生产及生活用气	用气量稍大，用气有规律
工业用户	将燃气用于生产工艺的热加工	用气有规律、用气量大、用气均衡
拓展用途	燃气采暖与空调、交通工具燃气化、农业生产用气、燃气发电、化工用气	前三个用户拓展

二、室内燃气供应系统的组成

如图 6-2 所示，室内燃气供应系统由引入管、水平干管、立管、用户支管、燃气计量表、用具连接管、燃气用具等组成。

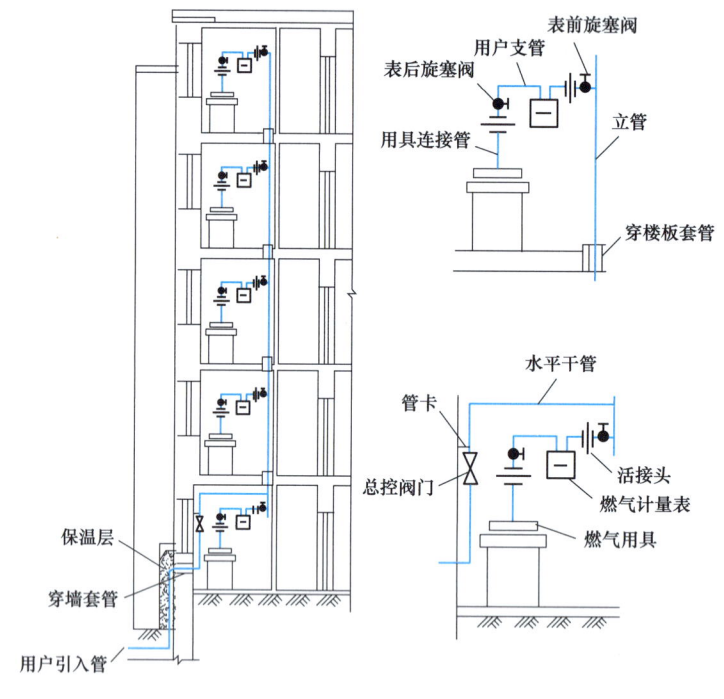

图 6-2　室内燃气供应系统的组成

1. 燃气管道

（1）引入管。是衔接室内系统与室外系统的管道，与城镇或庭院低压分配管道连接，并在分支管处设阀门。引入管可采用地下引入和地上引入两种方式。一般情况下，干燃气的输配由地上引入，湿燃气的输配由地下引入，当采取防冻措施时也可由地上引入。

（2）水平干管。当一根引入管上连接二根及以上立管时，连接引入管和立管的管道称为水平干管。水平干管可沿楼梯间或辅助房间的墙壁敷设。

（3）立管。是室内燃气系统的主干管道，用于燃气的纵向分配。一般敷设在管道井内、厨房内、靠近厨房的阳台上、走廊内或室外。

（4）用户支管。是由燃气立管向各楼层燃气用户供气的管道，位于表前阀与表后阀之间。

(5) 用具连接管。是只向一个燃气用具供气的软管，又称为下垂管。

2. 燃气用具

常见的燃气用具为燃气炉灶、燃气热水器、燃气壁挂炉等。

（1）燃气炉灶。是以液化石油气、人工煤气、天然气等气体燃料进行明火加热的厨房用具。它由炉体、工作面和燃烧器三个部分组成。灶面材料一般为不锈钢、黑玻璃和陶瓷等材料，燃烧器为铸铁件。

（2）燃气热水器。以燃气为燃料，通过燃烧加热的方式，将热量传递到流经热交换器的冷水中，以制备热水为目的。

燃气热水器的优点是即开即用、无须等待、占地面积较小。

（3）燃气壁挂炉。也称为"燃气壁挂式采暖炉"，它具有强大的家庭中央供暖功能，能满足多居室的采暖需求，并且能够提供大流量恒温热水，供家庭沐浴、厨房等使用。

3. 燃气计量表

燃气计量表是计量燃气用量的仪表。为了适应燃气本身的性质和城市用气量波动的特点，燃气表应具有耐腐蚀、不易受燃气中杂质影响、量程宽和精度高等特点。

4. 燃气附件

（1）阀门。燃气系统中的阀门，对于材质、加工工艺，产品性能等方面要求较高，户内管道一般采用铸铁旋塞阀、铜球阀、钢球阀，常用的手动阀门为球阀、蝶阀、闸阀、旋塞阀。

（2）排水器。排水器的作用是排除燃气管道中的冷凝水和石油伴生气管道中的轻质油，管道铺设时应有一定的坡度，以便在低处设置排水器，将汇集的水或油排出。

（3）放散管。是专门排放管道内部空气和燃气的装置。在管道投入运行时利用放散管排出管内的空气，在管道和设备检修时，可利用放散管排出管内的燃气，防止在管道内形成爆炸性的混合气体。

（4）补偿装置。补偿装置的作用是补偿管道的伸缩变形。一般在立管中间安装吸收变形的补偿器，采用挠性管补偿装置或波纹管补偿装置。

三、施工图识读

燃气工程的施工图是建筑工程施工图的重要组成部分，由设计说明、系统图、平面图、节点大样图、设备及主要材料表组成。

1. 设计说明

室内燃气系统的设计说明包括：设计依据、燃气基本参数计算；燃气供应对象、燃具额定用气量及燃具额定压力、系统的形式及管路的敷设方式；选用的管材及其连接方法；管道和设备的防腐、保温做法；燃气表、热水器、燃气灶的选择、安装和施工及验收要求等。

2. 系统图

系统图的表示方法为轴测图，表述的主要内容为燃气系统的空间形式。系统图识读时，应沿着燃气的输送方向，读至燃气用具。

系统图上可以读到的信息：立管编号、管道的位置、走向、标高、管径、燃气表、燃气附件、燃气用具的位置等。

图 6-3（a）为住宅楼燃气管道的系统图；图 6-3（b）为 L1 立管向厨房供应燃气的系统

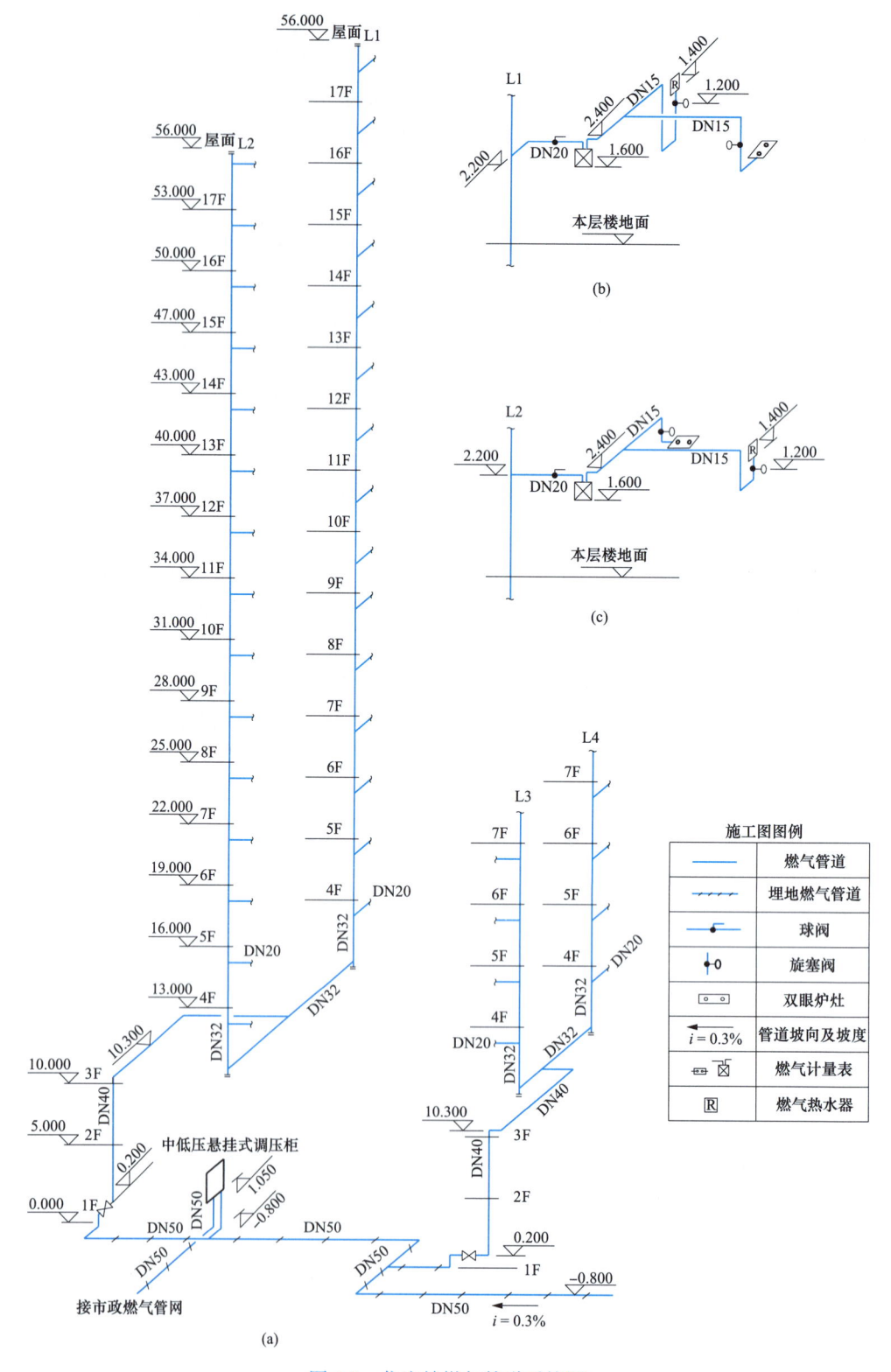

图 6-3　住宅楼燃气管道系统图

注：L3 与 L2 对称；L4 与 L1 对称。

图，L4立管向厨房供应燃气的系统图与L1相同布置；图6-3（c）为L2立管向厨房供应燃气的系统图，L3立管向厨房供应燃气的系统图与L2对称布置。

(1) 图6-3（a）系统图中可以读到的信息：

1）图示燃气系统供应的楼层为3F～17F等15个楼层，燃气供应的楼层不包括1F和2F。

2）图示燃气系统接自市政燃气管网，引入管标高为－0.800m。

3）引入管的燃气接中低压悬挂式调压柜，再进入住宅楼燃气管道，该节点的信息如下：进入中低压悬挂式调压柜的管道的公称直径为DN50，柜底的安装标高为1.050m，进出调压柜的水平管道标高均为－0.800m。

4）图示燃气系统出调压柜时进行分支，在两个分支处分别设置主干控制阀门，起快速切断作用。阀门标高均为0.200m。

5）图示燃气系统向各楼层供应燃气的立管为L1、L2、L3、L4；每根立管的上下两端分别设置丝堵。

6）埋地水平主干管设置坡度，朝向引入管的方向为下坡，坡度为0.3%。

7）连接L1和L2的水平干管、连接L3和L4的水平干管均设置在第三层楼，标高均为10.300mm。

8）图示燃气系统的管径统计见表6-2。

表6-2　　　　　　　　住宅楼燃气系统的管径统计表　　　　　　　　（单位：mm）

管道	引入管	埋地主干管	水平及竖直主干管	水平干管	立管	用户支管
管径	DN50	DN50	DN40	DN32	DN32	DN20

9）图示燃气系统的标高统计见表6-3。

表6-3　　　　　　　　住宅楼燃气系统的标高统计表　　　　　　　　（单位：m）

管道及附件	引入管	调压柜底	埋地主干管	主干控制阀门	主干水平管	水平干管
标高	－0.800	1.050	－0.800	0.200	10.300	10.300

(2) 图6-3（b）所示的厨房燃气供应系统图中，可以读到的信息：

1）与立管连接的用户支管上设置1个燃气球阀。

2）每户厨房设置1个燃气计量表、1台燃气热水器、1台燃气双眼灶。

3）通向燃气用具的用户支管，其终端设置旋塞阀，分别控制燃气热水器和燃气双眼灶的用气，即每个厨房设置2个旋塞阀，其中，控制燃气热水器的旋塞阀标高为$H+1.200$，燃气热水器底部标高为$H+1.400$。

4）燃气计量表节点的标高如下：进表的用户支管标高为$H+2.200$，出表的用户支管标高为$H+2.400$。燃气表底部标高为$H+1.600$。

(3) 图6-3（c）与图6-3（b）相比，除管道的走向有所区别，其他信息完全相同。

3. 平面图

平面图表述的主要内容为燃气管道、燃气计量表和燃气具器的平面位置，若每层的设置不同，应分别绘制平面图。平面图上可以读到的信息：建筑物轮廓、轴线尺寸、房间主要尺寸；干管、立管、支管的位置和走向、立管编号；燃气具器的平面位置和数量；燃气附件的位置等。

4. 节点大样图

节点大样图也称为详图，一般选用燃气标准安装图集，其作用是提供安装数据。

5. 设备及主要材料表

为了方便施工备料，一套施工图中应有设备及主要材料表，将施工图中的阀门、仪表、设备、管材等列入表中，对于不影响工程质量的零星材料可不列入表中。

四、系统安装

室内燃气系统安装包括管道安装、管道支架安装、阀门安装、燃气表安装、燃气灶安装、燃气热水器安装等。

1. 管道安装

燃气管道安装的要求如下：

（1）为了方便检修，室内燃气管道宜明装。采用镀锌钢管及管件、管节的连接方式为螺纹连接，以生料带为填料。

（2）当建筑物或工艺有特殊要求时也可暗装，但必须敷设在有人孔的闷顶或有活盖的墙槽内，以便安装和检修，暗装部分不宜设置接头。

（3）燃气管道必须经试压后才能使用。

（4）室内燃气管道防腐漆的颜色为黄色，埋地管道上方敷设黄色警示带。

（5）室内燃气管道应有防雷、防静电措施。暗埋的燃气铜管或不锈钢管不应与各种金属和导线接触，若不可避让，应用绝缘材料隔开。室内燃气管道与电气设备、相邻管道之间的最小净距见表6-4。

表 6-4   室内燃气管道与电气设备、相邻管道之间的最小净距   （单位：mm）

管道和设备		与燃气管道之间的净距	
		平行敷设	交叉敷设
电气设备	明装的绝缘导线或电缆	250	100①
	暗装的或在套管中的绝缘导线	50（保护边缘算起）	10
	电压小于1kV的裸导线	1000	1000
	配电盘或配电箱	300	不允许
	电源插座、电源开关	150	不允许
相邻管道		便于安装、检查、维修	20

① 当明装导线与燃气管道的交叉净距小于100mm时，导线应加绝缘套管且套管两端各伸出燃气管道100mm。

（6）为了方便清洗，立管的顶端和底端设置丝堵。高层建筑燃气立管的管道长、自重大，须设置固定支架，与墙体稳固连接。

2. 燃气计量表安装

燃气计量表是计量燃气用量的仪表，民用建筑室内燃气表如图6-4所示，图6-4（a）为滚轮计数器燃气表，图6-4（b）为智能IC卡燃气表。

（1）燃气计量表的安装方式。

智能IC卡燃气表安装在户内，其特点为"先付费后用气"，代表未来管道燃气计费管理的发展方向。

图 6-4　民用燃气表的类型
(a) 滚轮计数器燃气表；(b) 智能IC卡燃气表

另外，我国城市燃气系统早期安装的计量表为滚轮计数器燃气表，采用"先用气后抄表"的收费方式。目前，这种收费方式还在沿用。

滚轮计数器燃气表的安装方式如图 6-5 所示。

图 6-5（a）为户内安装，其优点是立管施工方便且所占位置少、不受户外条件的影响、初始投资和运营维修费用较少、管道安全间距容易满足、户内有控制阀易于控制；户内安装的缺点是需要进户抄表。

图 6-5（b）为户外集中安装，其优点是不需要进户抄表、便于集中管理和安全检修维护、室内无明管、较美观；缺点是安装在室外的立管对材料的耐腐蚀要求较高、立管量较大、施工效率低、初始投资较大、支管过长易导致末端压力不足。

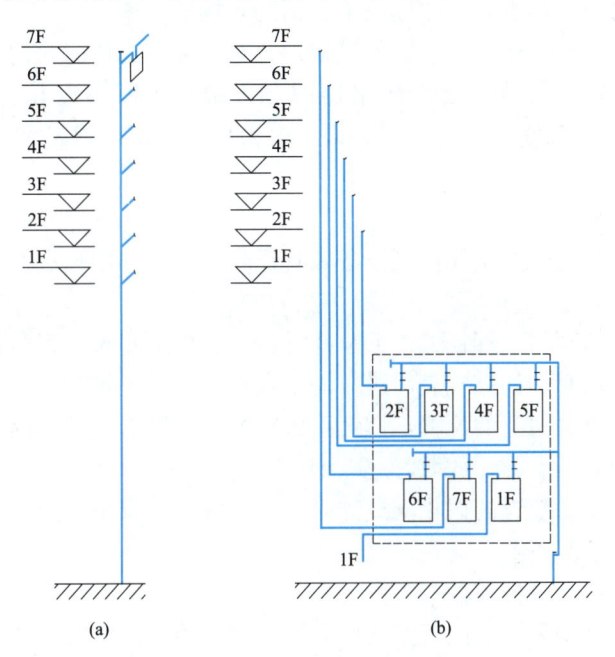

图 6-5 滚轮计数器燃气表安装方式

（2）燃气计量表安装的一般要求。

居住建筑应每户安装一块燃气计量表，公共建筑至少每个独立核算的用气单位安装一块燃气计量表。燃气计量表安装的一般要求如下：

1）燃气计量表安装，应保证防雨、防潮、防阳光照射、远离火源。
2）燃气计量表的表前阀，应装在便于操作之处。
3）燃气计量表安装，须按燃气表箭头指示的方向，连接进气口和出气口，不得装反。
4）燃气计量表与燃具、电气设施之间的最小水平净距见表 6-5。

表 6-5　　燃气计量表与燃具、电气设施之间的最小水平净距　　（单位：mm）

名　称	与燃气计量表的最小水平净距
相邻管道、燃气管道	便于安装、检查、维修
家用燃气灶具	300（表高位安装时）
热水器	300

续表

名　称	与燃气计量表的最小水平净距
电压小于 1kV 的裸导线	1000
配电盘、配电箱或电表	500
电源插座、电源开关	200
燃气计量表	便于安装、检查、维修

3. 燃气热水器及燃气壁挂炉安装

燃气热水器是局部热水供应的加热设备；燃气壁挂炉称为燃气壁挂式快速采暖热水器，能够提供大流量恒温卫生热水，供家庭沐浴、厨房等场所使用。

考虑通风的要求，燃气热水器和燃气壁挂炉，宜安装在厨房耐火的墙壁上，外壳与墙壁的净距离应大于 20mm，安装高度以热水器的观火眼与人眼高度相齐为宜，一般距地面 1.5m。燃气热水器和燃气壁挂炉的上部不得有电力明线、电气设备和易燃物，水平净距应大于 300mm。

4. 燃气管道附件安装

阀门是燃气供应系统中的重要控制设备和管道附件，其作用是启闭燃气管道通路或调节燃气的压力和流量。

室内燃气管道上的阀门，管径大于 DN50 时，一般采用闸阀；管径不大于 DN50 时，一般采用螺纹连接的旋塞阀，如燃气表前进口的活接头旋塞开关等。

室内燃气管道上设置阀门的位置：燃气引入管处、立管起点处、燃气计量表前、每个用气设备前、点火器和测压点前、放散管起点处。

闸阀、蝶阀、有驱动装置的截止阀或球阀只允许安装在水平管上，其他阀门不受此规定限制。

燃气管道不宜采用套管伸缩器。

阀门安装、补偿器安装、放散管安装的方法，参照给水管道安装的相关内容。

任务二　农村沼气供应系统

一、沼气概述

沼气属于二次能源，是由植物残体在与空气隔绝的条件下自然分解而产生的可燃性气体。它由多种气体混合而成，其主要成分是含量约占 60%～70% 的甲烷和二氧化碳，还有少量的氢气、氮气和一氧化碳等。

1. 建立农村沼气供应系统的必要性

我国是个农业大国，农村人口较多，尽管城乡建设的速度较快，但在不发达地区仍存在燃料紧缺的状况。建立农村沼气供应系统的优势如下：

（1）解决农村的燃料问题，避免植被破坏而造成水土流失。

（2）变废为利，综合利用。可以利用工业生产和居民生活中的大量有机废物，避免废弃造成的环境污染。

（3）清洁卫生，除虫灭病。将杂草、垃圾、作物秸秆、粪便等作为沼气的原料，使农村的环境卫生得到有效改善。

(4) 沼气的出料营养成分齐全、病菌少，可以作为肥料，促进养殖业的发展。

2. 沼气池的类型

按储气方式，分为水压式沼气池、浮罩式沼气池和气袋式沼气池。

按发酵池的几何形状，分为圆形池、球形池、矩形池、方形池、拱形池、圆管形池、椭球形池、纺锤形池、扇球形池等。

按沼气池的埋设位置，分为地上式、半地下式和地下式。

按建池的材料，分为砖砌池、石砌池、钢筋混凝土池、钢丝网水泥池、塑料池、橡胶池等。

沼气池类型的选择，应根据当地的气候条件、材料来源等综合考虑，我国农村多采用砖、石和混凝土，建造水压式地下沼气池。

3. 圆形水压式沼气池的基本组成

如图6-6所示，沼气池由发酵池（包括发酵间、储气间）、活动盖、导气管、进料间和出料间组成。

(1) 发酵池是沼气池的主体，是产生和储存沼气的地方。下部是发酵间，料液面以上的空间部分为储气间。

(2) 活动盖是设在池盖顶部的装配式部件。平时，活动盖必须盖紧；维修和清理沉渣时，活动盖打开；导气管堵塞或压力表失灵造成池内压力过大时，活动盖可以被冲开，从而降低池内压力，使池体得到保护。

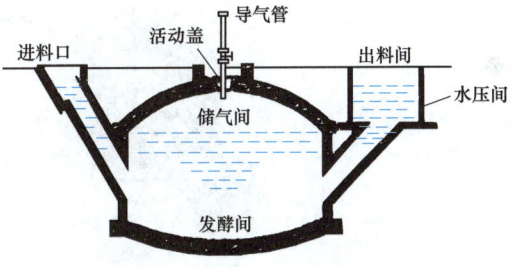

图6-6 圆形水压式沼气池构造示意

(3) 导气管是固定在活动盖上的一段钢管。下端与储气间相通，上端设阀门，与输气管道连接，其作用是沼气导出，送至燃气用具。

(4) 进料间是将发酵原料送至发酵间的通道。为了方便进料，宜做成斜管或半漏斗形的滑槽。

(5) 出料间是发酵后的沉渣出口，其下端与发酵间相通，上部的空间较大，用来调节发酵池中的液面，保证储气间的沼气具有一压力，因此，这一部分也称为水压间。

为了保证使用安全、防寒保温，以及改善环境等，进料间和出料间的上部也应设置盖板。

4. 沼气池的供气能力

沼气池的大小主要取决于使用要求，一般按人均使用量 $1.4m^3$/人进行设计，5口之家建造沼气池的最小供气能力应达到 $10m^3$。

二、沼气输配系统的组成

1. 气源

沼气输配系统的气源为沼气池。

2. 输配系统

导气管：设置在沼气池顶部的出气短管，管径不小于12mm，常用管材为镀锌钢管、

PVC 管等。

输气管：采用气密性好、耐腐蚀、耐老化、内壁光滑的管材。室外管道一般选用直径为 14mm 的硬塑管，室内管道一般选用直径为 12mm 的 PVC 管或铝塑复合管。

阀门：是开启、关闭和控制沼气的关键部件，应耐磨、耐腐蚀、光滑、气密性好，要求具有一定的机械强度、转动灵活、安装方便，孔径不应小于 4mm。

压力表：检查沼气池是否漏气，粗略估计池内的沼气量和压力。

3. 沼气用具

（1）沼气炉。

常用的沼气灶具种类：高级不锈钢脉冲点火双灶和单灶、人工点火或电子点火节能防风灶等。大部分沼气灶具，都属于大气式燃烧器。

如图 6-7 所示，沼气灶由灶架、火盘、进气管、阀体总成、电子打火器等构成。其中，阀体总成中的阀体开关选用陶瓷材料制成，用陶瓷制成的开关，能防止沼气中的腐蚀气体侵蚀，可以延长沼气灶的寿命，适应于沼气用户使用。

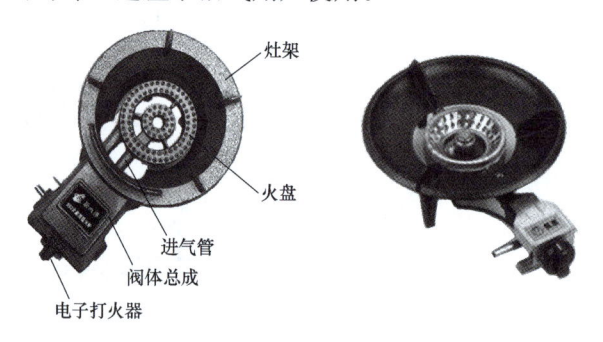

图 6-7　沼气炉

（2）沼气灯。

如图 6-8 所示，沼气灯由吊环、喷嘴、引射器、排烟孔、玻璃灯罩、反光罩、灯头等构成。使用时，将吊环吊起，连接喷嘴与沼气管。打开阀门后，沼气从喷嘴高速喷出，并引进空气，在引射器中，沼气与空气混合，在泥头处点燃发光，并通过灯罩向室内照明。

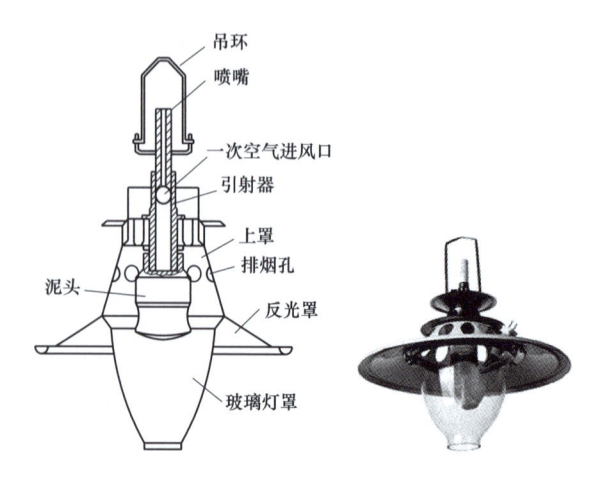

图 6-8　沼气灯

沼气灯具有结构简单、卡装牢固、装卸方便、燃烧稳定、亮度高、光线稳定等特点，适用沼气用户的室内照明。

三、沼气供应系统施工图识读及系统安装

1. 沼气池构造

如图 6-9 所示，10m³ 圆形水压式沼气池构造图中，可以读到的信息如下：

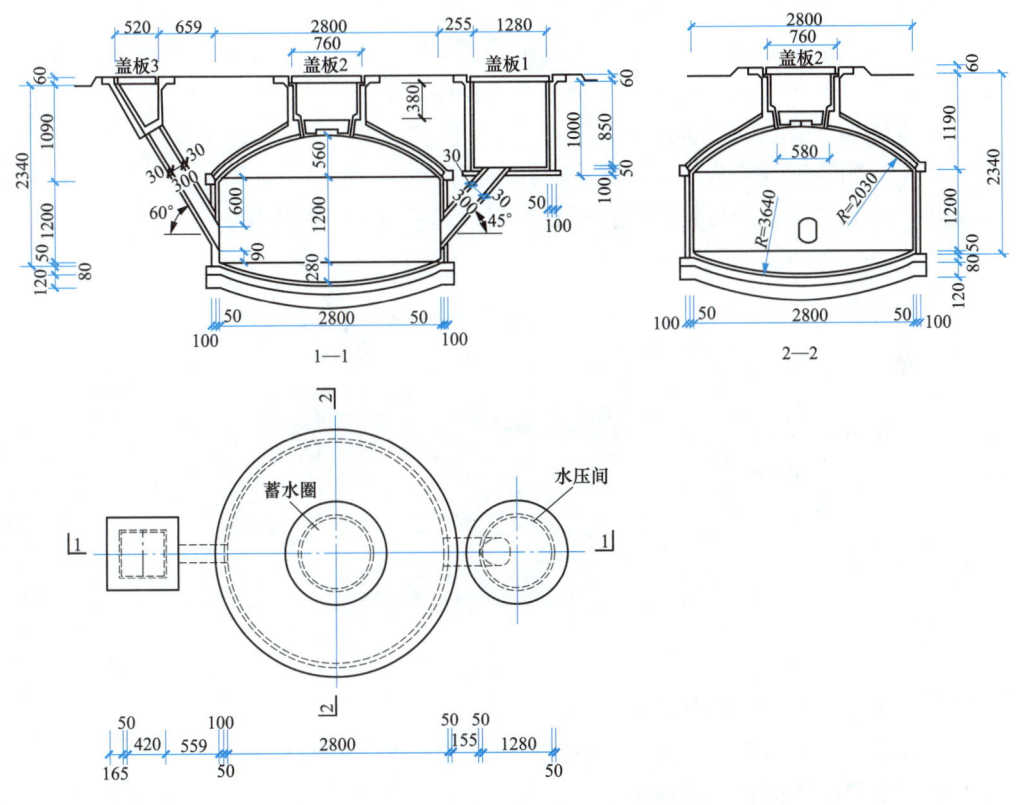

图 6-9 10m³ 圆形水压式沼气池构造图

（1）盖板 3 为进料口的矩形盖板，边长为 520mm，厚度为 60mm，盖板底至储气间顶部的垂直距离为 1090－560＝530mm，进料通道与水平面的夹角为 60°，使料能投到发酵间底部，通道的最窄处不小于 300mm，进料口内侧壁与发酵间内侧壁的净距为 659mm。

进料口与发酵池的交接处，接口上部至贮气间的底部 600mm，接口下部距池底边缘 90mm。

（2）发酵池由三部分几何体组成，上、下两部分为截球体，中间为圆柱，截球面和圆柱的直径均为 2800mm。上部截球体的半径 $R＝2030$mm、截球高为 560mm；下部截球体的半径 $R＝3640$mm、截球高为 280mm。

盖板 2 为发酵池的圆形盖板，直径为 760mm，厚度为 60mm；发酵池的活动盖直径为 580mm；活动盖顶至发酵池盖板底的净距离为 380mm。

发酵池的侧壁分两层，内层厚 50mm，外层厚 100mm。

（3）出料口设计在进料口的对侧，进料通道与水平面的夹角为 45°，通道的最窄处不小

于 300mm。盖板 1 是出料口的盖板，厚度为 60mm，盖板 1 的直径为 1280mm。

出料口水压间净高为 850mm，底厚 100+50=150（mm）。

2. 沼气管网施工图识读

相对于城市燃气输配系统，沼气系统比较简单。施工前根据实际情况绘制简单的施工图，即可完成安装工作。

如图 6-10 所示，沼气供应系统施工图中可以读到的信息如下：

（1）图示沼气系统向 1 个沼气灶和 2 个沼气灯供应沼气。

（2）输气管道由 1 个主干管和 3 个支管组成。其中，主干管长 10m，向沼气灶供气的管道长 10m，向两个沼气灯供气的管道长分别为 5m 和 7m。

（3）主干管和支管上均设置压力表。

（4）主干管的管道规格为 $\phi10$，支管的管道规格均为 $\phi6$。

（5）主干管和支管上均按管道规格设置阀门，起控制和切断作用。

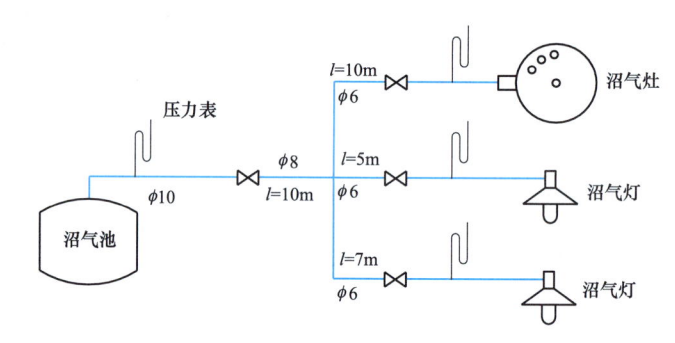

图 6-10 沼气管网系统图

3. 沼气供应系统安装

沼气供应系统安装的一般要求如下：

（1）安装前，应对所有的管道及附件进行外观检查和气密性检查。

（2）管线布置应短而直，以减少压力损失。

（3）管道及管件接口应连接牢固，不得漏气。

（4）管道的敷设应设置坡向沼气池的下坡，一般坡度为 0.5%。

（5）管道架空安装时应高于地面 2.5m；管道埋地敷设时，南方的埋深为 0.5m 以下，北方应埋在冰冻线以下。

4. 渗透检查

渗透检查包括沼气池池体的灌水试验和水压试验、储气间的气压试验、管道系统的水压试验，检查池体和管道的强度以及严密性。

待各项检查符合要求后，沼气供应系统才能使用。

模块三 应用篇——电气工程

项目七 建筑电气照明工程

[知识目标] 了解照明配电系统的组成；理解照明回路与接线；了解电气照明系统安装的方法，掌握照明配电系统施工图识读的方法。

[能力目标] 建筑电气照明工程施工图识读。

任务一 建筑变配电系统

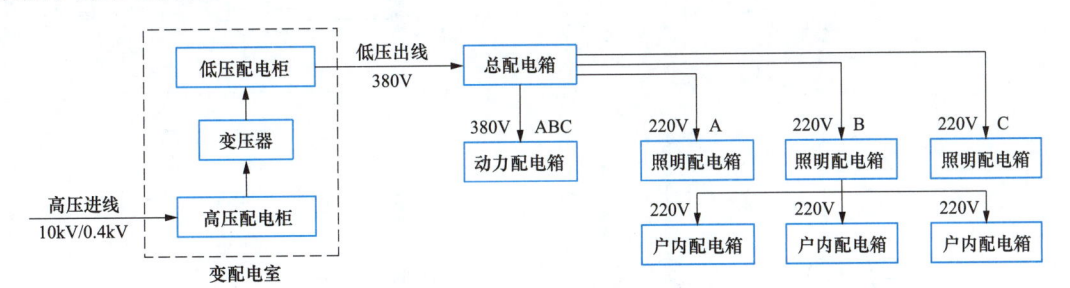

一、建筑变配电系统的组成

建筑变配电系统的组成如图 7-1 所示。

按照供电系统的要求，配电设备分为三级。一级配电设备的作用是把电能分配给不同地点的下级配电设备；二级配电设备的作用是把上一级配电设备中某一电路的电能分配给就近的负荷，并对负荷提供保护、监视和控制；照明配电箱属于末级配电设备，是建筑照明配电系统中的配电设备。

图 7-1 建筑变配电系统的组成

各级配电设备如图 7-2 所示。图 7-2（a）为变配电室的配电柜；图 7-2（b）为集高压受电、变压器降压、低压配电于一体的箱式变电所；图 7-2（c）为内置隔离刀开关、熔断式隔离开关、漏电断路器、电流互感器、电子式电度表的总配电箱；图 7-2（d）为建筑工地上用的配电箱，安装方式为室外落地安装；图 7-2（e）为连接总配电箱与用电设备的分配电箱，安装方式为挂墙安装；图 7-2（f）为民用建筑户内照明配电箱 PZ30 配电箱，安装方式为室内嵌墙安装。

二、民用建筑供电方式

1. 高压供电方式

如图 7-3 所示，根据供电的可靠性，民用建筑的高压供电分为单电源供电和双电源供电，其中，双电源供电的可靠性较高。图中的白色矩形表示平时不工作的电器。

(a)　　　　　(b)　　　　　(c)　　　　　(d)　　　　　(e)　　　　　(f)

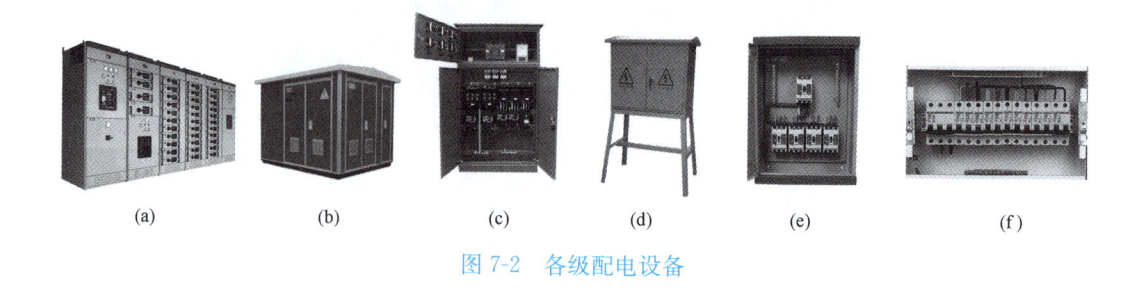

图 7-2　各级配电设备

图 7-3（a）为"一用一备"双电源供电系统。该系统正常供电时由一路电源供电，另一电源备用，停电以后，备用电源手动或自动投入工作。

图 7-3（b）为"互为备用"双电源供电系统。该系统正常供电时两路电源同时工作，分别向部分负荷供电，当一路电源停电后，另一路电源承担全部负荷中的重要负荷，切除不重要的负荷。

2. 低压配电方式

低压配电系统是指从降压变电所的低压端到民用建筑内部低压设备的电力线路。民用建筑低压配电的方式如图 7-4 所示。图 7-4（a）为放射式，图 7-4（b）为树干式，图 7-4（c）为链式，图 7-4（d）为混合式。其中，放射式的可靠性好，但建设费用高；树干式建设费用低，但可靠性差；链式用于距离配电所较远，而彼此之间相距较近且不重要的小功率设备的链接；混合式配电系统是放射式和树干式的综合运用，它具有两者的优点，所以在实际工程中应用比较广泛。

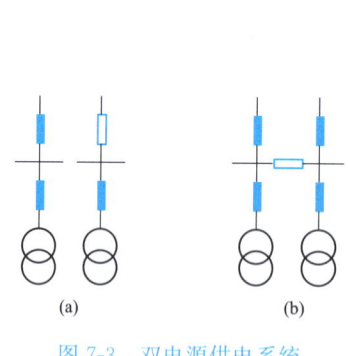

图 7-3　双电源供电系统

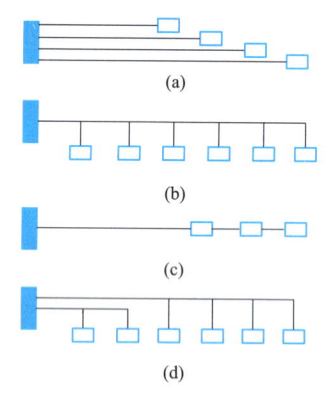

图 7-4　低压配电的方式

3. 常用动力设备的配电

（1）生活给水设备配电。一般从变压器的低压出口引一个回路至泵房的动力配电箱，然后送至各泵，控制设备运行。

（2）消防用电设备配电。消防用电设备应采用单独的供电回路。即由变压器低压出口处与其他负荷分开自成供电体系，以保证在火灾时切除非消防电源后而不停止消防用电，确保灭火扑救的工作正常进行。

（3）电梯和自动扶梯配电。每台电梯应由专用回路供电。电梯的电源一般引至机房的电源箱；自动扶梯的电源一般引至高端地坑的扶梯控制箱。

（4）空调动力设备配电。在动力设备中，空调动力是最大的动力设备，其容量大，设备种类多。空调机组的功率大多在 200kW 以上，有的超过 500kW，因此多采用直配方式供电，从变电站的低压母线直接引电源至机组控制柜。

三、建筑照明配电系统

建筑照明配电系统由进户线、配电箱、室内线路和照明用电器具组成。

1. 进户线

进户线是从建筑物的室外到室内配电箱的电源线。

一般情况下，一栋单体建筑采用一处进户。进户线的敷设方式有两种：一是架空进户；二是埋地进户。出于安全考虑，目前进户线的敷设方式全部采用埋地暗敷，直埋的进户电缆采用铠装电缆，非铠装电缆必须穿管。

2. 配电箱

配电箱是配电系统末端的低压配电装置，其作用是分配电能、控制电源通断、保护线路等。

（1）配电箱的分类。

按安装地点划分，分为室内安装与室外安装。

按安装方式划分，分为嵌墙安装、挂墙安装和落地安装。

按用途不同划分，分为动力配电箱和照明配电箱。

按定型情况划分，分为成套配电箱和现场组装配电箱。

按型号和规格是否统一划分，分为标准配电箱和非标准配电箱。

（2）配电箱的型号和规格。

配电箱的尺寸标注如图 7-5 所示，规格表示为 宽×高×厚，在安装工程中，常以配电箱的半周长分档，即：

$$配电箱的半周长 = 宽 + 高$$

在低压配电系统中广泛应用的配电箱为 PZ30 配电箱。

图 7-5　配电箱的尺寸标注

3. 室内线路

（1）干线与支线。

室内线路分为干线和支线。干线是连接总配电箱与分配电箱之间的线路，其任务是将总配电箱的电能输送到分配电箱；支线也称为回路，是连接分配电箱与用电设备的线路，其任务是将电能配送到用电器具。

干线的截面积应大于支线的截面积。

（2）配管与配线。

室内线路的敷设方式分为明敷和暗敷。其中，明敷是在建筑物柱、梁、板、墙的表面敷设导线或穿导线的槽、管；暗敷是在建筑物柱、梁、板、墙里面敷设导线管，在管内穿线。

配管的材料为电线管、钢管、防爆钢管、硬质聚氯乙烯管、刚性阻燃管、半硬质阻燃管、软管、波纹管等。

配线的类型为照明线路、动力线路等。

配管配线的种类包括穿管配线、瓷夹板配线、塑料夹板配线、绝缘子配线、木槽板配线、塑料槽板配线、线槽配线、塑料护套敷设等。

配管配线的种类如图 7-6 所示，其中，图 7-6（a）为室内线路暗敷的穿塑料管配线；图 7-6（b）为室内线路明敷的塑料线槽配线；图 7-6（c）为室内线路暗敷的塑料护套配线；图 7-6（d）为室内线路明敷时无配管、无保护套的固定线夹；图 7-6（e）为室内线路明敷的铝合金半圆弧地板线槽。

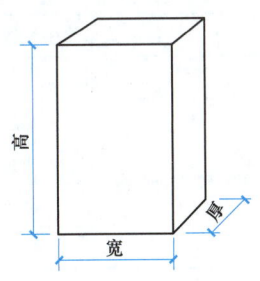

(a)　　　　　(b)　　　　　(c)　　　　　(d)　　　　　(e)

图 7-6　配管配线的种类

配管配线的适用范围见表 7-1。

表 7-1　　　　　　　　　　　　配管配线的适用范围

配管配线		适 用 范 围
穿管配线	穿管配线明敷	广泛应用于工业与民用建筑
	穿管配线暗敷	
线槽配线	金属线槽配线	正常环境室内干燥和不易受机械损伤的场所
	塑料线槽配线	干燥环境室内照明配线、预制墙板结构或无法暗配的工程
	地面内暗敷金属线槽配线	不能进行线槽的弯曲加工，遇到线路交叉、分支或弯曲转向时必须设置
封闭式母线槽配线		大电流的配电干线，在变配电所及高层建筑中广泛应用
钢索配线		工业厂房或屋架较高、跨度较大的房屋内
电气竖井内配线	金属导管配线	建筑物天棚内
	塑料导管配线	室内场所、酸碱腐蚀介质的场所
	金属线槽配线	正常环境室内干燥和不易受机械损伤的场所
	塑料线槽配线	干燥环境室内照明配线、预制墙板结构或无法暗配的工程

4. 用电器具

用电器具是用电线路的终端，包括灯具、开关插座、电铃、电风扇等。

（1）灯具。

建筑照明灯具包括普通灯具、工厂灯、高度标志（障碍）灯、装饰灯、荧光灯、医疗专用灯等。灯具的类型如图 7-7 所示，其中，图 7-7（a）为广照型工厂灯；图 7-7（b）为防爆型工厂灯；图 7-7（c）为医疗手术照明灯；图 7-7（d）为高度标志（障碍）灯；图 7-7（e）为应急照明灯；图 7-7（f）为照明用普通吸顶灯；图 7-7（g）为诱导标志灯；图 7-7（h）为双管荧光灯。

(a)　　(b)　　(c)　　(d)　　(e)　　(f)　　(g)　　(h)

图 7-7　灯具的类型

(a) 广照型工厂灯；(b) 防爆型工厂灯；(c) 医疗手术照明灯；(d) 高度标志（障碍）灯；(e) 应急照明灯；
(f) 照明用普通吸顶灯；(g) 诱导标志灯；(h) 双管荧光灯

(2) 开关。

开关的作用是对用电器具的通电与断电进行控制。开关的类型划分如下：

按照产品的形式划分，分为拉线式、板式、节能式等。

按照安装方式划分，分为暗装、明装、密封、防爆等。其中，明装是指接线盒突出墙面，暗装是指接线盒暗装在墙内，开关面板与墙平。

按照控制形式划分，分为单控、双控等。单控即一个开关只控制一盏灯，双控即两个开关控制一盏灯。单控开关与双控开关的区别在于接线方式。

开关的类型如图7-8所示，其中，图7-8（a）为开关面板下的接线盒；图7-8（b）为有开关标识的单联开关；图7-8（c）为防爆照明开关；图7-8（d）为板式暗装双联开关；图7-8（e）为板式暗装吊扇调速开关；图7-8（f）为板式明装单联开关。

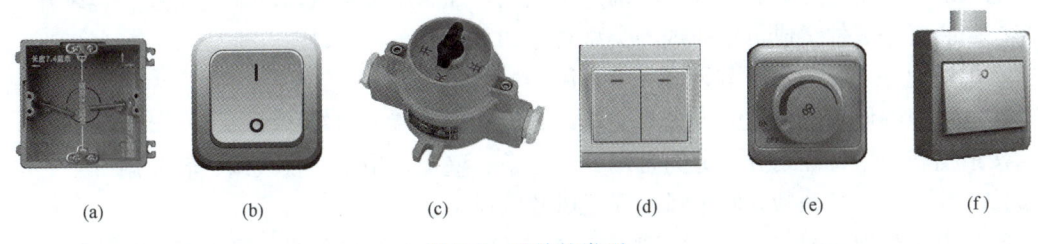

图7-8 开关的类型

(3) 插座。

插座的作用是通过线路与铜件之间的连接与断开，达到该部分电路的接通与断开。插座的类型划分如下：

按照用途划分，分为民用插座、工业用插座、防水插座、普通插座等。

按照安装方式划分，分为明装插座和暗装插座等。

按照电源相位划分，分为三相插座和单相插座。

插座的类型如图7-9所示，其中，图7-9（a）为三相四孔插座；图7-9（b）为单相五孔插座；图7-9（c）为单相三位二极六孔安全阻燃插座；图7-9（d）为多功能防水插座；图7-9（e）为单相五孔弹起式地板插座；图7-9（f）为防爆插座。

图7-9 插座的类型
(a) 三相四孔插座；(b) 单相五孔插座；(c) 单相三位二极六孔安全阻燃插座；
(d) 多功能防水插座；(e) 单相五孔弹起式地板插座；(f) 防爆插座

(4) 电铃。

电铃是通电后使电锤在铃体表面产生振动并发出铃声的用电器具。

电铃的类型如图7-10所示，其中，图7-10（a）为消防电铃；图7-10（b）为不锈钢外击式电铃；图7-10（c）为矿用隔爆型声光组合电铃；图7-10（d）为带指示灯的电铃。

(a)　　　　　(b)　　　　　(c)　　　　　(d)

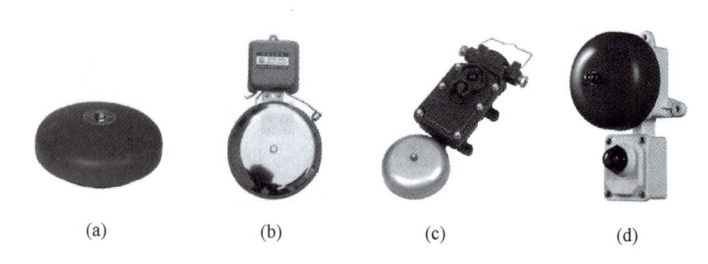

图 7-10　电铃的类型

(a) 消防电铃；(b) 不锈钢外击式电铃；(c) 矿用隔爆型声光组合电铃；(d) 带指示灯的电铃

(5) 电风扇。

电风扇的作用是用电驱动扇叶转动产生气流，加速局部空气流动。它由扇头、风叶、网罩和控制装置等部件组成。电风扇的类型划分如下：

按用途划分，分为家用电风扇和工业用排风扇。

按电风扇的使用电源划分，分为交流、直流和交直流两用等三类。

按结构和使用特征划分，分为台扇、落地扇、壁扇、吊扇、换气扇、转叶扇等。

按叶片划分：可分为有叶电风扇和无风叶电风扇。

电风扇的类型如图 7-11 所示，其中，图 7-11 (a) 为安装在卫生间或厨房玻璃窗上的换气扇；图 7-11 (b) 为安装在天棚上的吊扇；图 7-11 (c) 为安装在墙壁上的壁扇，其开关为拉线开关；图 7-11 (d) 为工业用排风扇；图 7-11 (e) 为安装在天棚上的集成吊顶管道式排气扇；图 7-11 (f) 为安装在墙壁上的防爆排风扇；图 7-11 (g) 为台式直流转叶扇；图 7-11 (h) 为立式交流无叶电风扇。

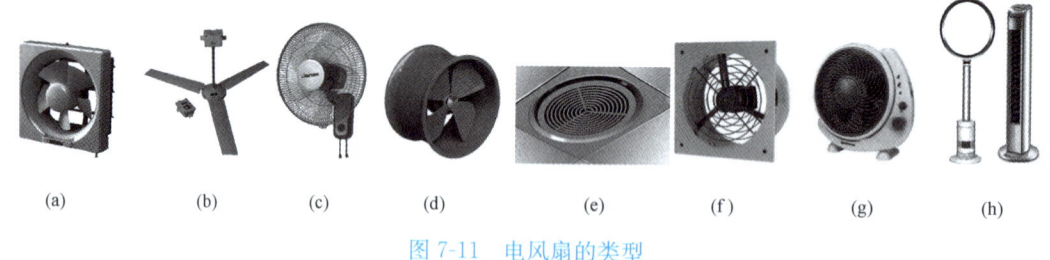

(a)　　(b)　　(c)　　(d)　　(e)　　(f)　　(g)　　(h)

图 7-11　电风扇的类型

任务二　建筑电气照明工程施工图识读

一、电气施工图组成与识读方法

1. 电气施工图的组成

建筑工程施工图中，"电施图"作为专业部分，一般包括设计总说明、照明部分施工图、防雷接地部分的施工图、弱电部分施工图，以及电气图例、主要设备材料表等。整套电气工程施工图见本书项目十一中的"综合练习二"。

照明部分的施工图主要为照明系统图和照明平面图。

防雷与接地部分的施工图主要为基础接地平面图和屋面防雷平面图。

弱电部分的施工图主要为弱电干线系统图、弱电系统图、弱电平面图、等电位大样图等。

2. 建筑电气照明施工图识读的方法

(1) 看设计说明和主要设备材料表，了解设计依据、设计概况、设计内容，以及主要材料设备的型号、规格等。

(2) 看系统图，了解整个系统的基本组成、配电方式和负荷情况。

(3) 看平面图，了解各回路的导线走向、根数，以及各回路中用电器具的种类、平面位置、安装方式，以及支路的划分等。

(4) 结合系统图看各平面图中的配电回路，了解各支路的负荷分配情况和连接情况。

(5) 结合系统图与平面图，检核主要设备材料表中用电器具的数量。

二、电气照明回路与接线

对于现浇混凝土结构的房屋，照明线路的线管以及接线盒，在土建施工阶段应预埋在混凝土结构的柱、梁、板、墙中或砖砌体中，主体施工结束后，再将导线穿入每根线管中。每根线管穿入哪种导线，每种导线穿入多少根，如何接线，这些问题是学习电气安装工程必须掌握的基础知识。

1. 回路

回路是指为电气负荷提供电流通路和保护的一组导线，包括相线 L、零线 N 的组合，以及相线 L、零线 N、地线 PE 的组合。

配电回路的划分如图 7-12 所示，在图 7-12（a）中有如下回路：

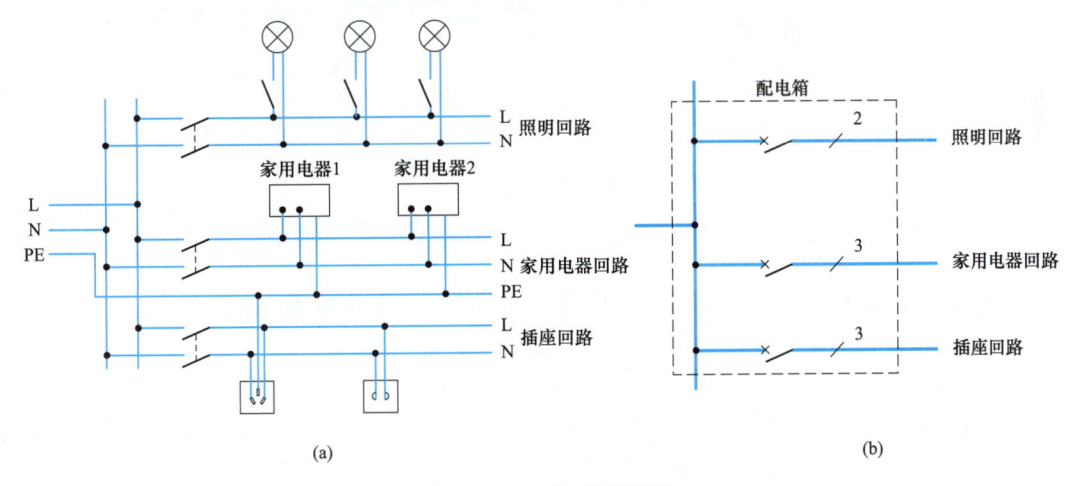

图 7-12 配电回路的划分

(1) 总回路是相线 L、零线 N、地线 PE 的组合，分为照明回路、家用电器回路、插座回路等 3 个分支回路。

(2) 照明分支回路是相线 L、零线 N 的组合，又分为 3 个小的分支回路。

(3) 家用电器分支回路是相线 L、零线 N、地线 PE 的组合，又分为 2 个小的分支回路。

(4) 插座分支回路是相线 L、零线 N、地线 PE 的组合，又分为 2 个小的分支回路，其中，三孔插座的分支回路是相线 L、零线 N、地线 PE 的组合，二孔插座的分支回路是相线

L、零线 N 的组合。

图 7-12（a）所示的电路图，经简化后调整为施工图的表示方法，分为系统图和平面图两部分。其中，图 7-12（b）所示的总回路分为若干个分支回路的部分，安装在配电箱内，称为配电系统图；用电器具及开关、插座等部分因平面位置不同，在平面图中进行表示。

2. 接线盒

接线盒是为了方便接线与穿线，在墙体、天棚或其他接线部位设置的 PVC 或白铁盒子。

常见的接线盒称为 86 型接线盒，即开关或插座面板的外径为 86mm×86mm，与其配套的接线暗盒规格为 75mm×75mm。

接线盒的分类见表 7-2。

表 7-2　　　　　　　　　　　接线盒的分类

接线盒的分类	开关盒		接线盒	
	开关盒	插座盒	灯头盒	接线盒
常见设置部位	墙	墙	天棚	天棚

3. 照明系统配线

（1）单联单控一灯。

如图 7-13 所示单联单控一灯接线图。单联单控一灯即一个开关控制一盏灯。图 7-13（a）为照明平面图，图 7-13（b）为接线图。图中所示信息如下：

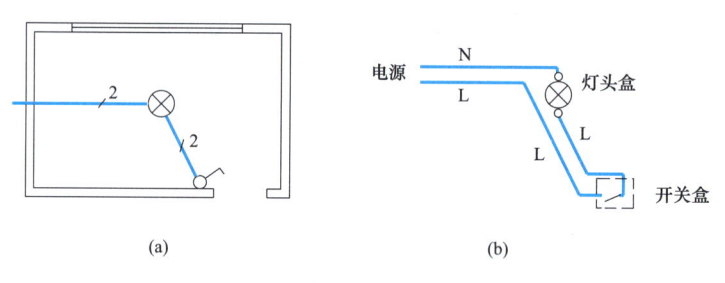

图 7-13　单联单控一灯接线图

1）电源至灯头盒的线管中穿入 2 根导线，分别为相线 L 和零线 N；
2）开关盒至灯头盒的线管中穿入 2 根导线，均为相线 L。

（2）单联单控三灯。

如图 7-14 所示单联单控三灯接线图。单联单控三灯即一个开关控制三盏灯的同时开与关。图 7-14（a）为照明平面图，图 7-14（b）为接线图。图中所示信息如下：

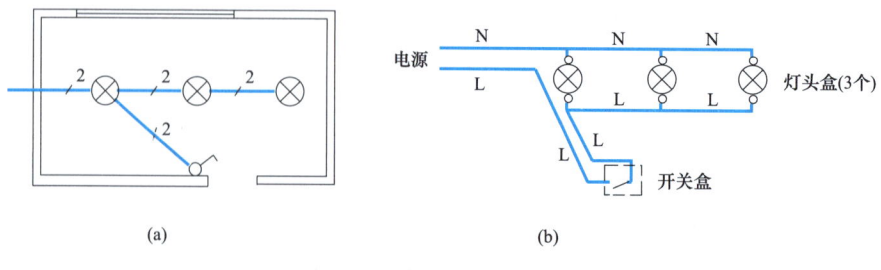

图 7-14　单联单控三灯接线图

1)电源至第一个灯头盒的线管中穿入 2 根导线,分别为相线 L 和零线 N;

2)开关盒至第一个灯头盒的线管中穿入 2 根导线,均为相线 L;

3)相邻灯头盒之间的线管中均穿入 2 根导线,分别为相线 L 和零线 N。

(3)三联单控三灯。

如图 7-15 所示三联单控三灯接线图。三联单控三灯即一个开关面板上有三个开关,每个开关分别控制一盏灯。图 7-15(a)为照明平面图,图 7-15(b)为接线图。图中所示信息如下:

1)电源至第一个灯头盒的线管中穿入 2 根导线,分别为相线 L 和零线 N;

2)开关盒至第一个灯头盒的线管中穿入 4 根导线,均为相线 L;

3)第一个灯头盒至第二个灯头盒之间的线管中穿入 3 根导线,分别为 2 根相线 L 和 1 根零线 N;

4)第二个灯头盒至第三个灯头盒之间的线管中穿入 2 根导线,分别为相线 L 和零线 N。

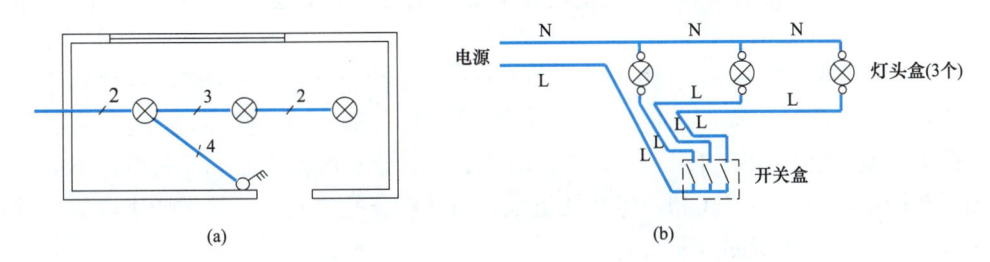

图 7-15 三联单控三灯接线图

(4)双联单控三灯。

如图 7-16 所示双联单控三灯接线图。双联单控三灯即一个开关面板上有两个开关,其中一个开关控制一盏灯,另一个开关同时控制两盏灯的同时开与关。图 7-16(a)为照明平面图,图 7-16(b)为接线图。图中所示信息如下:

1)电源至第一个灯头盒的线管中穿入 2 根导线,分别为相线 L 和零线 N;

2)开关盒至第一个灯头盒的线管中穿入 3 根导线,均为相线 L;

3)相邻灯头盒之间的线管中均穿入 2 根导线,分别为相线 L 和零线 N。

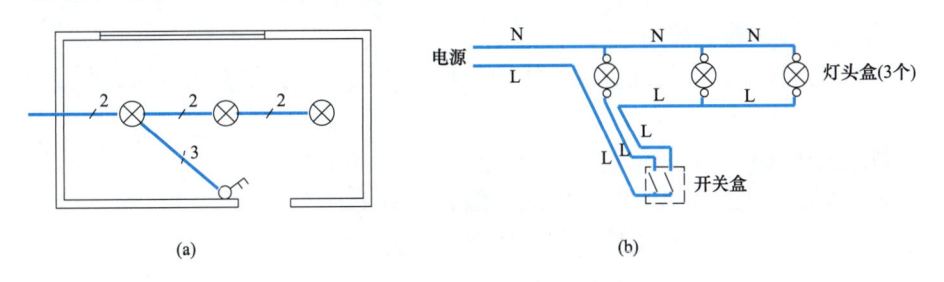

图 7-16 双联单控三灯接线图

(5)单联双控一灯。

如图 7-17 所示单联双控一灯接线图。单联双控一灯即安装在不同位置的两个单联开关同时控制一盏灯。图 7-17(a)为照明平面图,图 7-17(b)为接线图。图中所示信息如下:

1)电源至灯头盒的线管中穿入 2 根导线,分别为相线 L 和零线 N;

2）两个开关盒至灯头盒的线管中均穿入 3 根导线，且均为相线 L。

(a)

(b)

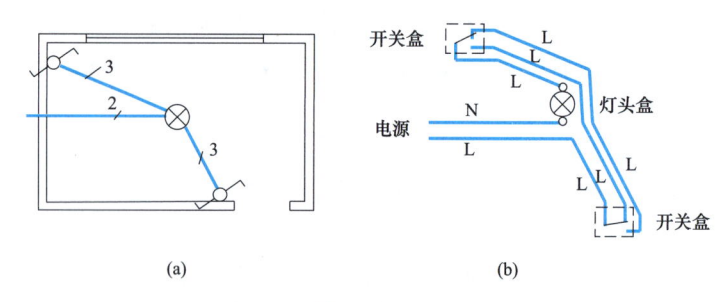

图 7-17　单联双控一灯接线图

（6）插座接线。

插座的接线方式如图 7-18 所示。

图 7-18（a）为三相四孔插座，接线时遵循的原则为"上接地，每孔 A、B、C 三相顺或逆"。

图 7-18（b）、图 7-18（c）、图 7-18（d）所示的三个插座为单相插座，单相插座接线时遵循的原则为"左零、右火、上接地"。其中，图 7-18（b）为单相三孔插座，分别接相线 C、零线 N 和地线 PE；图 7-18（c）为单相两孔插座，分别接相线 B 和零线 N；图 7-18（d）为单相五孔插座，由一组三孔和一组两孔组成，两孔和三孔之间的连接为插座内的线排，分别接相线 A、零线 N 和地线 PE。

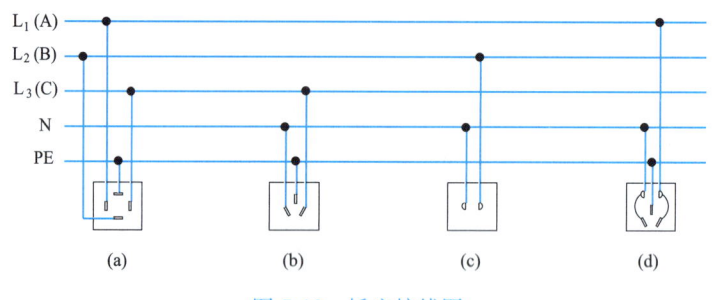

图 7-18　插座接线图

（7）关于配线与接线的说明。

1）灯头盒与开关盒之间的线管内导线种类均为相线，导线根数为开关面板上单控开关数量加 1。

2）控制开关接在相线上。

3）接线的顺序：先接地线、再接零线，最后接相线。

4）单相插座回路中，每根配管中的配线根数均为 3 根。

三、施工图中可以读到的信息

1. 设计说明、设备及主要材料表

设计说明即对工程设计进行的总说明，包括设计依据、设计概况、供配电等级、导线规格及配管规格、管线的敷设方式、设备及用电器具安装的位置，以及与土建的配合问题等。

工程选用的设备和主要材料应列出图例、名称、规格、单位、数量等。

2. 系统图

系统图表述的主要内容是用电系统的基本组成、配电方式和负荷情况。

系统图中可以读到的信息：进户线的型号、芯数、截面积、敷设方式，以及保护管的规格等；配电箱的编号、型号和规格，以及计量保护设备的型号和规格；用电负荷分成几个回路，每个回路的控制元件；各回路的线制、管线材料、敷设方式等。

如图 7-19 所示，从系统图中可以读到的信息如下：

图 7-19 照明配电系统图识读示例

（1）进户线为铜芯交联聚乙烯绝缘钢带铠装聚氯乙烯护套的电力电缆，由 4 根截面积为 16mm² 的线芯和 1 根截面积为 6mm² 的线芯组成；电缆的敷设方式为穿管敷设，保护管是公称直径为 80mm 的焊接钢管；电缆的敷设部位为地面下暗敷，沿墙内暗敷。

（2）进户线上的控制开关是型号为 ZB30/63/20/3 的小型断路器。

（3）图中虚线所示的矩形为配电箱。配电箱为照明配电箱 AL，型号为 PZ30-20，配电箱宽 330mm，高 420mm，厚度 120mm，安装时箱底距地高度为 1.5m。

（4）用电负荷分为 3 个回路，即：照明回路 N1、插座回路 N2 和备用回路 N3。这三个回路的相线分别为 L1、L2、L3，说明该配电箱为总配电箱。

（5）照明回路上的控制开关是型号为 ZB30/63/16/1 的小型断路器；插座回路上的控制开关是型号为 ZB30/63/16/2/0.03 的小型断路器；备用回路上的控制开关是型号为 ZB30/63/16/1 的小型断路器。

（6）各回路用电负荷的基本情况见表 7-3。

表 7-3   用电负荷的基本情况

回路名称	导线材料	线制	线管名称	导线规格	暗敷导线的位置
照明 N1	铜芯聚氯乙烯绝缘导线	2	MT15（导线管）	2.5mm²	天棚、墙
插座 N2	铜芯聚氯乙烯绝缘导线	3	SC20（焊接钢管）	4mm²	地面、墙
备用 N3	未标注	未标注	未标注	未标注	未标注

3. 平面图

平面图表述的主要内容是用电器具的平面位置和各回路的分布。

平面图中可以读到的信息：各回路的管线走向、导线根数；用电器具的种类、平面位置、安装方式等。

如图 7-20 所示，从平面图中可以读到的信息如下：

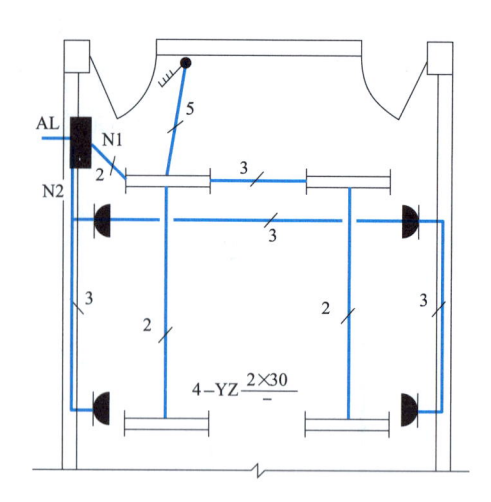

图 7-20　照明配电平面图识读示例

（1）配电箱为照明配电箱 AL，在墙面暗敷。
（2）从配电箱出来 N1 和 N2 两个回路：N1 为照明回路，N2 为插座回路。
（3）照明回路 N1 中的用电器具：4 盏双管荧光灯，1 个四联单控开关。
（4）插座回路 N2 中的用电器具为 4 个带接地插孔的暗装单相插座。
（5）4 盏双管荧光灯标注的文字符号为 $4-YZ\dfrac{2\times30}{-}$，说明在房间内有 4 盏直形双管荧光灯，一盏灯上有两个光源，每个光源 30W，吸顶安装。
（6）如图 7-21 所示，照明回路 N1 的配电箱出线为 2 根，即相线 L 与零线 N，其他线管中的导线根数如图 7-21（a）所示。

根据任务二中"3. 照明系统配线"所示方法进行接线。图 7-21（b）为零线 N 的接线图，图 7-21（c）为相线 L 的接线图，图 7-21（d）为线管中的导线类别与根数。图 7-21（d）与图 7-21（a）对比，导线根数完全吻合。

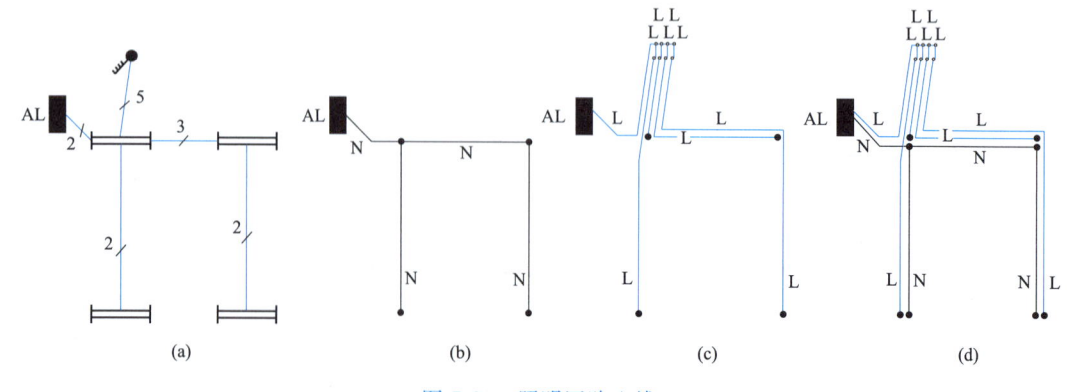

图 7-21　照明回路配线

（7）如图 7-22（a）所示，插座回路 N2 的配电箱出线为 3 根，每根线管中的导线均为 3 根，插座之间的连接示意如图 7-22（b）所示，插座配线连接分析见表 7-4。

项目七　建筑电气照明工程

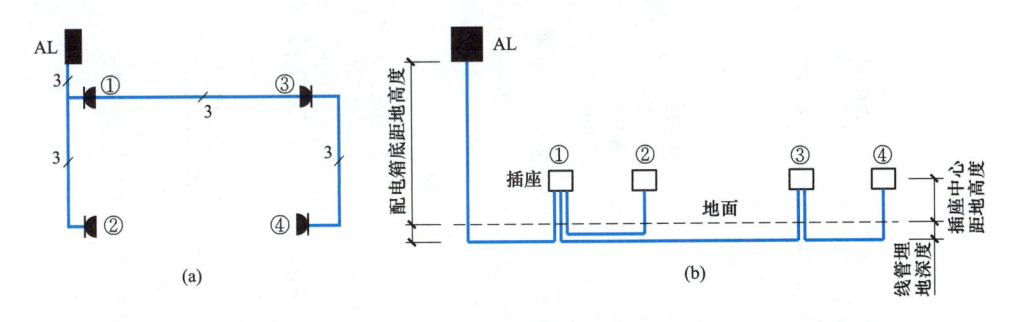

图 7-22　插座回路配线

表 7-4　　　　　　　　　　　　　插座配线连接分析表

插座编号	进线	出线	插座处的立管根数 总数	插座处的立管根数 进线	插座处的立管根数 出线	备注
①	配电箱	②③	3	1	2	兼接线盒
②	①	—	1	1	0	
③	①	④	2	1	1	兼接线盒
④	③	—	1	1	0	

(8) 接线盒。在平面图中没有明示接线盒的位置，但可以根据图中的用电器具确定接线盒的数量。

平面图中所示 4 盏双管荧光灯，1 个四联单控开关、4 个带接地插孔的暗装单相插座。即：4 个灯头盒、1 个开关盒、4 个插座盒；按安装位置归类：开关盒 5 个、灯头盒 4 个。

【例 7-1】　如图 7-23 所示，请根据照明平面图回答下列问题。

(1) 图示一梯两户，左边的用户只安装插座，右边的用户只安装照明灯具。这种解释是否正确？

这种解释不正确。在照明平面图中，为了清晰表示各类回路，在相同户型中，每个配电箱的出线只表示同类回路，或插座回路，或照明回路。

(2) 图示配电箱的类型是什么？安装要求是什么？

图示配电箱为户内照明配电箱。配电箱的安装要求是暗装，下沿距地 1.8m。

(3) 图中"注 1""注 2""注 3"分别表示什么？

"注 1"表示插座回路出线；"注 2"表示配电箱进线；"注 3"表示照明回路出线。

(4) 图中"注 1"的含义是什么？

图中"注 1"表示配电箱插座回路的出线为铜芯聚氯乙烯绝缘导线，导线规格为 4mm^2，线制为 3 根，敷设方式为在地面和墙内穿管暗敷，线管的材料为 PVC，直径为 25mm。

(5) 图中 WL 和 WX 分别表示什么？

WL 表示照明回路，WX 表示插座回路。

(6) 照明回路上有多少种灯具？分布在什么位置？安装高度是多少？

照明回路上有三种灯具，灯具分布的基本情况见表 7-5。

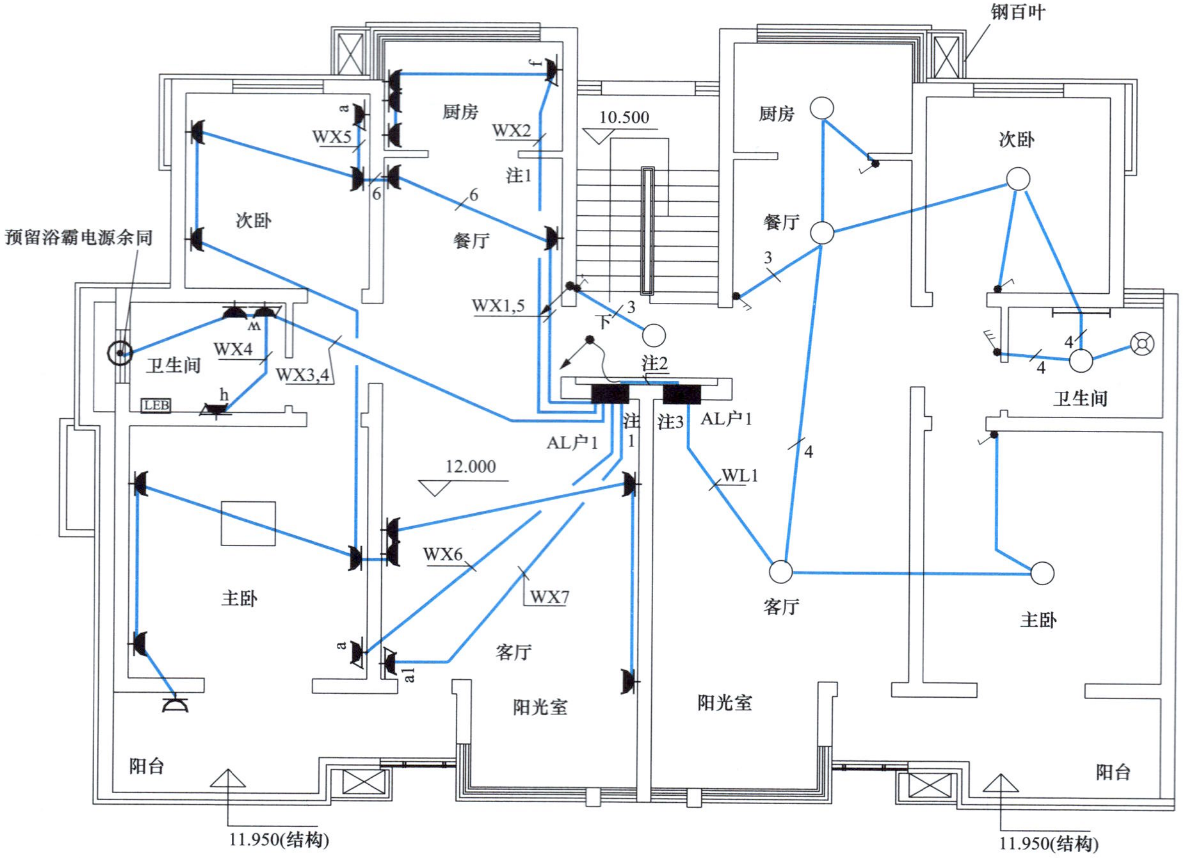

说明：
1. 照明配电箱及控制箱下沿距地面高度1.5m，嵌墙暗装。各住户配电箱暗装，下沿距地面1.8m。
2. 厨房卫生间普通电源插座下沿距地面1.5m暗装。
   壁挂式空调插座下沿距地面1.8m暗装。
   客厅柜式空调插座下沿距地面0.3m暗装。
   油烟机插座下沿距地面2.2m暗装。
   热水器插座下沿距地面2.3m暗装。
   洗衣机插座下沿距地面1.50m暗装。
   阳台插座下沿距地面1.50m暗装。
   其余未注明安装高度的插座下沿距地面0.3m暗装。
3. 翘板开关下沿距地面1.3m暗装，且距门框边0.2m。
4. 未注明安装高度的壁灯中心距地面2.5m。
5. 注1：BV-3×4-PVC25-FC/WC
   注2：BV-3×10-PVC32-FC/WC
   注3：BV-2×4-PVC25-WC/CC

图例	插座名称	插座规格
	暗装单相两孔加三孔插座	KG426/10US
	单相三孔插座(壁挂空调用)	KG426/15CS
	单相三孔插座(热水器用)	KG15/15CS
	单相三孔插座(柜式空调用)	KG426/15CS
	单相三孔带开关插座(洗衣机用)	KG15/15CN
	单相三孔插座(油烟机用)	KG426/10S
	密封(防水)单相三孔插座	KG426/10S 加防溅面板

图7-23 住宅楼某单元顶层照明平面图

表 7-5　　　　　　　　　　　照明回路灯具分布基本情况

序号	灯具名称	分布的位置	数量	安装高度
1	圆形灯	客厅、餐厅、主卧、次卧、厨房、卫生间	6	吸顶安装
2	单管荧光灯	卫生间	1	壁灯 中心距地 2.5m
3	防水防尘灯	卫生间	1	吸顶安装

（7）图中有多少个插座回路？每个回路分别分布在哪个房间？

7 个插座回路，出线位于配电箱下部的 5 根配管中。插座回路及其分布情况见表 7-6。

表 7-6　　　　　　　　　　　插座回路及其分布情况

插座回路编号	线管顺序（左起）	插座位置	插座名称	插座规格	插座数量	安装高度（下沿距地）
WX1	1	户内	单相两孔加三孔插座	KG426/10US	12	见问题（8）
		阳台	密封防水单相三孔插座	KG426/10US 加防溅面板	1	
WX2	2	厨房	单相三孔油烟机插座	KG426/10S	1	下沿距地面 2.2m
			单相两孔加三孔插座	KG426/10US	3	下沿距地面 1.5m
WX3	3	卫生间	单相三孔带开关洗衣机插座	KG15/15CN	1	下沿距地面 1.5m
			单相两孔加三孔插座	KG426/10US	1	下沿距地面 1.5m
WX4	3	卫生间	单相三孔热水器插座	KG15/15CS	1	下沿距地面 2.3m
WX5	1	次卧	单相三孔壁挂空调插座	KG426/15CS	1	下沿距地面 1.8m
WX6	4	主卧	单相三孔壁挂空调插座	KG426/15CS	1	下沿距地面 1.8m
WX7	5	客厅	单相三孔柜式空调插座	KG426/15CS	1	下沿距地面 0.3m

（8）WX1 回路上的插座，在每个房间的数量分别为多少？插座的安装是明装还是暗装？安装高度是多少？

WX1 回路上的插座在每个房间的分布情况见表 7-7。

表 7-7　　　　　　　　　　　WX1 回路上的插座分布基本情况

插座位置	餐厅	次卧	主卧	阳台	客厅
数量	2	3	3	1	4
敷设方式	暗装	暗装	暗装	明装	暗装
距地安装高度	0.3m	0.3m	0.3m	1.5m	0.3m

（9）照明回路上有多少种开关？分布在什么位置？安装高度是多少？

照明回路上有三种开关，每种开关的分布及控制基本情况见表 7-8。

表 7-8　　照明开关分布及控制表

序号	开关名称	分布的位置	灯具位置	数量	安装高度
1	单联单控开关	主卧内、门旁	主卧圆形吸顶灯	3	下沿距地面 1.3m 距门框边 0.2m
1	单联单控开关	次卧内、门旁	次卧圆形吸顶灯	3	下沿距地面 1.3m 距门框边 0.2m
1	单联单控开关	厨房外、门旁	厨房圆形吸顶灯	3	下沿距地面 1.3m 距门框边 0.2m
2	双联单控开关	室内、入户门旁	客厅圆形吸顶灯	1	下沿距地面 1.3m 距门框边 0.2m
2	双联单控开关	室内、入户门旁	餐厅圆形吸顶灯	1	下沿距地面 1.3m 距门框边 0.2m
3	三联单控开关	卫生间外、门旁	卫生间圆形吸顶灯	1	下沿距地面 1.3m 距门框边 0.2m
3	三联单控开关	卫生间外、门旁	卫生间单管荧光灯	1	下沿距地面 1.3m 距门框边 0.2m
3	三联单控开关	卫生间外、门旁	卫生间防水防尘灯	1	下沿距地面 1.3m 距门框边 0.2m

（10）判断卫生间所示线管中的导线根数是否正确。

卫生间灯具及开关的接线如图 7-24 所示。

对照图 7-23 中相应位置的导线根数，单管荧光灯与圆形吸顶灯之间的线管内，导线标注根数为 4 根，应为 3 根。

（11）请对如图 7-25 所示的楼梯间配电进行识读。

1）楼梯间设置一盏灯，其电源为公共用电，通过暗敷在楼梯间墙内的立管，从下面楼层传至本楼层。

2）楼梯间圆形吸顶灯的控制开关是暗敷在墙内的单联单控开关。

3）户内配电箱的进线，通过暗敷在楼梯间墙内的立管，从下面楼层传至本楼层。

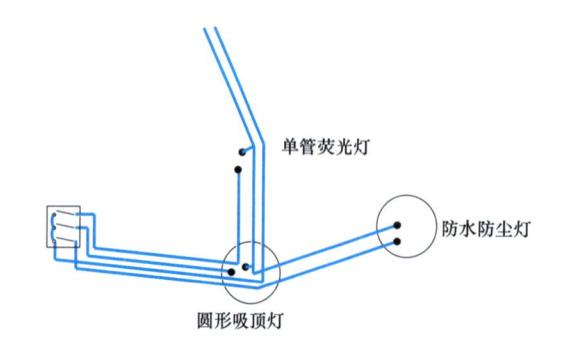

图 7-24　卫生间灯具接线　　　　图 7-25　楼梯间配电

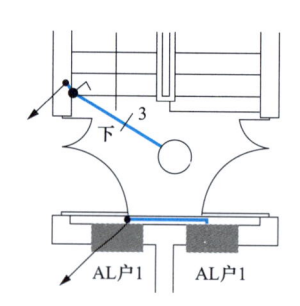

任务三 照明配电系统安装

一、配电箱安装

1. 箱体安装

配电箱的箱体安装应牢固；垂直和水平偏差不应大于 3mm；箱体与建筑物、构筑物的接触部分应进行防腐处理；箱底至地面的距离应满足设计要求，若设计文件未说明，按箱底部距地面 1.5m 进行安装。

（1）暗装配电箱安装。

如图 7-26（a）所示，暗装配电箱，即嵌入墙内安装的配电箱。

砌墙时的预留孔洞应比配电箱的宽和高多 20mm 左右，预留的深度为配电箱厚度加上洞内壁抹灰的厚度。

安装配电箱时，箱体与墙之间应用嵌块进行临时固定，再用细石混凝土或砂浆进行箱体固定及墙体嵌缝。

（2）明装配电箱安装。

明装配电箱分为导线管明敷和导线管暗敷两种情况。

明装配电箱安装在墙上时，应采用胀管螺栓固定。对于较小的配电箱，可按配电箱或配电板四角安装孔的位置预埋木砖，然后用木螺钉在木砖处固定配电箱。对于中空的墙体，如图 7-26（b）所示，应用穿过墙体的固定支架固定配电箱。

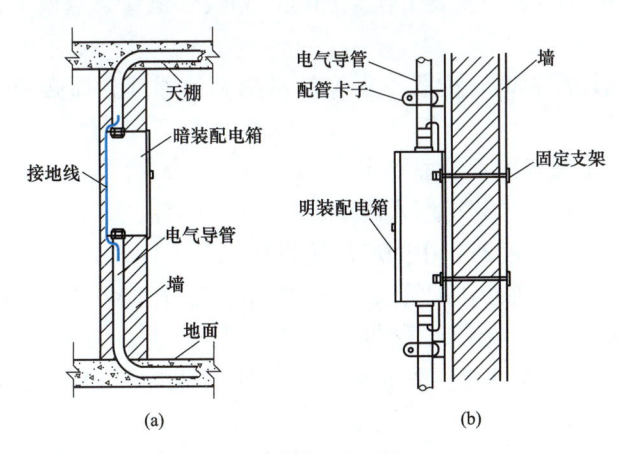

图 7-26 配电箱
(a) 暗装配电箱；(b) 明装配电箱

2. 配电箱内接线

如图 7-27 所示，配电箱内接线要求如下：

（1）配电箱内的接线应规则、整齐，端子螺丝必须紧固。

（2）照明配电箱内，应分别设置零线 N 和地线 PE 的汇流排。零线和保护零线应在汇流排上连接，不得绞接，且应有编号。

（3）各回路进线应有足够长度，不得有接头。

（4）导线引出面板时，面板线孔应光滑无毛刺，金属面板应装设绝缘保护套。金属配电箱外壳必须可靠接地。

（5）安装后应标明各回路的使用名称。

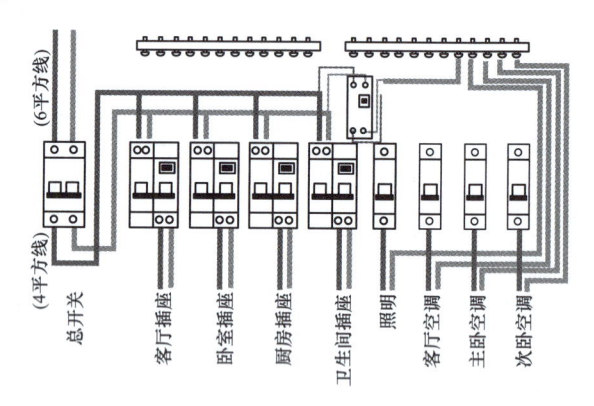

图 7-27　配电箱内接线

二、配管配线施工

1. 穿管配线

穿管配线，就是将绝缘导线穿在管内敷设。因配线安全可靠、可避免腐蚀性气体的侵蚀和机械损伤、更换导线方便等优点，广泛应用于工业与民用建筑。

（1）配管暗敷。配管暗敷的主要工作是测位、划线、锯管、套丝、煨弯、配管、接地、刷漆。要求如下：

1）在混凝土内暗设配管时，配管不得穿越基础和伸缩缝。如必须穿过时应改为明配，并用金属软管作补偿。

2）应配合土建施工做好配管预埋工作。

3）暗敷的配管，若设计未规定埋入深度，按 100mm 计。

4）配管敷设超过下列长度时，中间应加接线盒。

配管长度超过 30m，无弯曲；配管长度超过 20m，有 1 个弯曲；配管长度超过 15m，有 2 个弯曲；配管长度超过 8m，有 3 个弯曲。

（2）配管明敷。配管明敷主要工作是测位、划线、打眼、埋螺栓、锯管、套丝、煨弯、配管、接地、刷漆。要求如下：

1）配管安装时应排列整齐，间距应相等，转弯部分应按同心圆弧的形式进行排列。

2）配管不允许焊接在支架或设备上。排管并列时，应将线管焊接在圆钢或扁钢上，不允许在管缝间隙直接焊接。

3）配管明敷时，应将配管用管卡固定，再将管卡用螺栓固定在角钢支架上或固定在预埋于墙内的木砖上。

（3）配线。管内穿线应在土建施工喷浆粉刷之后进行。要求如下：

1）穿线前应将管内的杂物、水分清除干净。

2）导线接头必须放在接线盒内，不允许在管内有接头和纽结，并有足够的预留长度。

3）不同回路、不同电压的交流与直流导线，不得穿入同一配管内。

4) 导线总截面不应大于线管截面的 40%。

2. 线槽配线

线槽配线分为金属线槽配线、地面内暗敷金属线槽配线、塑料线槽配线。其中，塑料线槽配线具有安装和维修方便、更换线缆方便等特点，适用于耐潮湿、耐酸碱腐蚀的场所，不适用于高温及易受机械损伤的场所。

线槽配线的主要工作是弹线定位、线槽固定、线槽连接、槽内布线、导线连接、线路检查、绝缘遥测。要求如下：

（1）线槽敷设应平直整齐，其连接应无间断。

（2）应在线槽的连接处、首端、终端、进出接线盒、转角处设置支架或吊架等固定点，每节线槽的固定点不少于两个。

（3）导线接头必须放在接线盒内，不允许在管内有接头和纽结，并有足够的预留长度。

（4）穿楼板处或穿墙壁处的配管不能使用金属线槽，可采用金属管、硬塑管、半硬塑管、金属软管等。

（5）金属线槽应可靠接地或接零，但不作为设备的接地导体。

（6）线槽内导线或电缆的总截面不应大于线管截面的 20%。

（7）强电与弱电应分槽敷设。

3. 导线连接

导线连接是一道非常重要的工序，电气线路能否安全可靠地运行，在很大程度上取决于导线及导线连接的质量。导线连接的基本要求是连接可靠、接头电阻小、机械强度高、耐腐蚀耐氧化、电气绝缘性好。

（1）铜芯导线绞接。单股导线直接绞接的方法如图 7-28 所示。

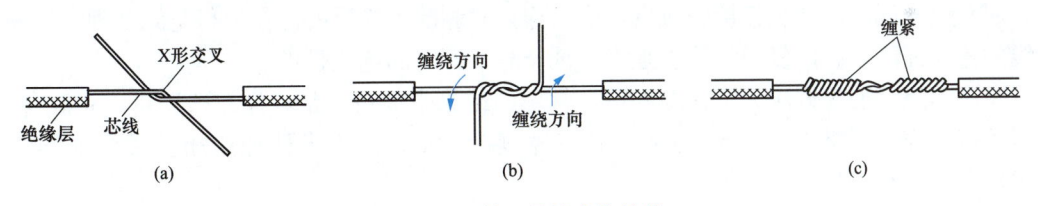

图 7-28 单股导线直接绞接

单股导线 T 形绞接的方法如图 7-29 所示。

单股导线与多股导线连接时，如图 7-30 所示，先将多股导线的芯线绞合拧紧成单股，然后如图 7-28 所示进行直接绞接，或如图 7-29 所示进行 T 形绞接。

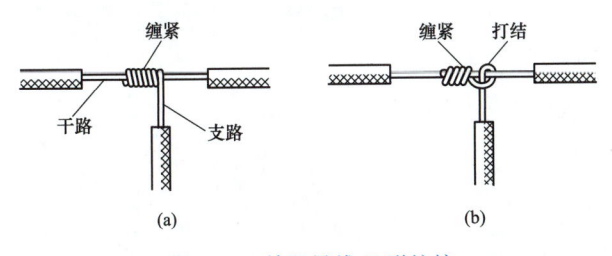

图 7-29 单股导线 T 形绞接

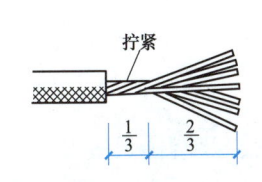

图 7-30 多股导线拧紧示意

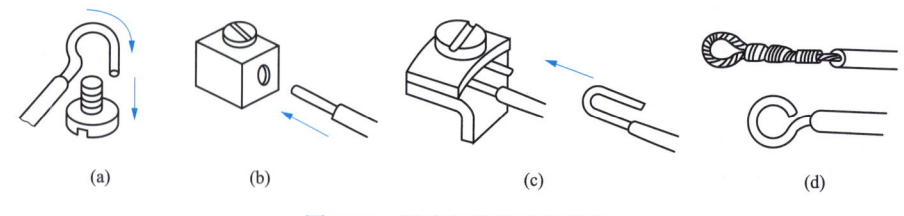

（2）导线与接线柱的连接。导线与接线柱的连接如图 7-31 所示，其中：图 7-31（a）为导线与平压式接线柱的连接；图 7-31（b）为导线与针孔接线柱的连接；图 7-31（c）为导线与瓦形接线柱的连接；图 7-31（d）为导线与平压式接线柱的连接时，多股导线与单股导线的线头弯曲圆圈。

图 7-31 导线与接线柱的连接

（3）焊接。导线焊接的主要方式如图 7-32 所示，其中：图 7-32（a）为导线与导线的绞接焊；图 7-32（b）为导线与导线的搭接焊；图 7-32（c）为导线与端子的焊接；图 7-32（d）为导线与导线搭接焊后用套筒连接。

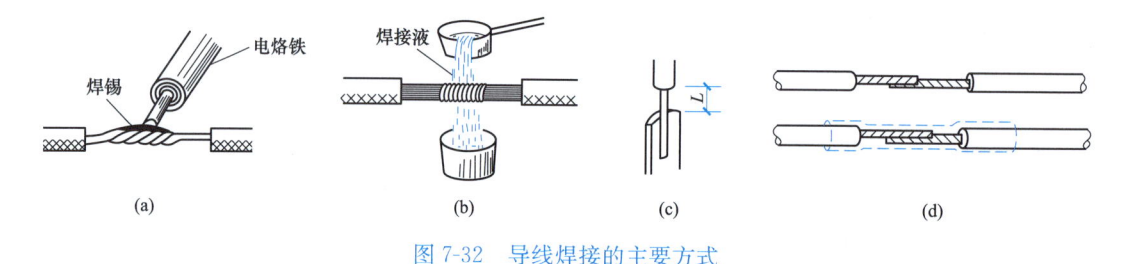

图 7-32 导线焊接的主要方式

（4）绝缘处理。导线连接完成后，应对连接时剥除绝缘层的部位进行绝缘处理，以恢复导线的绝缘性能，使恢复后的绝缘强度不低于导线原有的绝缘强度。

常用的绝缘处理方法为干包式处理，常用的绝缘带为黄蜡带、涤纶薄膜带、黑胶布带、塑料胶带、橡胶胶带等，常用的绝缘胶带宽度为 20mm。绝缘处理的相关要求如图 7-33 所示。

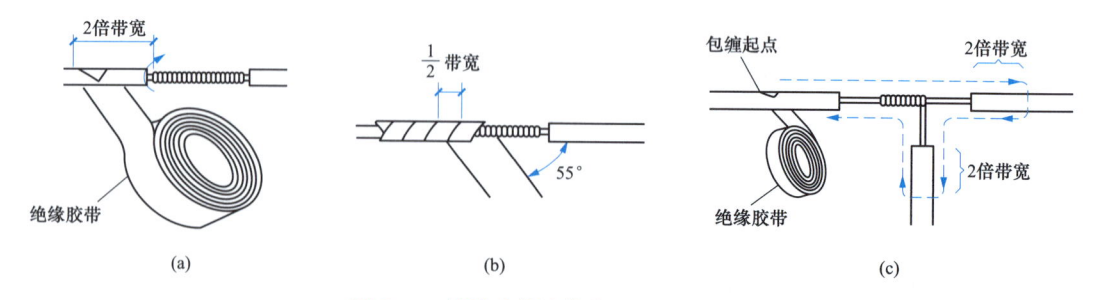

图 7-33 导线连接绝缘处理的相关要求

三、照明器具安装

1. 灯具安装

（1）吊灯安装。

吊灯固定工作应与土建施工密切配合，做好预埋件的预埋工作。

安装小型吊灯时，应设紧固装置，采用预埋吊钩、螺栓、螺钉、膨胀螺栓或塑料胀管固定等方法，将吊灯通过连接件紧固在装置上。

大型吊灯因体积大、灯体重，必须固定在建筑物的主体结构上，楼板混凝土浇筑时应预埋吊钩和螺栓，吊钩的承重能力一般大于灯具重量的 14 倍。

如图 7-34（a）所示为链吊式吊灯的吊杆与混凝土楼板的连接；图 7-34（b）为管吊式吊灯在吊顶天棚上的固定方式，吊杆较长，且吊钩的接头必须设置在吊顶以上。

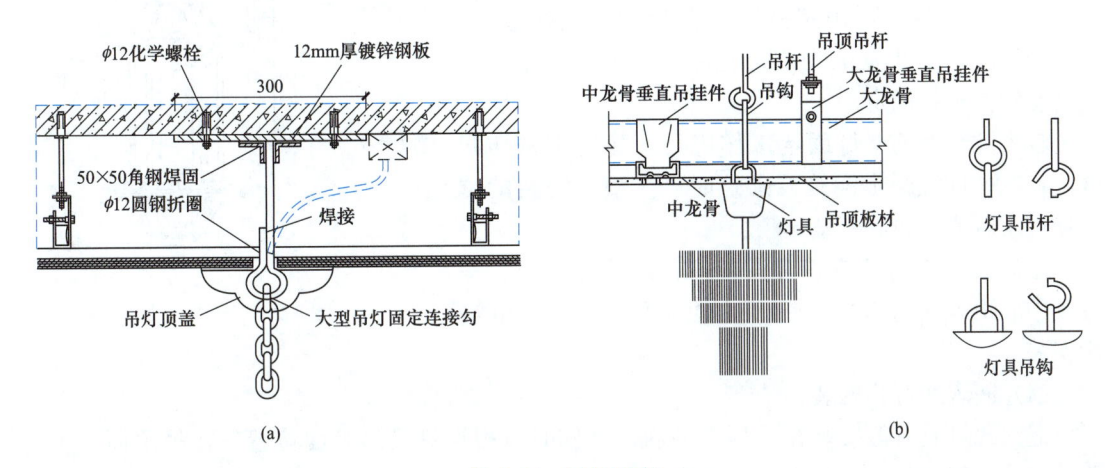

图 7-34　吊灯固定

（2）吸顶灯安装。

吸顶灯固定工作应与土建施工密切配合，做好预埋件的预埋工作。混凝土楼板浇筑时，在下层吸顶灯安装的位置预埋木砖或金属胀管螺栓。

如图 7-35 所示，灯具安装时，把灯具的吸顶盘用木螺钉安装在预埋木砖上，或者用紧固螺栓将吸顶盘固定在混凝土楼板的胀管螺栓上，再把吸顶灯与吸顶盘进行固定。

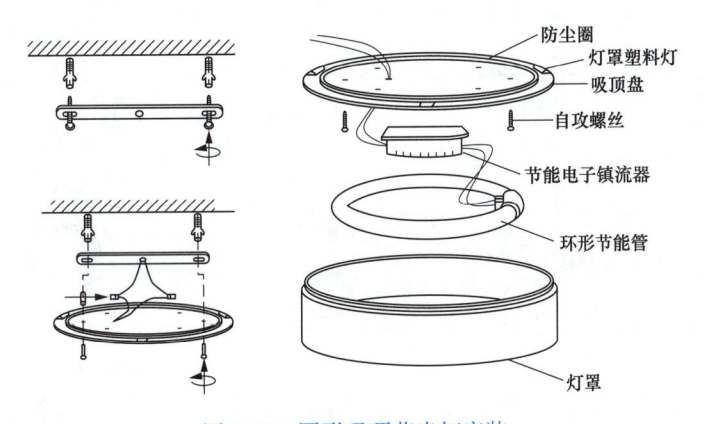

图 7-35　圆形吸顶荧光灯安装

在吊顶天棚上安装吸顶灯，应根据灯具的大小分别进行处理。

小型、轻型吸顶灯可以直接安装在吊顶天棚上，安装时应在吊顶面板的上方加装规格为

60mm×40mm 的木方，木方应固定在吊顶的主龙骨上，灯具的紧固螺钉拧在木方上。

较大、较重的吸顶灯安装，可以参照图 7-34 的做法，在吊顶天棚的上面设置吊杆，用吊杆将灯具底盘等附件装置悬吊固定，或者固定在吊顶天棚的主龙骨上，或者在轻钢龙骨上紧固灯具附件，再将吸顶灯安装在吊顶天棚上。

（3）壁灯安装。

壁灯安装应根据灯具的大小分别进行处理。

如图 7-36 所示，小型、轻型壁灯安装时，先在墙或柱上固定挂板，再用螺钉固定背板。固定挂板时，可用螺钉旋入灯头盒的安装螺孔固定，也可在墙上用塑料胀管及螺钉固定。

较大、较重的壁灯固定工作应与土建施工密切配合，在墙、柱混凝土浇筑或砌筑时，在壁灯安装的位置预埋木砖或金属胀管螺栓。

壁灯的安装高度应符合设计，若设计无要求，按灯具中心距地面约 2.2m，床头灯距地面 1.2~1.4m 进行安装。

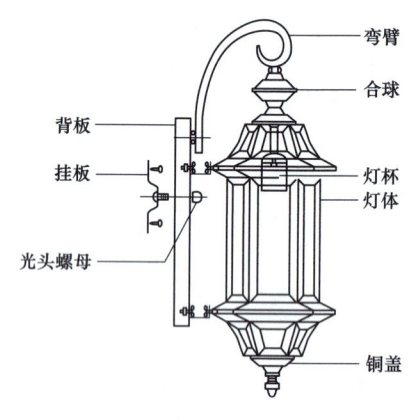

图 7-36　壁灯安装

（4）嵌入式灯具安装。

嵌入式灯具一般安装在吊顶天棚内。装修时应根据灯具的平面位置，在吊顶面层上开孔，安装时将灯的罩面与吊顶天棚的面层平齐。

如图 7-37 所示，嵌入式灯具的安装应根据灯具的大小分别进行处理。

图 7-37（a）为较大、较重的嵌入式灯具安装，应在灯罩的上方连接吊杆，将吊杆固定在混凝土楼板上，使灯罩的底边与吊顶平齐。同时将电源线从接线盒中引出，用金属软管保护接入灯具。

图 7-37（b）为小型嵌入式 LED 灯具安装，应先接线，然后压住灯罩边框上的两个卡子，将灯体嵌入吊顶天棚的预留孔洞，使 LED 灯的底边与吊顶平齐。

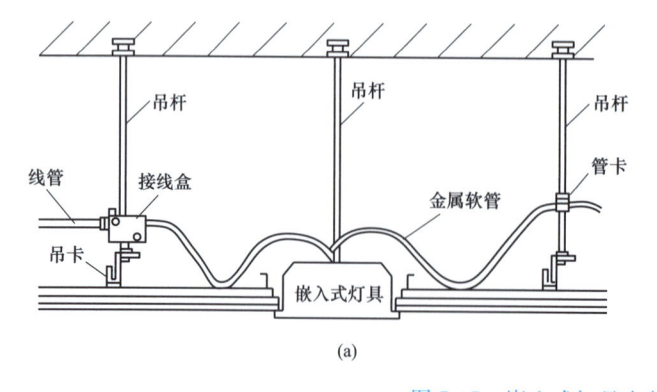

图 7-37　嵌入式灯具安装

（5）室内装饰灯具安装。

1）筒灯及射灯安装。安装方法同小型嵌入式灯具安装。

2) 光檐照明安装。如图 7-38 所示，光檐照明，就是在房间顶部的檐内装设光源，使光线从檐口射向天棚并经天棚反射而照亮房间。

安装时，光源在檐槽内的位置，应保证站在室内最远端的人看不见檐内的光源。光檐离墙的距离一般为 0.15～0.2m。光檐内的光源应首尾相接。

3) 光带、光梁安装。光带是指灯具嵌入房屋的天棚内，罩以半透明的反射材料与吊顶天棚面层平齐，形成连续的带状照明。若带状照明突出吊顶天棚面层，形成梁状则称为光梁。

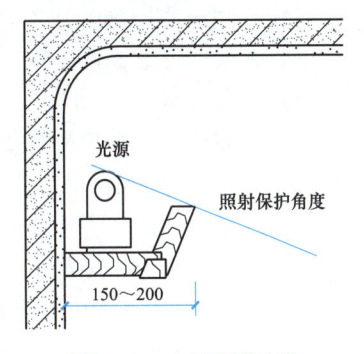

图 7-38 光檐照明安装

光带、光梁的安装方法，同嵌入式灯具安装。

4) 发光天棚安装。发光天棚是利用磨砂玻璃、半透明有机玻璃、棱镜、格栅等制作而成。光源安装在这些大片介质上，将光照重新分配而照亮房间。

发光天棚的照明装置有两种形式，一种是将光源装在散光玻璃或遮光格栅内，另一种是将照明灯具悬挂在房间的顶棚内。

发光天棚内照明灯具的安装，与吊灯、吸顶灯安装的做法相同。

(6) 专用灯具安装。

1) 应急照明灯。应急照明灯统一接在专用电源上，且不设置开关，待断电后，应急灯自动点亮。应急电源与灯具连接的导线应采用耐高温导线，以满足防火要求。

应急照明灯的安装方法参照前述灯具安装。

2) 疏散指示灯。消防疏散指示灯，适用于消防应急照明，是消防应急中最普遍的一种照明工具，具有应急时间长、耗电小、高亮度、使用寿命长、断电自动应急等优点。

疏散指示灯的安装方法参照前述灯具安装。

2. 开关、插座、电铃、风扇安装

(1) 开关安装。

开关的安装高度应符合设计要求。拉线开关一般距地面 2～3m 明装，距门框 0.15～0.2m，且拉线的出口应向下；板式开关一般距地面 1.3m，并排安装的开关高低差不应大于 2mm。

暗装开关安装前应将开关盒预埋在墙内，穿线完成后，进行接线、固定开关、盖上开关面板。接线时应注意在相线上接开关。

(2) 插座安装。

室内插座分为单相两孔、单相三孔、单相五孔、三相四孔等。

插座的安装高度应符合设计要求，并排安装的插座高低差不应大于 5mm，有儿童出没的地方插座距地高度不低于 1.8m，暗装插座的安装高度不低于 0.3m，同一场所内交直流插座或不同电压等级的插座应有明显的区别标记。

(3) 电铃安装。

电铃安装分为明装和暗装两种形式。

明装电铃可以用螺钉和垫圈配用胀管直接固定在墙上，也可以参照壁灯安装的方法，安装在绝缘台上；室内暗装电铃可安装在专用的盒子内。

电铃开关应使用延时开关，并应整定延时值。

电铃开关的安装高度不低于 1.3m，电铃安装后应调整铃声至最响状态。

（4）风扇安装。

壁扇的安装方法参照壁灯安装。安装时，下侧边缘距地面高度不小于 1.8m，底座平面的垂直偏差不超过 2mm。

吊扇的吊钩预埋的方法参照吊灯安装，吊钩的选择应能保证吊扇正常、安全、可靠地工作。吊扇安装的注意事项如下：

1）吊扇的安装高度应符合设计要求，设计未标注时不低于 2.5m。

2）扇页的固定螺钉应有防松装置，吊杆与电动机间的螺纹连接啮口长度不小于 20mm，也应有防松装置。

3）吊钩挂上吊扇后应使吊扇的重心与吊钩的垂直部分位于同一条铅垂线上。

4）吊扇的调速开关安装高度应符合设计要求，设计未标注时为 1.3m。

3. 建筑物照明通电试运行

建筑电气照明系统安装完成后，应进行通电试运行。相关要求如下：

（1）试运行时所有照明灯具均开启。

（2）公共建筑照明系统通电连续试运行的时间为 24h，民用住宅照明系统通电连续试运行的时间为 8h。

（3）检查内容如下：

1）灯具回路控制是否与照明配电箱及回路的标识一致。

2）开关与灯具的控制顺序是否相对应。

3）风扇的转向及调速开关是否正常。

4）每 2h 记录运行状态 1 次，连续试运行时间内无故障。

项目八　建筑防雷接地工程

[知识目标]　了解建筑防雷装置的系统组成及保护措施；了解防雷接地系统安装的方法；掌握建筑物防雷接地施工图的识读方法。
[能力目标]　建筑防雷接地工程施工图识读。

任务一　建筑防雷接地概述

一、防雷装置与防雷措施

建筑防雷应因地制宜地采取防雷措施，减少雷击建（构）筑物所发生的人身伤亡、财产损失，以及雷击电磁脉冲引发的电气和电子系统损坏和错误运行。

建筑防雷装置由外部防雷装置和内部防雷装置组成。其中，外部防雷装置由接闪器，引下线和接地装置组成。内部防雷装置由防雷等电位联结和与外部防雷装置的间隔距离组成。

1. 防直击雷的装置

如图 8-1 所示，防直击雷的避雷装置由接闪器、引下线和接地装置组成。图 8-1（a）为防雷装置的立面布设位置；图 8-1（b）为防雷装置的平面布设位置。

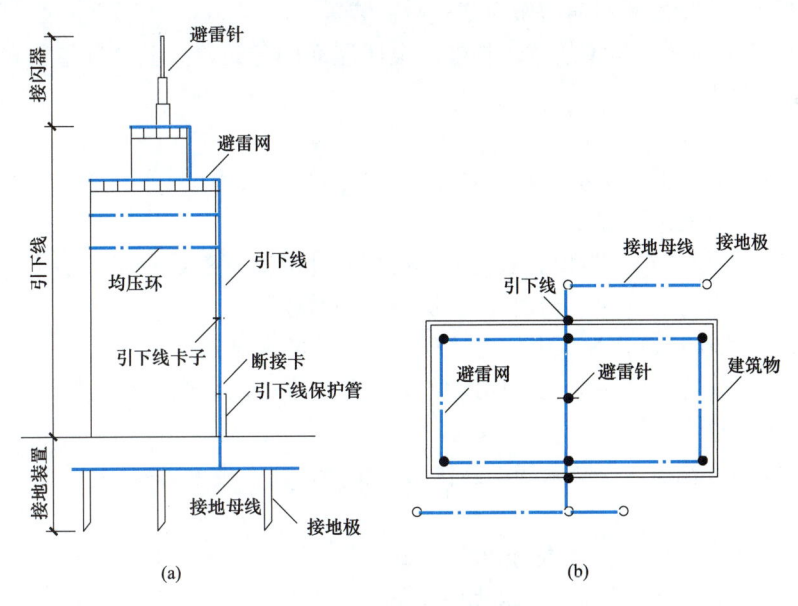

图 8-1　防直击雷的避雷装置

（1）接闪器。

接闪器是收集雷电电荷的装置，基本形式为避雷针、避雷带、避雷网、金属屋面等形式。

1）避雷针。如图 8-2 所示，避雷针是安装在建筑物突出部位或独立安装的针形金属导体，其作用是引导雷电向避雷针放电，再通过接地引下线和接地装置将雷电流引入大地，从而使被保护物体免遭雷击。

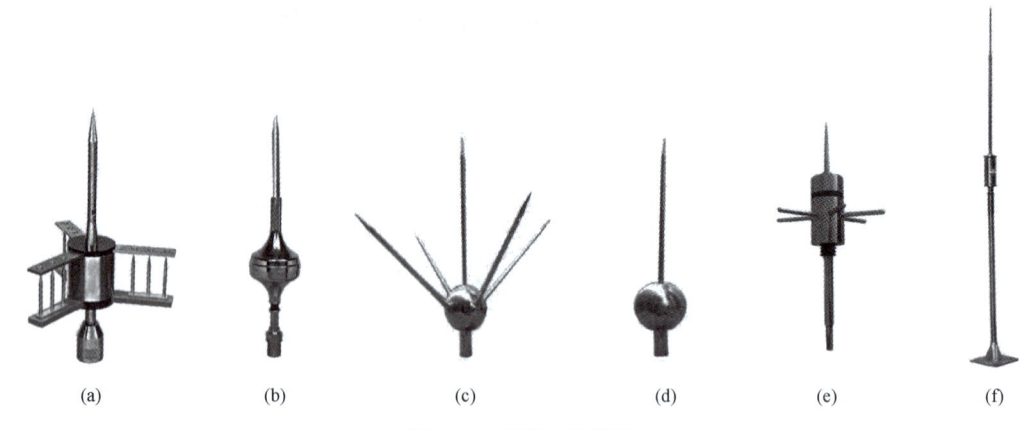

图 8-2　避雷针的类型

2）避雷带、避雷网。避雷带是沿建筑物的屋脊、山墙、平屋顶的边沿等易受雷击的部位装设的带形导体，一端与避雷针相连，另一端与引下线相连。

避雷网是纵横敷设的避雷带组成的网格。如图 8-1（b）所示的避雷网，是由两个格网组成的最简单的避雷网。与避雷带相比，避雷网的防雷效果好、覆盖面广，应用广泛。

笼式避雷网是用垂直和水平的金属导体，将建筑物密集地包围起来形成的一个保护笼。一般做法是利用建筑物内部的钢筋作为笼式避雷装置。

3）金属屋面。除一级防雷的建筑物外，金属屋面的建筑物，其金属屋面可以作为接闪器，但应符合相关规定。

（2）引下线。

引下线是连接接闪器和接地装置的导体，上端连接接闪器，中间连接均压环、下端连接接地装置，其作用是向下引导雷电。

1）引下线的敷设方式。明装引下线沿建筑物的外墙垂直敷设；暗装引下线可利用建筑物本身的金属结构作为引下线，如钢筋混凝土柱中的纵筋。

2）均压环。均压环也称为等电位连接环。建筑物的高度超过 30m 或 6 层以上时，每隔 6m 或 3 层在建筑物周围敷设一道均压环，其作用是防侧击雷，均匀分布高电压。

暗装引下线的建筑物，将圈梁的纵筋作为均压环，并连接金属窗。

3）断接卡。

断接卡是引下线与接地装置的分界点。如图 8-3 所示，断接卡的上端连接引下线，下端连接接地装置。一般距地面 0.3～1.8m 安装，其作用是运行、维护和检测接地电阻。

暗装引下线采用人工接地体时，可将引下线的下端引至建筑物的外墙，设置断接卡；暗装引下线采用自然接地体时，可不设置断接卡，但应在室内外的适当地点设若干连接板，该连接板可供测量、连接人工接地体，以及等电位联结。

图 8-3　断接卡

(3) 接地装置。

接地装置也称为散流装置，由接地线和接地体组成，其作用是将引下线送来的雷电流引入大地。

1) 接地线。接地线是连接引下线与接地体的导体，分为接地干线和接地支线。接地干线也称为接地母线，是与接地体连接的接地线；接地支线是室内各电气设备的接地线。

2) 接地体。接地体是防雷接地装置的最下端，是埋入大地并直接与大地接触的金属导体，也称为接地极。分为自然接地体与人工接地体。

自然接地体是指兼作接地用并直接与大地接触的各种金属构件、金属井管、钢筋混凝土建筑物的基础、金属管道和设备等；人工接地体是指为了接地而埋进大地中的圆钢、角钢等。

2. 防雷电侵入的装置

雷电侵入是指雷电沿着各种金属导体、管路，特别是沿着天线或架空线进入建筑物内部。为了防止雷电侵入建筑物内，常采取如下措施：

(1) 配电线路全部采用埋地电缆。
(2) 控制进户线的长度，采用 50～100m 长的电缆作为进户线。
(3) 在架空线进户处加装避雷器或放电保护装置。

如图 8-4 所示，阀式避雷器由空气间隙和一个非线性电阻串联并装在密封的瓷瓶中构成。

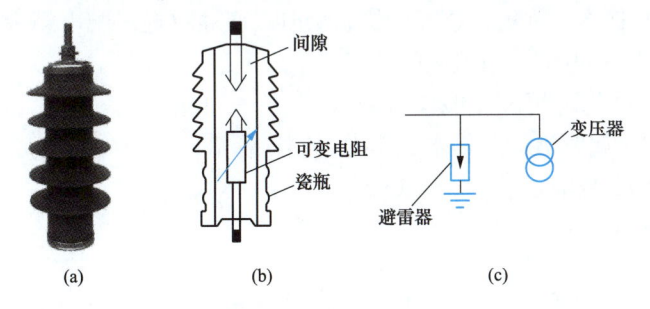

图 8-4 阀式避雷器

正常情况下，非线性电阻的电阻值很大。有较高幅值的雷电波侵入被保护装置时，避雷器中的间隙首先放电，限制了电气设备上的过电压幅值。在泄放雷电流的过程中，由于碳化硅阀片的非线性电阻值大大减小，使避雷器上的残压限制在设备绝缘水平下。雷电波过后，放电间隙恢复碳化硅阀片非线性电阻值大大增加，自动地将工频电流切断，保护电气设备。

3. 防雷电感应的措施

雷电感应是指雷击目标旁边的金属物等导电体，受感应而产生火花放电，即雷电间接打击到物体上。

防雷电感应的措施：将相互靠近的金属体全部可靠地连成一体接地，其电阻不应大于 10Ω。

4. 消雷器防雷

半导体少长针消雷器是用于防止雷击或消减雷电流幅值的直击雷防护装置，接闪器由若干根半导体消雷针组成，采用扇形、辐射或平行的形式布置。图 8-2（c）所示即半导体少长针消雷器的接闪器。

半导体少长针消雷器的作用是：增大消雷装置电晕电流，中和雷云电荷以减弱雷电的活动。其防雷效果远远超过老式避雷针，已得到广泛的应用。

二、等电位联结

1. 等电位联结的作用

等电位联结，是指用连接导线或过电压（电涌）保护器，将处在需要防雷空间内的防雷装置和建筑物的金属构架、金属装置、外来导线、电气装置、电信装置等连接起来，形成一个等电位连接网络，以实现均压等电位。等电位联结的作用如下：

（1）降低建筑物内间接接触电压和不同金属物体间的电位差。

（2）避免自建筑物外，经电气线路和金属管道引入的故障电压的危害。

（3）减少保护电器动作不可靠带来的威胁，有利于避免外界电磁场引起的干扰，改善装置的电磁兼容性。

2. 等电位联结的分类

（1）总等电位联结（MEB）。

总等电位联结，能够降低建筑物内的间接接触电压和不同金属部件间的电位差，并消除通过电气线路和各种金属管道引入的危险电压。

建筑物每一电源进线都应做等电位联结，各个总等电位联结端子板应互相连通。

总等电位联结如图 8-5 所示。总等电位联结时，应通过进户配电箱旁的总等电位联结端子板（接地母排）将下列部位进行连通：

1）进线配电箱的 PE(PEN) 母排；

2）公用设施的金属管道如给排水、热力、燃气管道；

3）建筑物的金属结构；

4）人工接地极的引线。

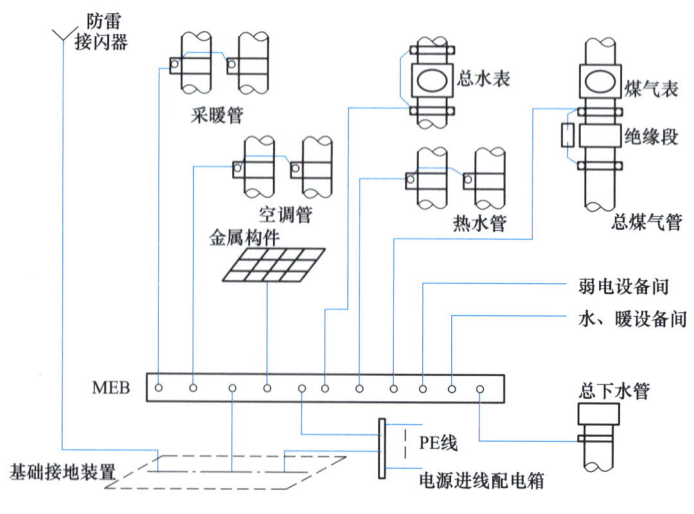

图 8-5 总等电位联结

（2）局部等电位联结（LEB）。

局部等电位联结，是指在局部场所范围内，将各种可导电物体与接地线或 PE 线进行连接。可以通过局部等电位联结端子板将 PE 母线（或干线）、金属管道、建筑物金属体等互相连通。

卫生间局部等电位联结如图 8-6 所示。

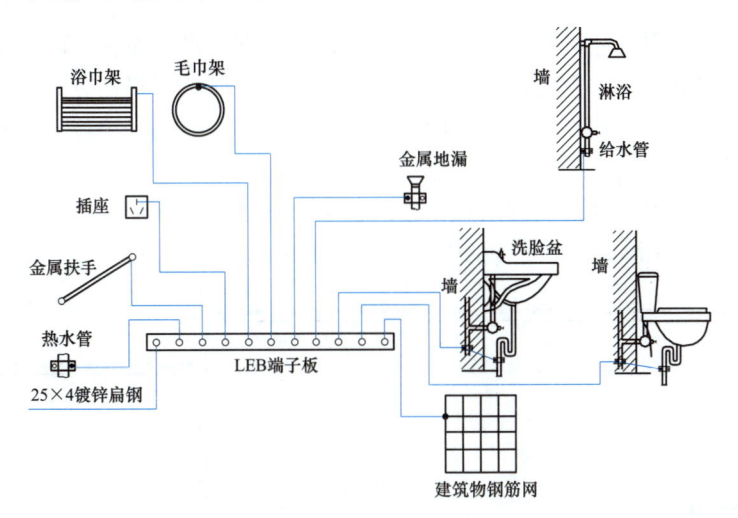

图 8-6　卫生间局部等电位联结

（3）辅助等电位联结（SEB）。

辅助等电位联结，是指在两个电气设备外露的导电部分间，用导线直接连通，使其电位相等或相近。

3. 防雷接地与等电位联结的区别

建筑物防雷接地的目的是将雷电引入大地，避免建筑物及内部设备免遭雷电破坏，而等电位联结的目的是降低建筑物内部的电位差，保护人员及设备的安全。

任务二　建筑防雷接地工程施工图识读

建筑防雷接地工程施工图是建筑工程施工图中"电施图"的组成部分。整套电气工程施工图见本书项目十一中的"综合练习二"。

一、常用图例

建筑防雷接地工程施工图中常用的图例见表 8-1。

表 8-1　　　　　建筑防雷接地工程施工图常用的图例

名称	图形符号	名称	图形符号
无接地极的接地装置（接地母线）		避雷网	
人工接地极的接地装置（平面图）		引下线	
人工接地极的接地装置		接地	

二、施工图中可以读到的信息

1. 设计说明、设备及主要材料表

设计说明即对工程设计进行的总说明,包括设计依据、设计概况、防雷等级,以及屋顶防雷措施、引下线设置、防雷接地的方式、等电位联结、接地保护的方式等。

对于工程选用的设备和主要材料,应列出图例、名称、规格、单位、数量等。

2. 屋面防雷平面图

屋面防雷平面图中可以读到的信息:接闪器和引下线的平面位置。

如图 8-7 所示,从屋面防雷平面图中可以读到的信息如下:

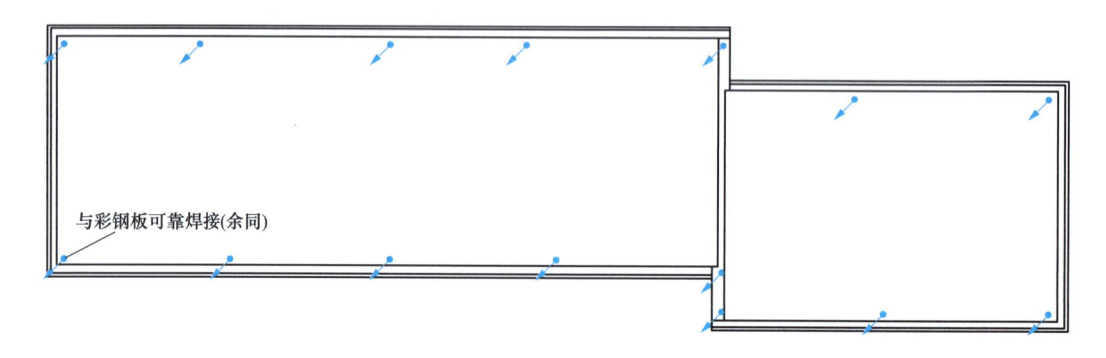

图 8-7 建筑物屋面防雷平面图

(1) 图中有 15 处设置引下线。
(2) 所有引下线的上端均与彩钢板可靠焊接,即屋顶彩钢板为接闪器。

3. 基础接地平面图

基础接地平面图中可以读到的主要信息:接地装置的平面位置及其连接情况。

与图 8-7 配套的基础接地平面图如图 8-8 所示。从图中可以读到的信息如下:

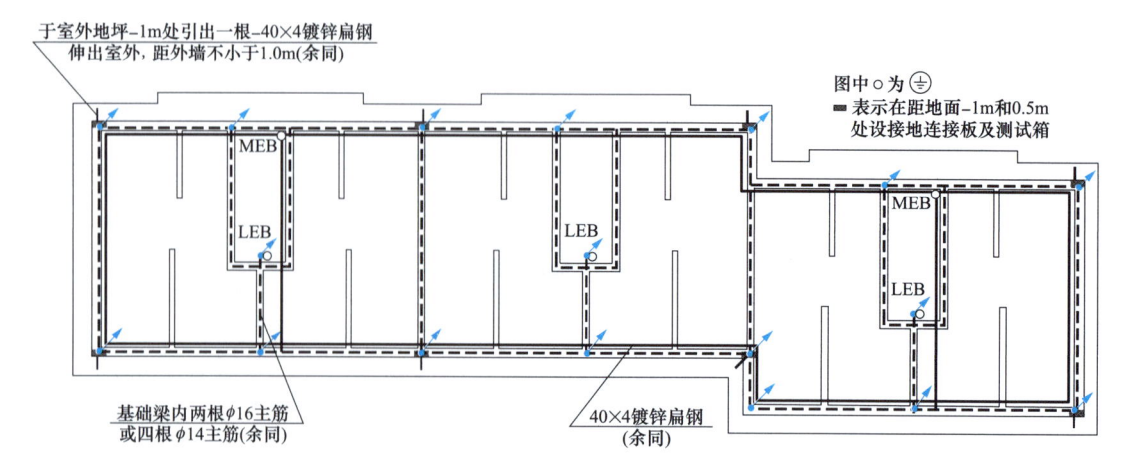

图 8-8 建筑物基础接地平面图

(1) 图中粗虚线是指基础梁内两根Φ16主筋或四根Φ14主筋焊接形成的基础接地网。
(2) 图中粗实线是指规格为-40×4的镀锌扁钢接地线。
(3) 图中设置两处总等电位联结（MEB）、3处局部等电位联结（LEB）。
(4) 3处局部等电位联结，分别通过引下线与-40×4的镀锌扁钢接地线进行联结。
(5) 图中有8处接地线伸出室外，要求于室外地坪-1m处甩出，终端距外墙的距离不小于1.0m。
(6) 图中有8个接地连接板及测试箱，分别位于8处向室外甩出1.0m的接地线下方，要求设置在距室外地坪-1m和0.5m处。

任务三　建筑防雷接地系统安装与测试

建筑防雷系统安装工作包括：接地体安装、接地干线安装、引下线暗敷、均压环暗敷、支架安装、接闪器安装等。

一、接闪器安装

1. 避雷针安装

如图8-9所示，在平屋顶上安装避雷针的流程如下：
（1）将焊接肋板的支座钢板，固定在预埋的地脚螺栓上；
（2）将避雷针立起、找直、找正、固定；
（3）将防雷引下线焊在底板钢板上；
（4）焊接部位清除药皮、刷防锈漆。

2. 避雷网安装

（1）明装避雷网安装。

明装避雷网的安装部位为建筑物的屋脊、坡屋顶的屋檐或屋顶边缘，以及平屋顶女儿墙的顶部。

如图8-10所示，明装避雷带的直线段支架水平间距一般为1.0~1.5m，且支架间距应平均分布，转弯处的转折点距离支架的距离不大于0.5m。

图8-10（a）为在屋面混凝土支座上安装避雷网。混凝土支座可以在建筑物屋面面层施工过程中现浇或预制，再与屋面防水层进行固定；当屋面为纯防水层时，支座下面应放置一层厚度不小于3mm的橡胶垫，以防破坏防水层。

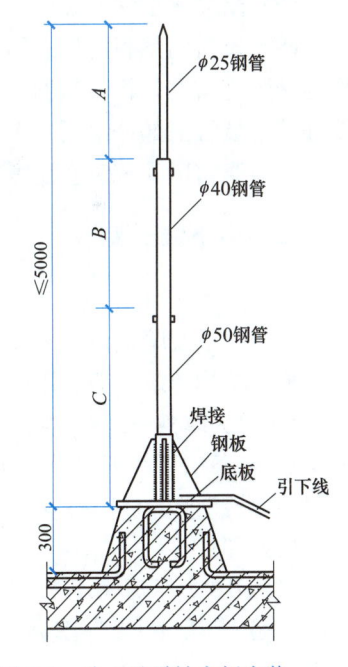

图8-9　独立避雷针底板安装

图8-10（b）为在女儿墙上安装避雷网。避雷网应使用支架固定，支架的支起高度不应小于150mm。一般在建筑物结构施工时预埋支架，或在墙体施工时预留不小于100mm×100mm×100mm的孔洞。

明装避雷网安装的相关要求如下：

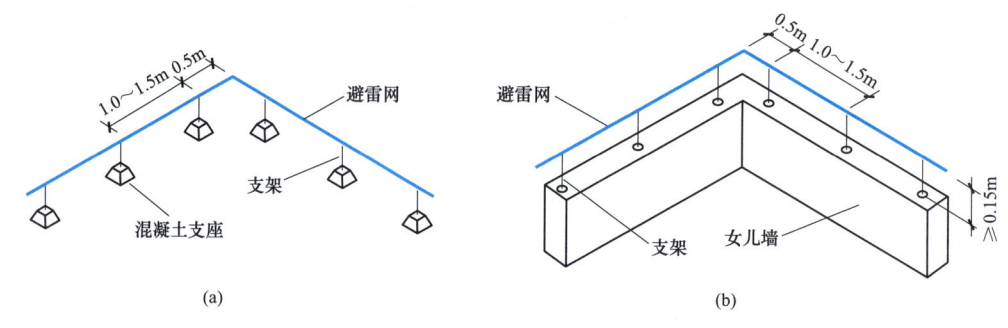

图 8-10 明装避雷带安装

1) 在建筑物天沟上安装避雷网,应在建筑施工时设置预埋件,并将支架与预埋件进行焊接固定。

2) 在屋脊或檐口上安装避雷网,应将支架插入脊瓦内固定牢固。

3) 不同平面的避雷带应至少有两处互相连接,连接的方法应采用焊接。

4) 建筑物的屋顶上有金属旗杆、通气管、铁栏杆、爬梯、冷却塔、水箱等突出物,应将这些部分的金属导体与避雷网焊接为一个整体。

5) 对避雷网应作防锈处理。

(2) 暗装避雷网安装。

暗装避雷网是利用建筑物顶部结构内的钢筋作为接闪装置。如:将女儿墙压顶内的钢筋作为暗装避雷网;将建筑物 V 形折板内的钢筋作为暗装避雷网;将高层建筑避雷网、引下线和接地装置三部分组成一个大的笼式避雷网。

暗装避雷网安装时应注意在钢筋连接处作跨接处理。

二、引下线安装

1. 引下线安装

(1) 引下线暗敷。

框架结构建筑一般利用柱纵筋作暗敷设引下线。相关要求如下:

1) 作为暗敷引下线的柱纵筋应涂红色油漆做标记。

2) 每条引下线不得少于两根纵筋,每栋建筑物至少有两根引下线,且对称设置。

3) 纵筋连接采用焊接时,接头处可不作跨接处理。

4) 如图 8-11 所示,柱纵筋采用机械连接时,应按接地线要求焊接,进行跨接处理。

5) 现浇混凝土内敷设引下线不做防腐处理。

(2) 引下线明敷。

引下线明敷的相关要求如下:

1) 引下线应躲开建筑物的出入口和行人较易接触到的地点,以免发生危险。

图 8-11 柱纵筋机械连接的跨接处理

2）引下线的材料为镀锌扁钢或圆钢。

3）引下线应调直后再敷设，弯曲处不得小于 90°。

4）引下线的保护管不得使用钢管，以免接闪时感应涡流、增加引下线的电感，影响雷电流的顺利导通；若保护管必须使用钢管，应在钢管的上、下侧焊跨接线与引下线连成一体。

2. 均压环敷设

均压环可暗敷在建筑物表面抹灰层内，或直接利用结构钢筋贯通，并应与防雷引下线或楼板的钢筋焊接。均压环暗敷的相关要求如下：

（1）作为均压环的圈梁主筋应涂红色油漆做标记。

（2）利用圈梁主筋为均压环时，节点处理如图 8-12 所示。图 8-12（a）为柱纵筋与圈梁主筋的焊接位置示意，图 8-12（b）为圈梁转角处的主筋焊接位置示意。

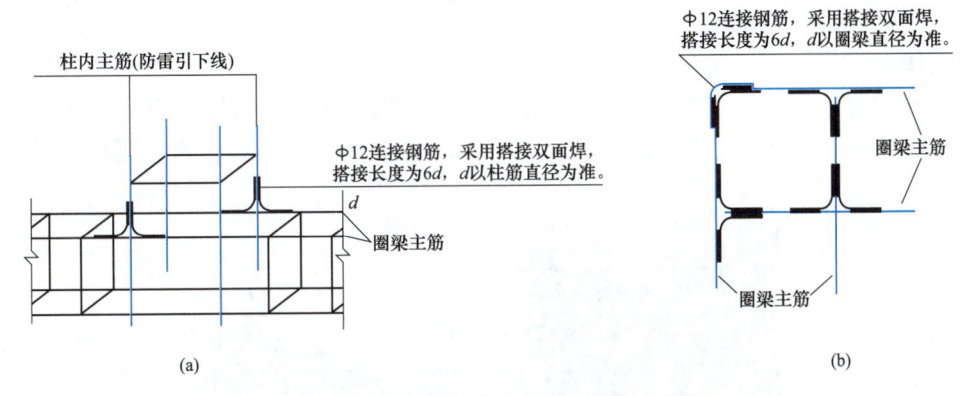

图 8-12　圈梁主筋作为均压环的焊点位置

（3）均压环与防雷引下线、金属门、窗、栏杆，扶手等金属部件之间的连接材料为镀锌圆钢或镀锌扁钢；预埋件焊点不少于 2 处。

3. 断接卡安装

断接卡或测试点的设置部位应便于测试但不影响建筑物的外观。暗敷时的距地高度为 0.5m，明敷时的距地高度为 1.8m，1.8m 以下的部位应进行保护，保护管深入地下不应小于 300mm。

（1）暗敷引下线断接卡安装。

作为暗敷引下线的柱纵筋与基础连为一体，无法设置明敷的断接卡测试接地电阻，应将引下线引至明处。

如图 8-13（a）所示，在作为引下线的柱纵筋上另焊圆钢，引至柱外侧的墙体上，与接地的端子板进行连接，供测试电阻用。

（2）明敷引下线断接卡安装。

如图 8-13（b）所示，明敷引下线断接卡制作时，应用两个直径不得小于 10mm 的镀锌螺栓拧紧固定，并加镀锌垫圈和镀锌弹簧垫圈。

4. 等电位联结装置安装

如图 8-14 所示，等电位联结通过等电位联结板进行连接。

总等电位板一般由紫铜板制成，通过等电位卡子将建筑物内的保护干线、设备进线总管

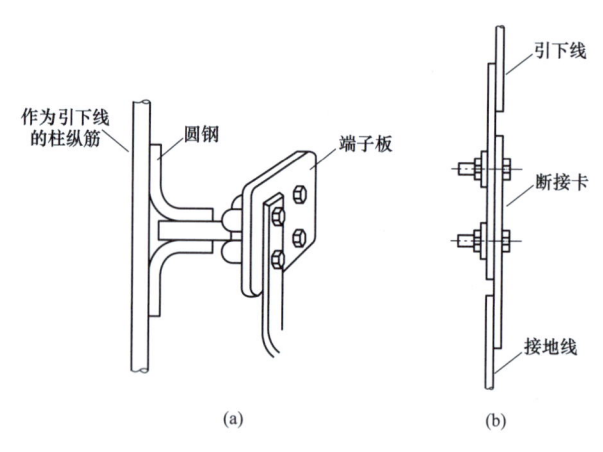

图 8-13　引下线断接卡安装

等进行连接。

卫生间采用局部等电位联结，从适当地方引出两根大于Φ16 结构钢筋至局部等电位箱（LEB）。局部等电位箱为暗装，底边距地面 0.3m，将卫生间内所有金属管道和金属构件进行连接。

图 8-14　等电位联结板安装

三、接地装置安装

1. 接地体安装

（1）人工接地体安装。

人工接地体安装前应挖地沟，然后采用打桩法将接地体打入地沟以下，并保证接地体的有效深度。

垂直安装的人工接地体，一般采用镀锌角钢或圆钢制作，每根接地极的水平间距应不小于 5m。

连接人工接地体的接地线一般采用镀锌扁钢，敷设前应调直并侧立，依次与接地体进行焊接。焊接位置一般距接地体的最高点 100mm。

接地体与接地线的焊接部位，作防腐处理后再进行地沟回填。

（2）自然接地体安装。

如图 8-15 所示，钢筋混凝土基础作为自然接地体，应将用作防雷引下线的柱纵筋，与基础底层钢筋网进行焊接连接。

图 8-15（a）为箱形基础接地体；图 8-15（b）为独立基础接地体；图 8-15（c）为筏板

基础接地体。

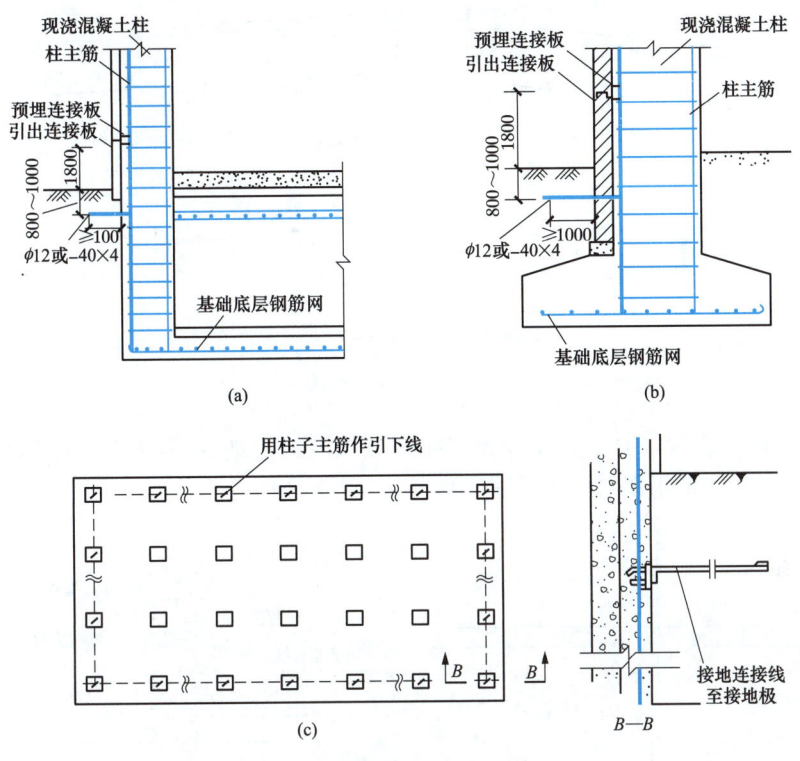

图 8-15 钢筋混凝土基础接地体

2. 接地线安装

（1）室外接地线安装。

接地线与接地体之间的连接采用焊接的方法。

接地线之间的连接采用搭接焊。扁钢与扁钢搭接的长度为扁钢宽度的 2 倍，不少于三面施焊；圆钢与圆钢搭接的长度为圆钢直径的 6 倍，双面施焊；圆钢与扁钢搭接为圆钢直径的 6 倍，双面施焊；扁钢与钢管，扁钢与角钢焊接，紧贴角钢外侧两面，或紧贴 3/4 钢管表面，上下双侧施焊。

（2）室内接地干线安装。

室内接地干线的敷设方式多为明敷。

墙上明敷接地线的方法如图 8-16 所示，将接地支持托板的尾端制成燕尾状，插入预留孔中进行固定，待固定支持件的水泥砂浆凝固后，将调直后的镀锌扁钢放在支持托板内，用卡子固定。

如图 8-17 所示为接地线通过沉降缝的做法。接地干线通过沉降缝时，应加补偿器或将接地线弯成弧状。

3. 接地支线安装

（1）明装敷设的接地支线，每一个连接点都应置于明显处，便于维护和检修，在穿越墙壁或楼板时，应穿管加以保护。

（2）多个电气设备均与接地干线相连时，每个设备的连接点必须用一根接地支线与接地

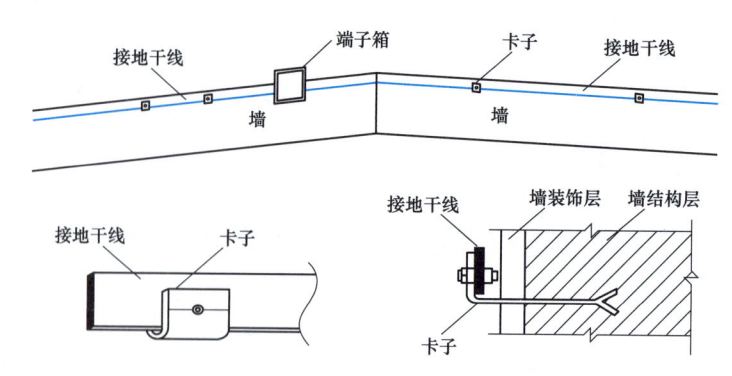

图 8-16　室内接地干线敷设

干线相连接。

（3）如图 8-18 所示，设备金属外壳与接地支线时，接地支线与电气设备的金属外壳及其他金属构架连接应采用螺钉或螺栓进行压接。

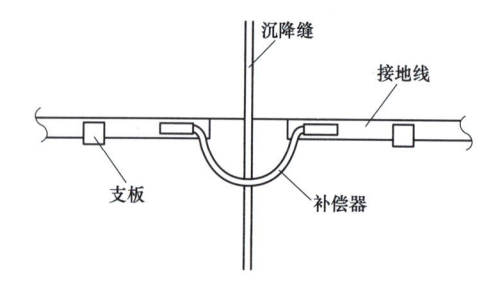

图 8-17　接地线通过沉降缝的做法

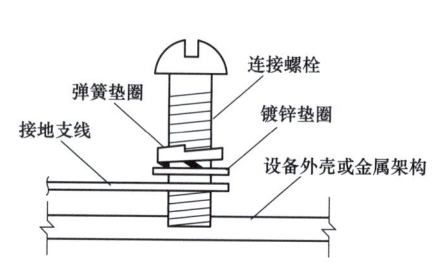

图 8-18　设备金属外壳与接地支线的连接

（4）接地支线与变压器中性点的连接采用并沟线夹。

4. 接地测试

接地装置安装后，应测量接地电阻。如测量的电阻不符合要求，应采取措施直到满足要求为止。

接地测试点设置在引下线的下端，应设保护，并做标识。其标识如图 8-19 所示。

图 8-19　防雷接地测试标识

项目九　建筑弱电工程

[知识目标]　了解有线电视系统、通信网络系统、安全防范系统、火灾自动报警系统、综合布线系统等建筑弱电系统的组成、弱电系统安装的方法；掌握弱电工程施工图识读的方法。

[能力目标]　建筑弱电工程施工图识读。

任务一　建筑弱电系统概述

一、有线电视系统

有线电视系统，允许多台用户电视机共用一组室外天线接收电视台发射的电视信号，经过信号处理后通过电（光）缆将信号分配给各个用户系统。

1. 有线电视系统的组成

如图 9-1 所示，有线电视系统由前端、干线传输、用户分配等三个部分组成。

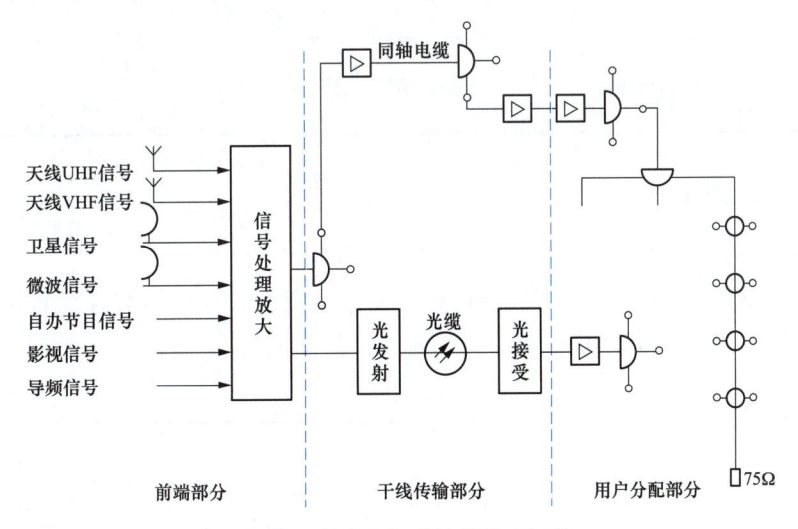

图 9-1　有线电视系统的基本组成

（1）前端部分。

前端部分的作用是：通过放大器、频道转换器、频道处理器、调制器、混合器和导频信号发生器等，为系统提供各种信号源，并对信号源提供的信号进行必要的处理和控制、将处理好的信号用混合器混合成一路，以频分复用的方式送给干线传输部分。

（2）干线传输部分。

干线是连接前端设备和用户群的传输线路。干线传输部分的作用是：通过干线放大器、电缆或光缆、均衡器、光端机，以及光分路（耦合）器、光纤活动连接器等，把前端输出的信号高质量地传送到用户分配部分。

(3) 用户分配部分。

用户分配部分的主要部件包括线路延长放大器、分配放大器、分配器、分支器、用户终端、机上变换器等，其作用是把干线传输来的信号分配给系统内所有的用户，并保证每个用户的信号质量。

2. 图形符号

在图 9-1 中，除文字注释外，还应用了图形符号，其名称及在系统中的作用见表 9-1。

表 9-1　　　　　　　　　　　　有线电视系统的图形符号

图形符号	名称	作　　用
	天线	接收电视台发出的高频电磁波能量、选择所需要的电视信号、抑制外界的干扰、提高对微弱电视信号的接收能力
	放大器	补偿有线电视信号在电缆传输过程中造成的衰减，使信号能够稳定、优质、远距离传输
	三分配器	将一路输入信号均匀分配为三路输出信号，用于网络分配，圆圈表示接线端子
	三分配器	将一路输入信号均匀分配为三路输出信号，用于网络分配
	二分支器	分配输出信号，用于用户接入口

二、通信网络系统

1. 通信网络的分类

通信网络系统可以对建筑物内外的语言、文字、图像、数据等多种信息进行接收、存储、处理、交换、传输，并提供决策支持的能力。其分类见表 9-2。

表 9-2　　　　　　　　　　　　通信网络系统的分类

分类方法	类型	备　注
按信道分类	有线通信网	借助导线进行通信。如架空明线、电缆、光缆等
	无线通信网	借助无线电波在自由空间的传输进行通信，如长波、中波、短波、微波等方式
按信号分类	模拟通信网	传输和处理模拟信号
	数字通信网	传输和处理数字信号
	数模混合网	数字信号可以经 D/A 转换后在模拟通信系统中传输；模拟信号也可以经 A/D 转换后在数字通信系统中传输
按通信距离分类	长途通信网	长途电话、报纸传真等
	本地通信网	市内电话、计算机局部网等
	局域网	校园或厂区用户交换机管辖范围内

2. 电话交换系统

电话交换是指根据电话用户的需求，用一条传递语音信号的电路将电话的主叫用户与被叫用户连接起来。电话交换连接的方式如图 9-2 所示，其中：图 9-2（a）为两个电话机通话的连接示意；图 9-2（b）为通过交换机达到多个电话机通话的连接示意。

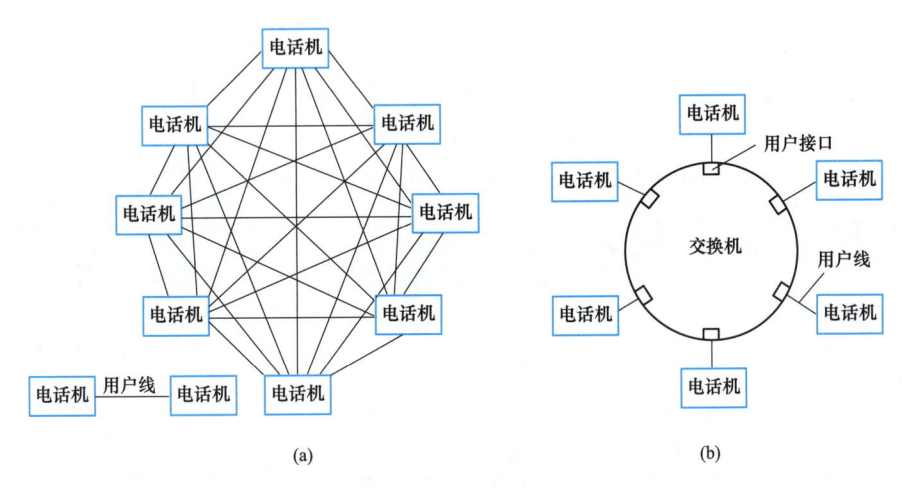

图 9-2 电话交换连接的方式

电话交换系统是通信网络系统的子系统。如图 9-3 所示，电话交换系统由用户终端设备、传输部分、电话交换设备组成。

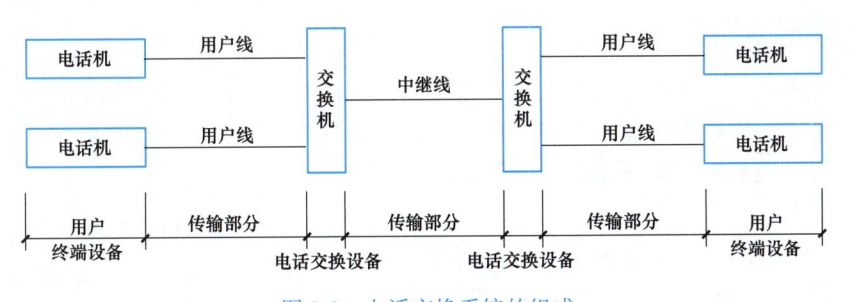

图 9-3 电话交换系统的组成

（1）用户终端设备：指电话机、电话传真机、数字终端设备等。

（2）传输部分：是连接用户终端设备和交换设备的传输媒介。如：有线或无线、模拟信息或数字信息、电信号传送形式或光信号传送形式。

一般将连接用户的线路称为用户线，各交换机间的传输线称为中继线。

（3）电话交换设备：是电话交换系统的核心，用于多用户通信。

目前，公用电话交换网采用电子式存储程序控制交换机，简称程控数字交换机，它具有万门以上的容量，能承受较高的话务量、具有较强的呼叫处理能力。

3. 通信线缆

常用的通信线缆见表 9-3。

表 9-3　　常用通信线缆

种类	型号	电缆名称及结构	用　　途
铅护套电缆	HQ	铜芯裸铅包市内电话电缆	室内、隧道、管沟中
	HQ20	铜芯铅包钢带铠装市内电话电缆	不能承受拉力，地形坡度不大于 30°
	HQ33	铜芯铅包钢丝铠装市内电话电缆	能够承受相当拉力，地形坡度可大于 30°
配线电缆	HPVV	铜芯聚氯乙烯绝缘纸带聚氯乙烯护层配线电缆	用于线路始终端，供连接电话至分线箱或配线架，也作户内外短距离配线用
	HJVV	铜芯聚氯乙烯绝缘纸带聚氯乙烯护层局用电缆	用于配线架至交换机或交换机内部各级机械间连接用
全塑市内电话电缆	HYVC	铜芯全塑聚氯乙烯绝缘聚氯乙烯护套自承式市内通信电缆	敷设在电缆沟内
	HYV	铜芯全塑聚氯乙烯绝缘聚氯乙烯护套市内通信电缆	直埋、电缆沟内敷设
	HYV2	铜芯全塑聚氯乙烯绝缘聚氯乙烯护套钢带铠装市内通信电缆	架空
通信线及软线	HPV	铜芯聚氯乙烯绝缘通信线	电话、广播
	HBV	铜芯聚氯乙烯绝缘电话配线	电话配线
	HVR	铜芯聚氯乙烯绝缘电话软线	连接电话机与接线盒

三、安全防范系统

安全防范系统是以维护社会公共安全为目的，运用安全防范产品和其他相关产品所构成的入侵报警系统、视频安防监控系统、出入口控制系统、防爆安全检查系统等，或由这些系统为子系统组合或集成的电子系统或网络。

1. 门禁对讲系统

如图 9-4 所示，门禁系统包括门禁控制器、门磁、电锁、出门按钮、电源装置、读卡器等。常见的开门方式为：只按密码、刷卡、指纹读入，或几种方式的组合。采用密码输入时，通常每三个月更改一次密码。

门禁对讲系统由主机、若干分机、电源装置、传输导线等组成，分为可视对讲系统和非可视对讲系统。

2. 防盗报警系统

防盗报警系统，是用探测装置对建筑物内外的重要地点和区域进行布防，当探测到非法侵入防范区或发生紧急情况时，系统可以报警。

如图 9-5 所示，防盗报警系统主要由探测器、信道、报警控制器组成。

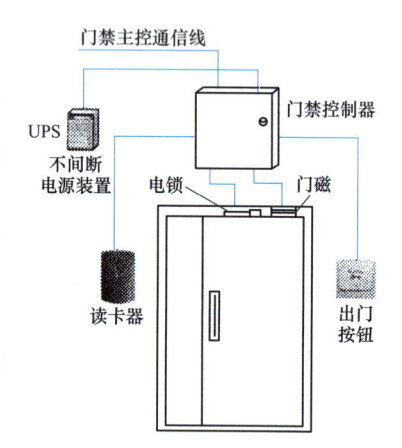

图 9-4　门禁系统的组成

(1) 探测器：在需要防范的区域安装的能感知危险的设备，通常由传感器和前置信号处理器两部分组成。传感器可以将测量的信息转换成易于处理的电信号；前置信号处理器将原始电信号进行加工处理为探测电信号，使之适合在信道中进行传输。

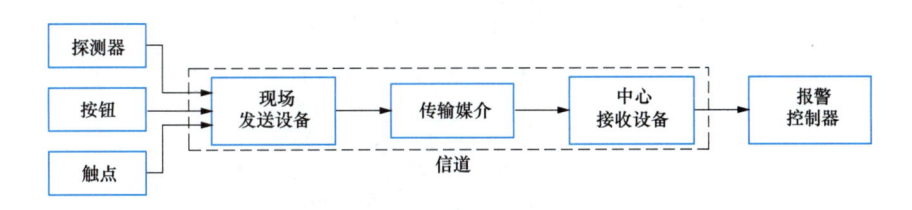

图 9-5　防盗报警系统的组成

(2) 信道：是信号的通道，包括有线信道和无线信道。有线信道是连接每个探测器和报警中心的线路；无线信道将探测器产生的无线信号用一定频率发送到报警接收机。

(3) 报警控制器：由信号处理器和告警器组成。信号处理器将传输系统送来的探测电信号进一步处理，判断是否有危险情况出现，并输出相应的判定信号；控制告警器动作，发出声音并显示信号发出的位置。

常用的楼宇可视对讲报警网络的系统结构如图 9-6 所示。

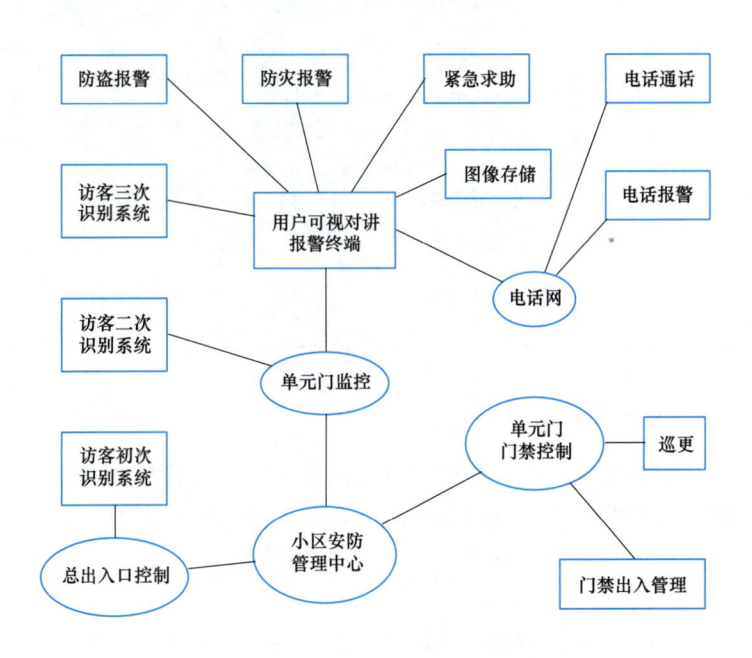

图 9-6　楼宇可视对讲报警网络系统结构示意图

3. 安全防范系统常用的图形符号

安全防范系统的图形符号应符合国家标准的规定，也可以根据惯例在施工图中给出说明。常用的图形符号见表 9-4。

表 9-4　　　　　　　　　　　安全防范系统常用的图形符号

名称	图例	名称	图例	名称	图例
磁卡读卡机		指纹读入机		非接触式读卡机	
电控门锁	EL	电磁门锁	ML	对讲门口机	DMDP
出门按钮		压力垫开关		可视对讲门口主机	KVDP
门磁开关		紧急按钮开关		脚挑报警开关	
按键式自动电话机		室内对讲机	DZ	室内可视对讲机	KVDZ
微波探测器	M	超声波探测器	U	防盗报警控制器	
报警警铃		防盗探测器		对射式主动红外线探测器（发射）	
报警闪灯		手动报警按钮		对射式主动红外线探测器（接收）	
操作键盘	KY	报警通信接口	ACI	波动红外/微波双鉴探测器	IR/M
振动探测器	V	压敏探测器	P	玻璃破碎探测器	B

四、火灾自动报警系统

火灾自动报警系统是设置在建筑物中的自动消防设施，能够在火灾初期，将燃烧产生的烟雾、热量和光辐射等物理量，通过感温、感烟和感光等火灾探测器变成电信号，传输到火灾报警控制器，并启动消防联动设备。

1. 火灾自动报警系统的分类

（1）"自动报警、人工消防"系统。属于低规模、低标准的消防系统，仅设置火灾探测器，当火灾发生时，报警器发出信号，通知相关人员根据报警情况采取相应消防措施。

（2）"自动报警、自动消防"系统。除具备"自动报警、人工消防"系统的功能外，该系统在火灾报警控制器的作用下，自动捕捉火灾监测区域内火灾发生时的烟雾或热气，从而能够发出声光报警，并有联动其他设备的输出接点，能够控制自动灭火系统、事故广播、事故照明、消防给水和排烟系统。

2. 火灾自动报警系统的组成

如图 9-7 所示，火灾自动报警系统由火灾探测器、火灾报警控制器、消防联动装置组成。

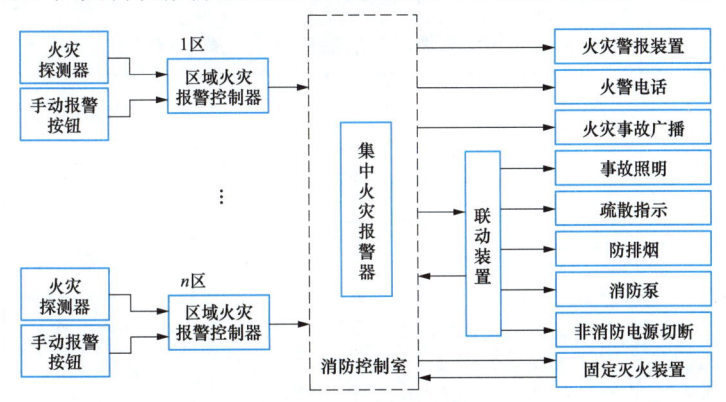

图 9-7　火灾自动报警系统的组成

（1）火灾探测器：感烟探测器、感温探测器、感光火灾探测器（又称为火焰探测器）、可燃气体火灾探测器等，能够探测火灾参数，并转变成电信号的传感器。

（2）火灾报警控制器：接收火灾探测器检测的火灾信号，并经控制器判断确认，如果是火灾，则立即发出报警，经过适当的延时，启动灭火设备和联锁减灾设备。

（3）消防联动设备：消防联动系统是火灾自动报警系统中的一个重要组成部分。

消防联动系统包括消防联动控制器、消防控制室显示装置、传输设备、消防电气控制装置、消防设备应急电源、消防电动装置、消防联动模块、消防栓按钮、消防应急广播设备、消防电话等设备和组件。

火灾自动报警系统联动装置的设施配置如图 9-8 所示。

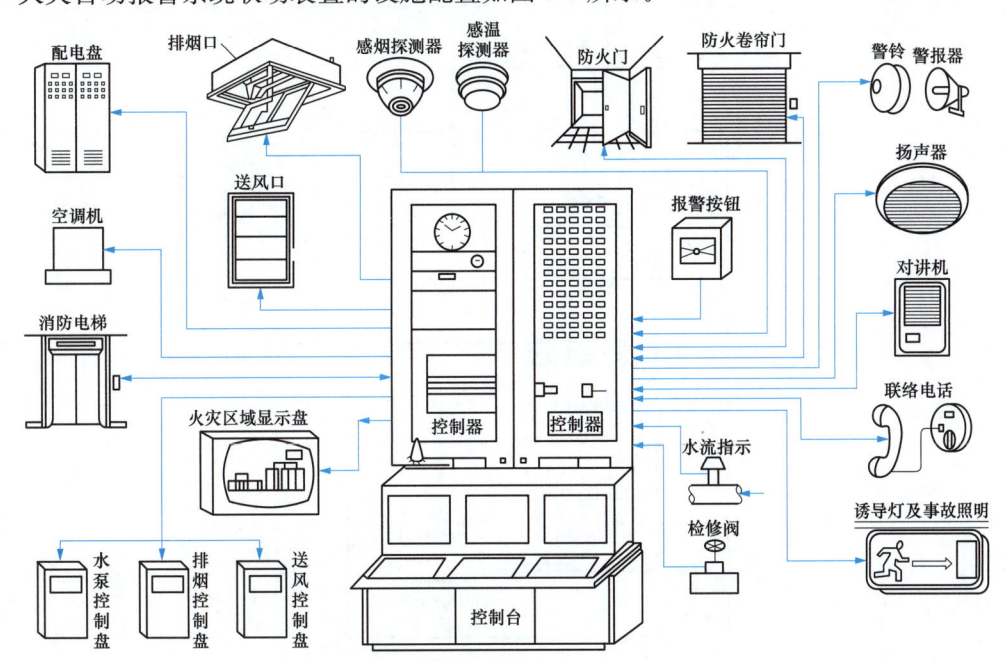

图 9-8　火灾自动报警系统联动装置的设施配置

3. 火灾自动报警系统常用的图形符号与文字符号

火灾自动报警系统常用的图形符号与文字符号，见表 9-5（部分图例见表 1-6）。

表 9-5　　　　火灾自动报警系统常用的图形符号与文字符号

名称	图形符号	名称	图形符号	名称	文字符号
火灾报警装置	▭	火灾报警发声器		可燃气体探测器	Q
消防控制中心	⊠	火灾光信号装置		复合式火灾探测器	F
点式气体火灾探测器		火灾警铃		紫外火焰探测器	GZ
报警阀		火灾报警扬声器		红外火焰探测器	GH

五、综合布线系统

综合布线系统是按照标准化、统一化、结构化的方式，布置在建筑物内部、连接各个系统信息的有线传输通道。

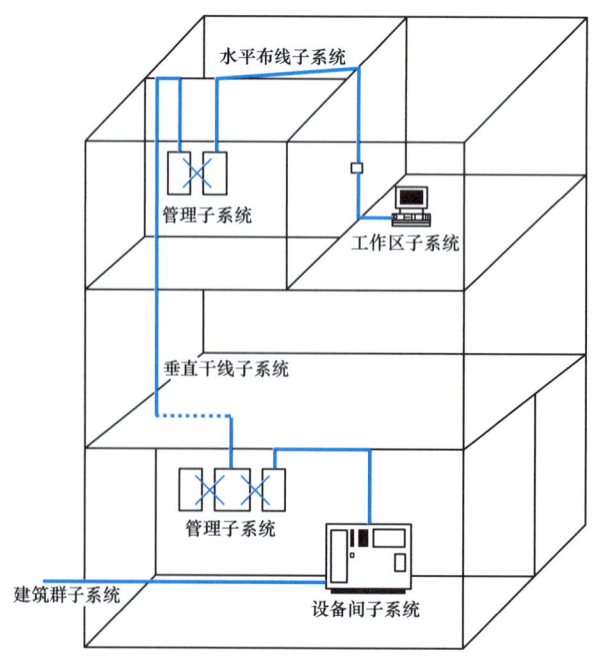

1. 综合布线系统的结构

综合布线系统由不同种类和规格的部件组成，主要有传输介质、线路管理硬件、连接器、插座、插头、适配器、传输电子线路、电气保护设施等。

综合布线一般采用树状拓扑结构，将整个网络布线系统划分为六个子系统。六个子系统之间的关系如图 9-9 所示。

图 9-9　综合布线系统的结构

(1) 工作区子系统。

如图 9-10 所示,工作区子系统位于办公室内,是指终端设备与信息插座之间的连线。

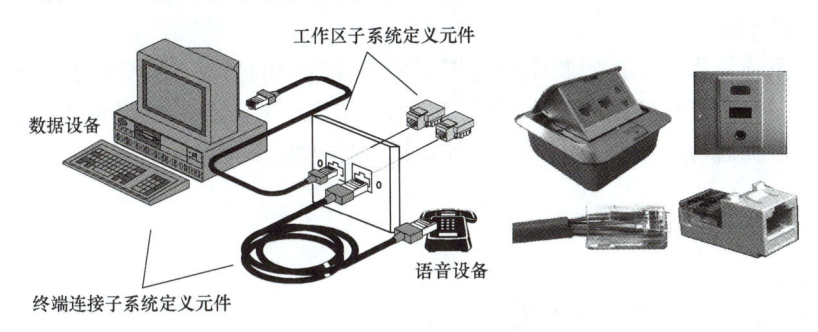

图 9-10　工作区子系统

(2) 水平布线子系统。

水平布线子系统布置在同一楼层上,其作用是将管理子系统的线路延伸到用户工作区。该系统包括起始于管理子系统的线缆以及工作区的信息插座。

如图 9-11 所示,水平布线子系统位于楼道的立墙上,一端接在信息插座上,另一端接在层配间的配线架上。

(3) 管理子系统。

管理子系统位于楼层的配线间内,它是干线(垂直)子系统和水平子系统的桥梁,同时又可为同层组网提供条件。其中包括双绞线跳线架、跳线,以及光纤跳线架和光纤跳线、配线架、理线器、光纤配线架、语音配线架等。

(4) 干线(垂直)子系统。

如图 9-12 所示,干线(垂直)子系统是建筑物布线系统中的主干线路,是连接管理子系统和设备间子系统的桥梁,由设备间至楼层管理间的线缆及配套设施组成。其任务是将各楼层间的信号传送到设备间。一般使用光缆或选用大对数的非屏蔽双绞线。

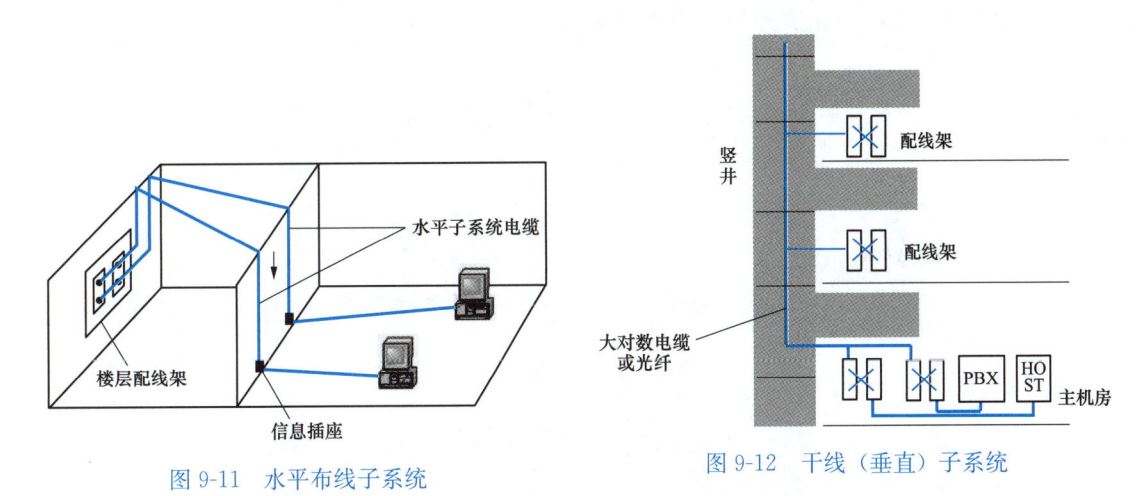

图 9-11　水平布线子系统

图 9-12　干线(垂直)子系统

设备间与楼层配线间的距离小于 100m 时,可以不设置干线(垂直)子系统。

(5) 设备间子系统。

设备间子系统由设备间的电缆、连续跳线架及相关支撑硬件、防雷电保护装置等组成，它是连接垂直主干和网络设备的桥梁。

（6）建筑群子系统。

建筑群子系统是将一个建筑物中的电缆延伸到建筑群的另外一些建筑物中的通信设备和装置上的系统。它由连接各建筑物之间的综合布线电缆、建筑群配线设备和跳线等组成。

建筑群子系统通常采用铜芯电缆和光缆，以及防止电缆的浪涌电压进入建筑的电气保护装置。

2. 综合布线系统的主要部件

（1）传输媒介。

1）水平区布线传输介质分类如图9-13所示。

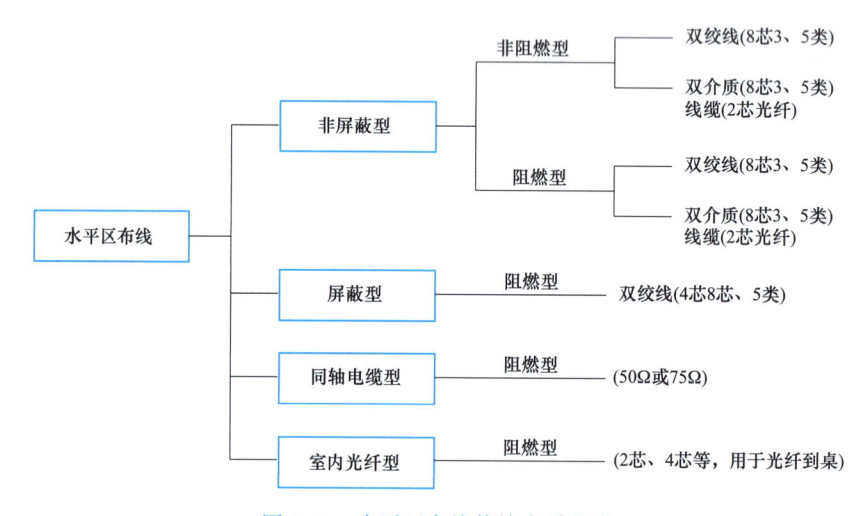

图9-13　水平区布线传输介质分类

2）干线区布线传输介质分类如图9-14所示。

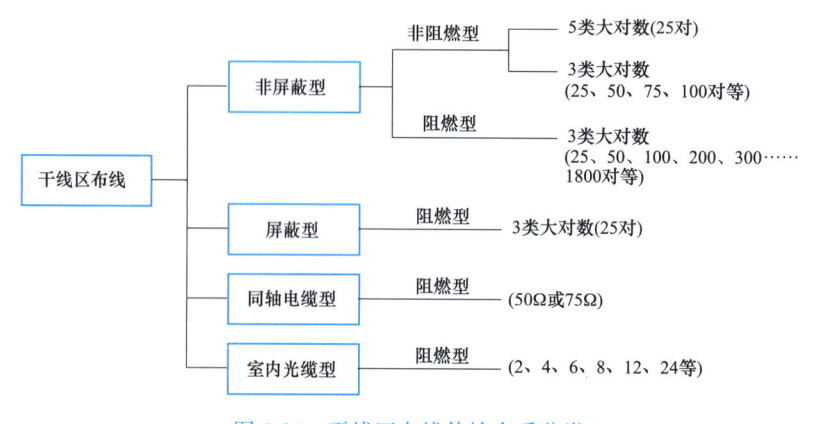

图9-14　干线区布线传输介质分类

3）设备间主配线架、中间配线架以及楼层配线架上应用的交叉连接和直接连接的设备分类如图 9-15 所示。

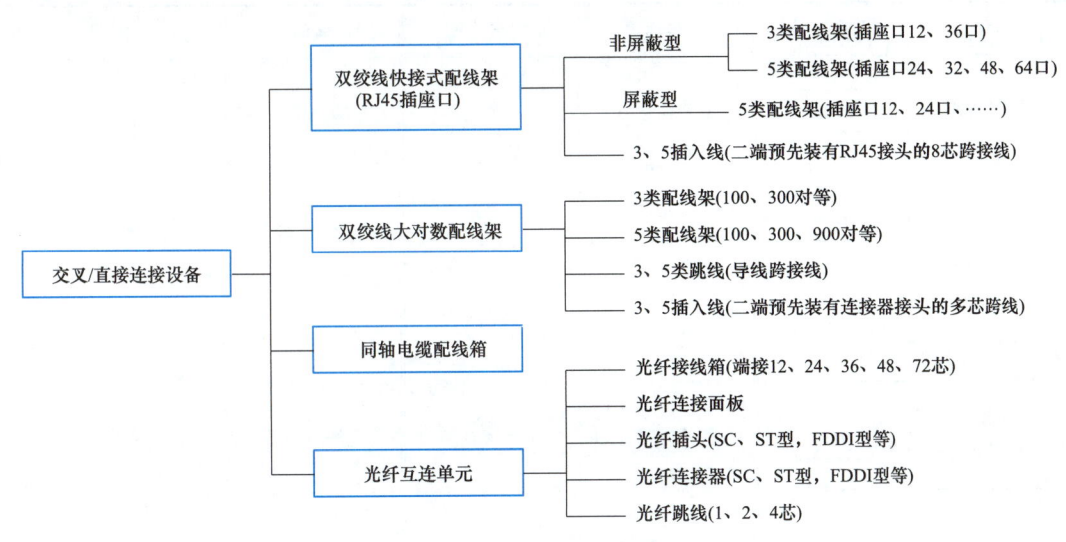

图 9-15 交连/直连设备的分类

(2) 连接硬件。

1) 按线路段落划分。

终端连接硬件：如总配线架（箱、柜），终端安装的分线设备（如电缆分线盒、光纤分线盒等）和各种信息插座（即通信引出端）等。

中间连接硬件：如中间配线架（盘）和中间分线设备等。

2) 按使用功能划分。

配线设备：配线架、配线箱、配线柜等。

交接设备：配线盘（交接间的交接设备）、室外设置的交接箱等。

分线设备：电缆分线盒、光纤分线盒、各种信息插座等。

3) 按连接硬件位置划分：建筑群配线架、建筑物配线架、楼层配线架等。

3. 综合布线系统常用的图形符号和文字符号

综合布线系统常用的图形符号和文字符号和见表 9-6。

表 9-6 综合布线系统常用的图形符号和文字符号

名称	图形符号	名称	文字符号	名称	图例
综合布线配线架	⊠	计算机终端		数据终端设备	DTE
主配线架	BD⊠	综合布线接口	■	光缆配线设备	LIU
楼层配线架	FD⊠	电话出线盒	●	自动交换设备	A
建筑群配线架	CD⊠⊠	信息插座	TO	程控交换机	SPC

续表

名称	图形符号	名称	文字符号	名称	图例
总配线架	MDF	语音信息点	TP	适配器	—(A)—
数字配线架	DDF	数据信息点	PC	上下穿线	● ●
光纤配线架	ODF	分线盒	⌐D	室内分线盒	⌒
单频配线架	VDF	室外分线盒	⌒	光纤或光缆	—⊗—
中间配线架	IDF	架空交接箱	⊠	永久接头	—⊗·⊗—
调制解调器	MD	落地交接箱	⊠	可拆卸接头	—⊗○⊗—
集线器	HUB	壁龛交接箱	⊠	插头—插座连接器	—⊗⊃○⊗—
电话插座	TP	电视插座	TV	电信插座	⌐
扬声器	◁	层接线箱	▭	分线箱	⊳

任务二 建筑弱电工程施工图识读

一、施工图的组成

作为"电施图"的组成部分，建筑弱电部分的施工图依建筑物的使用功能不同而不同。

住宅建筑弱电部分的主要施工图为综合布线系统图、有线电视系统图、楼层对讲系统图、弱电平面图、家庭多媒体配线图等。

办公大楼弱电部分的主要施工图为安全防范系统图、综合布线系统图、有线电视系统图、智能卡系统图、楼宇自控系统图、车库管理系统图、综合布线（楼宇自控、有线电视）平面图、安防（智能卡）平面图、门禁接线图等。

教学楼弱电部分的主要施工图为综合布线系统图、有线电视系统图、广播系统图、LED显示屏系统图、教室多媒体讲台系统图、教学观摩系统图、弱电平面图等。

对于单独设计的弱电工程，应单独进行设计说明。

建筑弱电工程的施工图见本书项目十一中的"综合练习二"。

二、施工图识读

1. 设计说明、设备及主要材料表

设计说明包括工程总体概况及设计依据、线路敷设、设备安装方式、施工图中未表达清楚的相关事项、施工时应注意的事项、以图例形式给出的非国标图形符号等。

工程选用的设备和主要材料应列出图例、名称、规格、单位、数量等。

2. 系统图

系统图主要表示弱电系统中某一子系统的信号传输关系，有时也用来表示某一个装置各主要组成部分间的信号联系。

看系统图的目的是了解系统的基本组成，主要电气设备、元件等的连接及其规格、型号、参数等，以掌握该系统的基本情况。

楼层对讲系统的系统图如图 9-16 所示，从图中可以读到的信息如下：

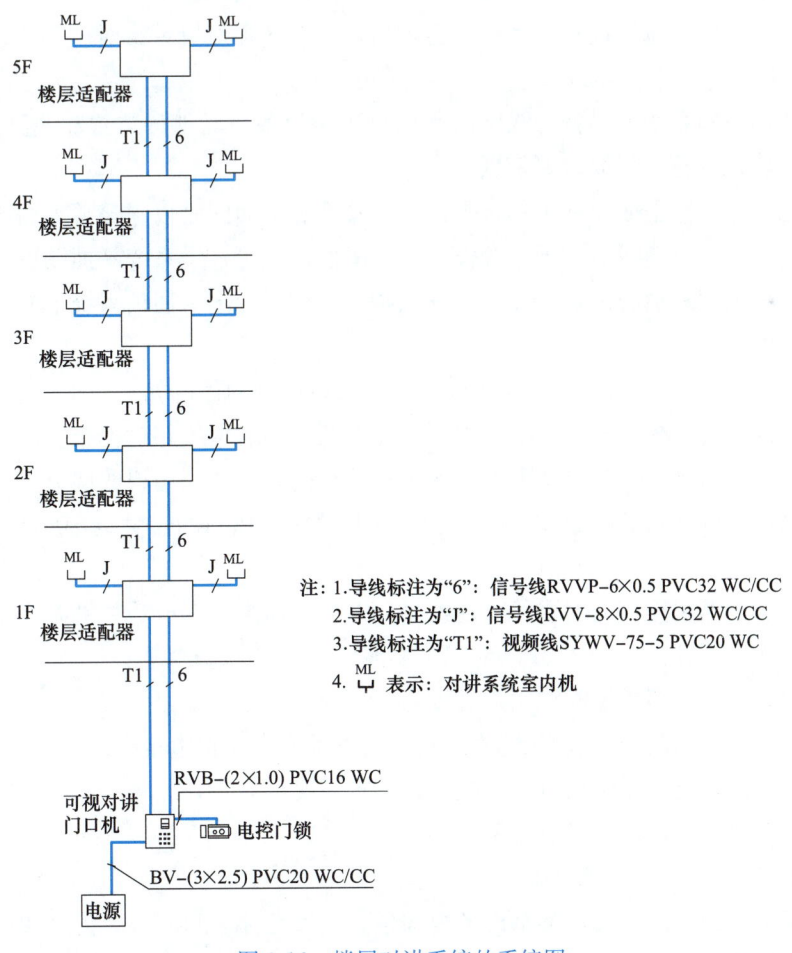

图 9-16 楼层对讲系统的系统图

（1）进入可视对讲门口机的电源线信息：3 根截面为 2.5mm^2 的铜芯聚氯乙烯绝缘线；直径为 20mm 的 PVC 线管沿墙、沿天棚暗敷。

（2）连接可视对讲门口机与电控门锁的电源线信息：2 根截面为 1.0mm^2 的铜芯聚氯乙烯绝缘平型软线；直径为 16mm 的 PVC 线管沿墙内暗敷。

（3）导线标注 T1 为可视对讲门口机至各楼层适配器，以及各楼层适配器之间的视频干线，基本信息为外径为 5mm、特性阻抗为 75Ω、聚乙烯物理发泡、PVC 护套的射频电缆。

（4）导线标注 6 为可视对讲门口机至各楼层适配器，以及各楼层适配器之间的信号干线：6 根截面为 0.5mm^2 的铜芯聚氯乙烯绝缘聚氯乙烯护套屏蔽软导线；直径为 32mm 的 PVC 线管沿墙、沿天棚暗敷。

（5）导线标注 J 为各楼层适配器至每户对讲系统室内机的信号支线：8 根截面为 0.5mm^2 的铜芯聚氯乙烯绝缘聚氯乙烯护套软线；直径为 32mm 的 PVC 线管沿墙、沿天棚暗敷。

（6）楼层对讲系统的使用楼层为 5 个楼层，每层两个用户。

（7）对讲系统中，每层设置一个楼层适配器，每个用户设置一个对讲系统室内机。

3. 平面图

平面图表示不同系统的设备与线路的平面位置，设备、元件、装置和线路平面布局图，也是进行智能建筑设备安装的重要依据。

平面图包括总系统平面图和子系统平面图。总系统平面图是以建筑总平面图为基础，表示各子系统配线间、电缆线路、子系统设备等的平面位置等；子系统平面图以建筑平面图为基础，分别或单独表示消防系统平面图、安全防范系统平面图、通信系统平面图、建筑设备自动化系统平面图等。

住宅建筑弱电平面图如图 9-17 所示，从图中可以读到的信息如下：

（1）该平面图为一梯两户的弱电平面图，左右两户的弱电线路对称布置。

（2）一梯两户共用一个楼层适配器，安装在楼梯间靠近右边用户的墙上。楼层适配器的安装方式为暗敷；箱体底边距地 2.0m；土建施工时预留孔洞的尺寸为 300mm×250mm×100mm。

（3）楼层适配器引至室内对讲机的配线采用 8 根截面为 0.5mm^2 的铜芯聚氯乙烯绝缘聚氯乙烯护套软线，配管为直径 32mm 的 PVC 线管沿墙、沿天棚暗敷。

（4）每户设置一个多媒体配线箱，名称为 JXX1。

（5）多媒体配线箱的输入线根数为 3 根：2 根电源线、1 根电视线。

（6）多媒体配线箱的输出线有 6 条配管，基本情况见表 9-7。

（7）图示主要设备及数量见表 9-8。

4. 接线图

接线图又称为大样图，表示某个设备内部各种电器元件之间的位置关系和接线关系，用于设备安装、接线和设备检修。

项目九　建筑弱电工程

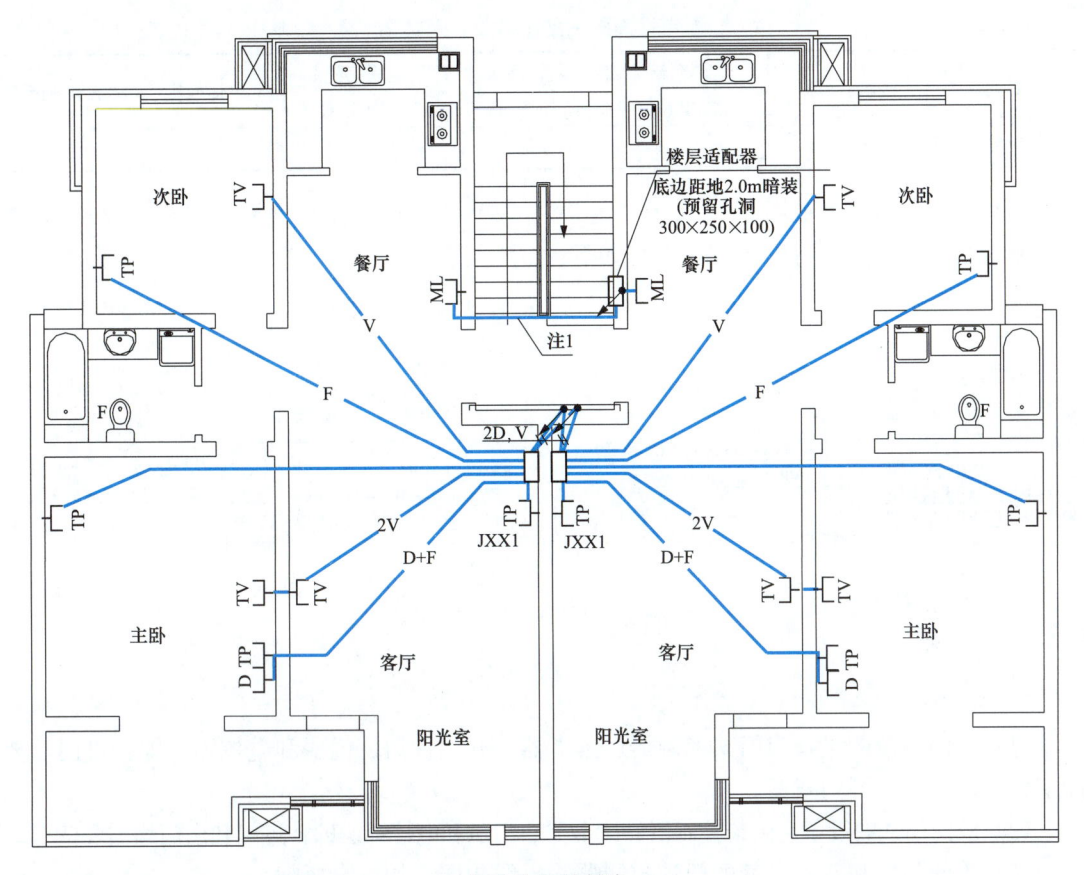

主要设备图例表

序号	图例	名称	规格	序号	图例	名称	规格
1	TV	电视信号插座	KG31VTV75	4		10分支器	当地有线电视部门定
2	TP	电话插座	KGT01	5		多媒体配线箱	HIB-21A
3	D	八芯电脑插座	KGC01	6	ML	对讲系统室内机	甲方定

注：RVV-8×0.5 PVC32 WC/CC 由楼层适配器引至各户对讲机。

图 9-17　住宅建筑弱电系统平面图

表 9-7　　　　　　　　　　多媒体配电箱输出线的基本情况

自上至下的配管编号	配线	线制	终端	终端所在位置	备注
1	V	1	电视信号插座	次卧	
2	F	1	电话插座	次卧	
3	(F)	1	电话插座	主卧	未标注线管名称
4	2V	2	电视信号插座	主卧、客厅	
5	D+F	2	电源插座、电话插座	主卧	电话专用电源插座
6	(F)	1	电话插座	客厅	未标注线管名称

注　第3条、第6条输出线未标注配线，但图中终端为电话插座，分析配线为"F"。

表 9-8　　弱电平面图中的主要设备及数量

主要设备	楼层适配器	多媒体配电箱	对讲系统室内机	电视信号插座	电话插座	八芯电脑插座
数量	1	2	2	6	8	2

门禁系统的接线图如图 9-18 所示，图 9-18（a）为单向门禁接线图。图 9-18（b）为双向门禁接线图。从图中可以读到的信息如下：

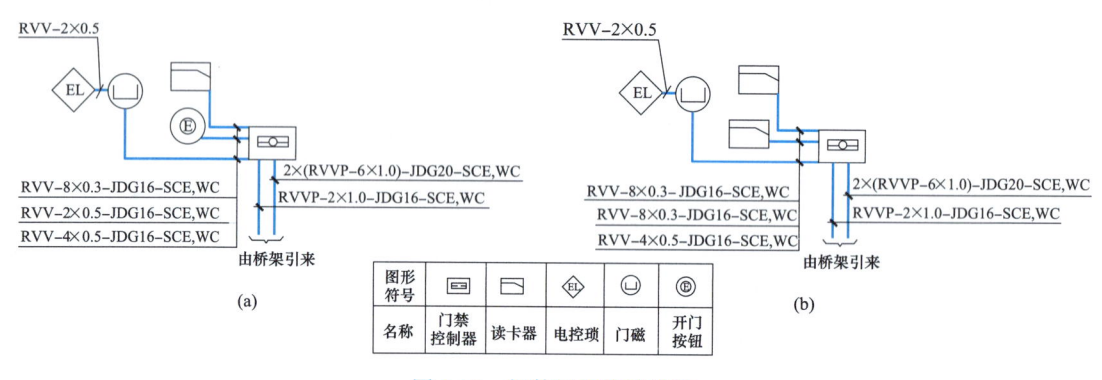

图 9-18　门禁图系统接线图

（1）单向门禁的设备为门禁控制器、读卡器、开门按钮、门磁和电控锁。即：进门需要读卡、出门需要按开门按钮。

（2）双向门禁的设备为门禁控制器、读卡器、门磁和电控锁。即：进门和出门均需要读卡。

（3）单向门禁和双向门禁的门禁控制器输入线相同，均引自桥架。

左侧配管中：1 根铜芯聚氯乙烯绝缘聚氯乙烯护套屏蔽软导线；每根导线由 2 根截面为 1.0mm^2 的铜芯组成；配管为直径 16mm 的紧定钢管；配管敷设方式为沿墙暗敷、吊顶内敷设。

右侧配管中：2 根铜芯聚氯乙烯绝缘聚氯乙烯护套屏蔽软导线；每根导线由 6 根截面为 1.0mm^2 的铜芯组成；配管为直径 20mm 的紧定钢管；配管敷设方式为沿墙暗敷、吊顶内敷设。

（4）单向门禁和双向门禁中，连接门磁和电控锁的导线均为 2 根截面为 0.5mm^2 的铜芯聚氯乙烯绝缘聚氯乙烯护套软线。

（5）单向门禁和双向门禁的门禁控制器输出线路均为三个，基本情况见表 9-9。

表 9-9　　单（双）向门禁输出端的基本情况

输出端设备		进门读卡器	出门按钮（读卡器）	门磁和电控锁
输出端线路	导线材料	铜芯聚氯乙烯绝缘聚氯乙烯护套软线	铜芯聚氯乙烯绝缘聚氯乙烯护套软线	铜芯聚氯乙烯绝缘聚氯乙烯护套软线
	线芯根数	8（8）	2（8）	4（4）
	线芯截面（mm^2）	0.3（0.3）	0.5（0.3）	0.5（0.5）
	配管材料	紧定钢管	紧定钢管	紧定钢管
	配管直径	16	16	16
	敷设方式	沿墙暗敷、吊顶内敷设	沿墙暗敷、吊顶内敷设	沿墙暗敷、吊顶内敷设

任务三　建筑弱电系统安装

一、有线电视系统安装

有线电视系统安装包括接收天线安装、用户设备安装、弱电竖井（房）设备安装、前端机房设备安装、线路敷设、系统调试和验收等工作。

1. 天线安装

如图 9-19（a）所示为卫星电视天线，图 9-19（b）为公用电视天线。

图 9-19　电视天线

天线安装前应完成组装工作。天线在屋顶安装时，天线基座、拉线地锚、线路引下线配管应在屋顶结构施工中配合预埋，天线基座螺栓应注意保护。无条件预埋时可预留钢筋等以备天线安装用。

天线竖杆基座的安装方法参照本书项目八中的"避雷针安装"。

2. 用户设备安装

系统中所用部件应具备防止电磁波辐射和电磁波侵入的屏蔽性能。部件及其附件的安装应牢固、安全并便于测试、检修和更换。

用户终端设备安装高度底边距地 0.3m。

分支与分配器、分配放大器、用户终端盒的安装，应符合设计要求。安装方法参照本书项目七中的配电箱安装、开关安装。

3. 线路敷设

干线电缆可采用金属管或金属线槽敷设，垂直金属线槽每隔 2m 设置电缆固定架进行电缆的固定。

用户线进入房屋内可穿管暗敷设，主体施工时做好暗配管及用户终端盒的预埋。

线路敷设的方法，参照本书项目七中的配管配线施工。

4. 系统调试

有线电视系统各项设施安装完成后，应对各部分的工作状态进行调试，以使系统达到设计要求。调试内容为前端部分的调试、放大器输出电平的调整、各用户端高低频道的电平值。

二、电话交换系统安装

电话交换系统的安装工作包括室外线缆敷设、室内电话线路敷设、室内外电话分线盒安装。

1. 电话线路的配接

如图 9-20 所示，电话线路的配接分为直接配线、复接电缆分线箱配线和交接箱配线。

图 9-20（a）为直接配线，它由总机配线架直接引出主干电缆，再从主干电缆上分支到各用户的组线箱（电话端子箱）。

图 9-20（b）为复接电缆分线箱配线。目的是提高芯线使用率及调节的可能性。

图 9-20（c）为交接箱配线。将电话划分为若干区，每区设一个交接箱。由电话站总配线架上引出两条以上电缆干线至各交接箱，各配线区之间有联络电缆，用户配线则从交接箱引出。

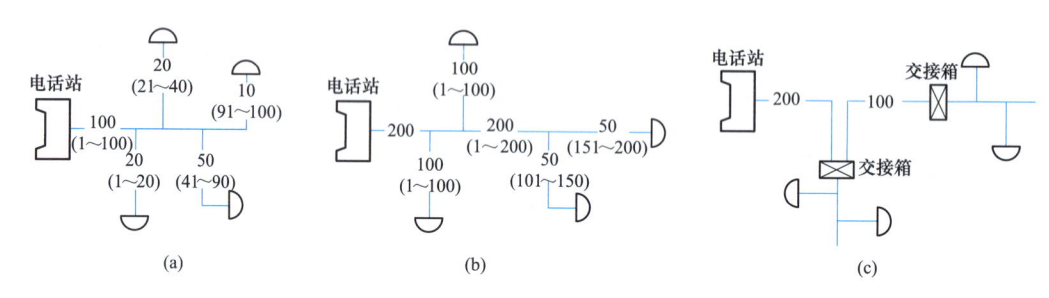

图 9-20 电话线路的配接
（a）直接配线；（b）复接电缆分线；（c）交接配线

2. 室外电话线路敷设

室外电话电缆多采用地下暗敷设，与市内电话管道有接口或线路有较高要求时，宜采用管道电缆，一般可采用直埋电缆。

直埋电缆敷设一般采用钢带铠装电话电缆，在坡度大于 30°的地区或电缆可能承受拉力的地段需采用钢丝铠装电话电缆。

3. 室内电话线路敷设

室内电话支线路分为明配和暗配两种。明配线用于工程完毕后，根据需要在墙角或踢脚板处用卡钉敷设；暗敷设采用钢管或塑料管埋于墙内及楼板内，或采用线槽敷设于吊顶内。

常用的室内电话电缆敷设方式为穿钢管暗敷设。

4. 室内外电话分线盒安装

图 9-21（a）为室外电话分线盒，图 9-21（b）为室内电话分线盒，也称为分线箱。分线盒的安装方法，参照本书项目七的"配电箱安装"。

三、安全防范系统安装

1. 门禁对讲系统安装

（1）电控门锁安装。

阴极式电控门锁通常安装在门框上。主体结构施工时，在门框外侧门锁安装高度处预埋穿线管及接线盒。

在门扇上安装电控门锁时，需要通过电合页或导线保护软管进行导线连接。门扇上电控门锁与电合页之间应开孔，穿线可用软塑料管保护。主体结构施工时，在门框外侧电合页处预埋导线管及接线盒。导线连接应采用焊接或接线端子连接。

项目九　建筑弱电工程

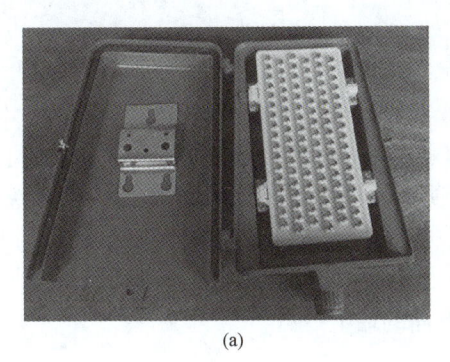

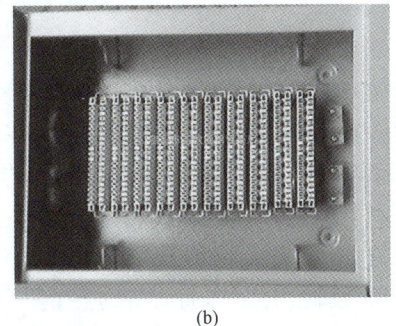

图 9-21　电话分线盒

（a）室外电话分线盒；（b）室内电话分线盒

（2）对讲机安装。

主机通常安装在楼宇入口处的墙上或柱架上，分机分别安装在户内。

对讲机可用塑料胀管和螺钉或膨胀螺栓等进行安装。安装高度为底边距地面 1.2～1.4m，可视对讲机的安装高度为摄像机镜头距地面 1.5m。

主机安装在大门外时，应做好防雨措施；在墙上安装时，主机与墙面之间应用玻璃胶封堵四周。

（3）线路敷设。

门禁对讲系统的干线可用钢管或金属线槽敷设，支线可用配管敷设。

导线敷设时，电源线与信号线应分开敷设，并注意导线布线的安全。

2. 防盗报警系统安装

（1）探测报警器安装。

探测报警器的安装位置为墙上安装、柱上安装，以及在天棚上安装。

墙上安装和天棚上安装的方法参照本书项目七中的照明灯具安装；在柱上安装探测报警器的方法如图 9-22 所示；在墙角上安装支架的方法如图 9-23 所示。

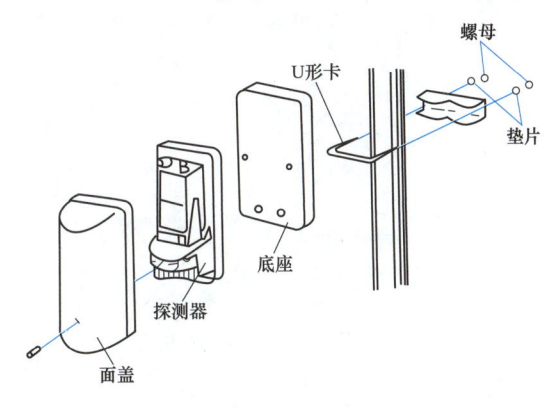

图 9-22　在柱上安装探测报警器　　　图 9-23　墙角支架安装

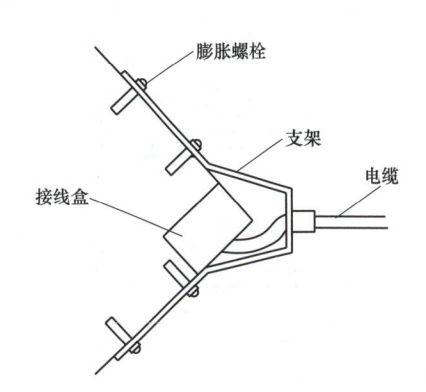

（2）线路敷设。

干线可用钢管或金属线槽敷设，支线可配管敷设，导线敷设时电源线与信号线应分槽、分管敷设。

（3）门磁开关安装。

门磁开关由干簧管件和磁铁件组成。

干簧管件安装在门框上，磁铁件安装在门扇上。明装可用螺钉安装，布线可采用阻燃PVC线槽等；暗装应在主体施工时，在门的顶部预埋穿线管及接线盒，并与相关专业配合在门框及门扇上开孔。导线连接可采用焊接或接线端子连接。

（4）报警按钮安装。

报警按钮及脚挑开关等通常安装在桌子下面的墙上等处。

四、火灾自动报警系统安装

火灾自动报警系统所用的探测器、控制器、消防报警装置、疏散指示标志灯等元件设备均须经国家消防电子产品质量监督检测中心检验合格。系统在交付使用前必须经过公安消防监督机构验收。

1. 线路敷设

火灾自动报警系统的布线应符合现行国家标准《配电系统电气装置安装工程施工及验收规范》（DL/T 5759—2017）的规定，线路敷设的方法参照本书项目七中的配管配线施工。

2. 火灾探测器安装

火灾探测器安装如图 9-24 所示。图 9-24（a）为在混凝土板上的安装方法；图 9-24（b）为在吊顶上的安装方法；图 9-24（c）为吊顶高度较大时的安装方法；图 9-24（d）为在倾斜楼板上的安装方法。

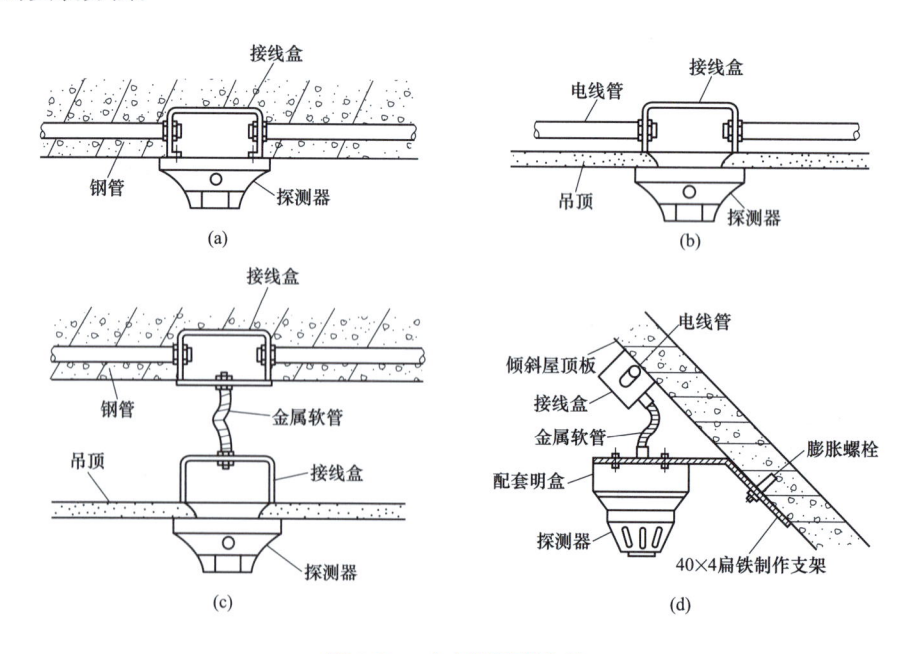

图 9-24　火灾探测器安装

3. 手动火灾报警按钮安装

手动火灾报警按钮的组成及工作状态如图 9-25 所示。图 9-25（a）为手动火灾报警按钮的结构组成；图 9-25（b）为报警按钮的正常状态与报警状态。

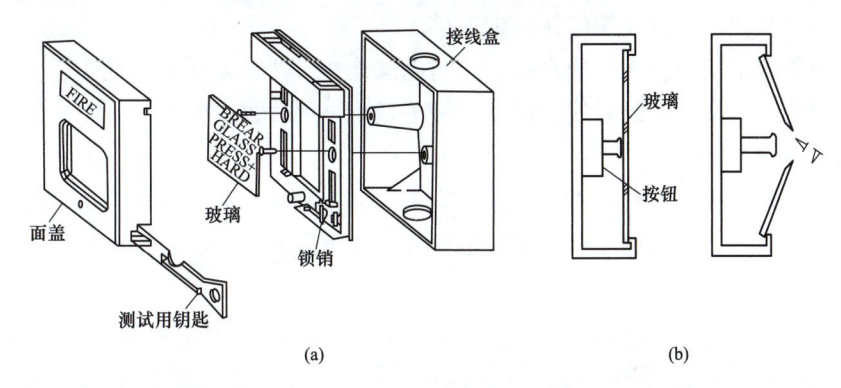

图 9-25　火灾报警按钮的组成及工作状态

火灾发生时，打破报警按钮的玻璃，进入报警状态，警铃鸣响，同时消防水泵启动，供应消防用水。

手动火灾报警按钮应安装在墙上。相关要求如下：

（1）主体施工时应预埋穿线的钢管及接线盒，装饰工程完成后再进行火灾报警按钮的安装。

（2）手动报警按钮的安装高度为 1.5m。

（3）手动报警按钮的外接导线应留有不小于 1000mm 的余量，且在端部应有明显标识。

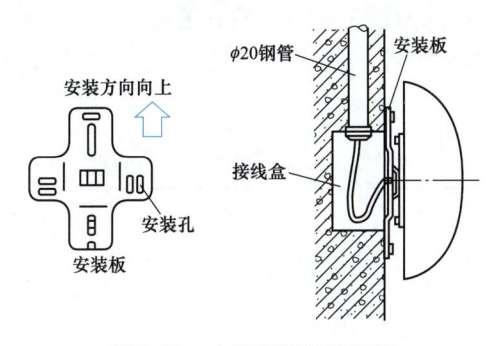

4. 火灾报警警铃安装

火灾报警警铃安装如图 9-26 所示。相关要求如下：

（1）安装火灾报警警铃时，应在固定螺线上加弹簧垫片。

（2）火灾报警警铃及警笛的安装高度通常为 2.2~2.5m，或距离天棚 0.3m。

图 9-26　火灾报警警铃安装

5. 火灾报警控制器安装

如图 9-8 所示的火灾自动报警系统联动装置中，火灾报警控制器为核心部分，它包括控制器和联动控制台两部分。火灾报警控制器分为壁挂安装控制器和落地安装控制器，相关安装要求如下。

（1）火灾报警控制器在墙上安装时，距离楼地面的高度不应小于 1.5m。

（2）落地控制器安装前，应进行角钢基础支架的安装；控制器安装后应进行垂直度、水平偏差，以及盘面偏差和盘间接缝的调整。

（3）设备及基础、角钢支架应作接地连接。

（4）控制器的主电源引入线应直接与消防电源连接，严禁使用电源插头。

（5）控制器的进出电缆或导线，可在地板下敷设金属线槽。

6. 消防系统接地与调试

（1）系统接地装置安装时，工作接地线应采用铜芯绝缘导线或电缆；由消防控制室引至接地体的工作接地线，在通过墙壁时应穿钢管或其他坚固的保护管。工作接地线与保护接地线必须分开敷设。

（2）消防控制系统的工作接地电阻应小于4Ω，采用联合接地时，接地电阻应小于1Ω。

（3）系统调试前，应对单机进行逐个检查，符合要求后方可进行系统调试。系统调试的内容包括报警自检、故障报警、火灾优先、记忆、备用电源切换、消声复位等功能检查。

五、综合布线系统安装

1. 缆线敷设的一般要求

（1）缆线布放应自然平直、不得产生扭绞、打圈接头等现象，不应受到外力的挤压和损伤。

（2）缆线两端应贴有标签，标明编号。标签书写应清晰、端正和正确。标签应选用不易损坏的材料。

（3）缆线终接后应有余量。交接间、设备间对绞电缆预留长度宜为0.5~1.0m，工作区为0.3~0.6m；光缆布放宜盘留，预留长度宜为3~5m，有特殊要求时应按设计要求预留长度。

（4）在暗管或线槽中的缆线敷设完成后，宜在通道两端出口处用填充材料进行封堵。

（5）电源线、综合布线系统缆线应分隔布放。缆线间的最小净距应符合表9-10的规定。

表9-10　　　　　　　　　　对绞电缆与电力电缆的最小间距

条件	单位范围	最小净距（mm）		
		380V <2kVA	380V 2.5~5kVA	380 >5kVA
对绞电缆与电力电缆平行敷设		130	300	600
有一方在接地的金属槽道或钢管中		70	150	300
双方均在接地的金属槽道或钢管中		①	80	150

注　表中对绞电缆如采用屏蔽电缆时，最小净距可适当缩小，并符合设计要求。
① 双方均在接地的金属槽道或钢管中，且平行长度小于10m时，最小间距可为10mm。

（6）建筑物内部的电、光缆暗管敷设与其他管线的最小净距应符合表9-11的规定。

表 9-11　　　　　　　　电、光缆暗管敷设与其他管线的最小净距　　　　　　（单位：mm）

管线种类	平行净距	垂直交叉净距
避雷引下线	1000	300
保护地线	50	20
热力管（不包封）	500	500
热力管（包封）	300	300
给水管	150	20
燃气管	300	20
压缩空气管	150	20

2. 缆线敷设的方式

缆线敷设的方式为明敷或暗敷，敷设部位为天棚、墙和地面。

（1）缆线在地面上的敷设方式如图 9-27 所示。地面为实木地板铺装时一般采用如图 9-27（a）所示的线槽法；其他地面铺装时，一般采用如图 9-27（b）所示的导管法，在现浇混凝土时预埋线管。

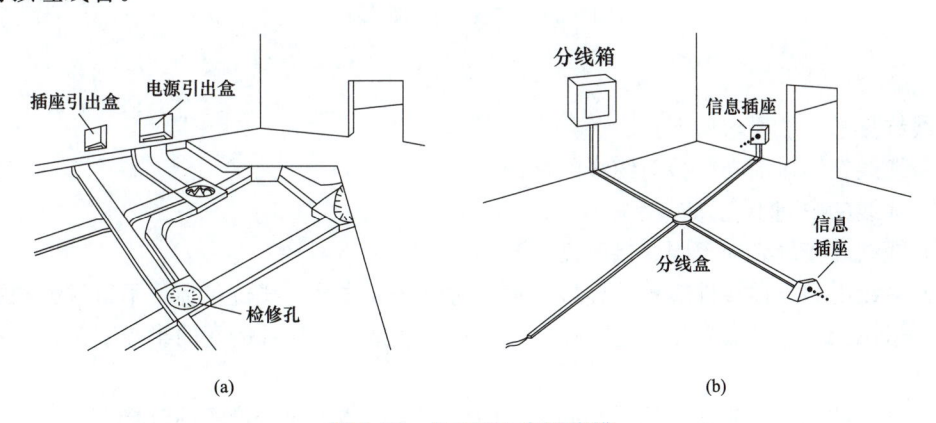

图 9-27　在地面上布设线缆

（2）缆线在天棚吊顶上的敷设方式如图 9-28 所示。布设区域较大时，如图 9-28（a）所示设置中转点；布设区域较小时，如图 9-28（b）所示直接从配线间引线。

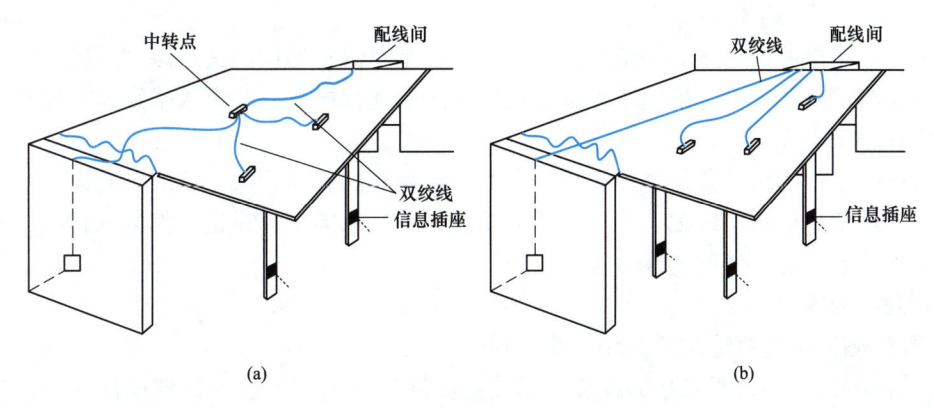

图 9-28　在天棚吊顶上布设线缆

(3) 缆线在墙面上的敷设方式如图 9-29 所示。在墙面与天棚交接处、墙面与地面交接处、墙面与墙面交接的阴角处布设线槽，不影响美观。

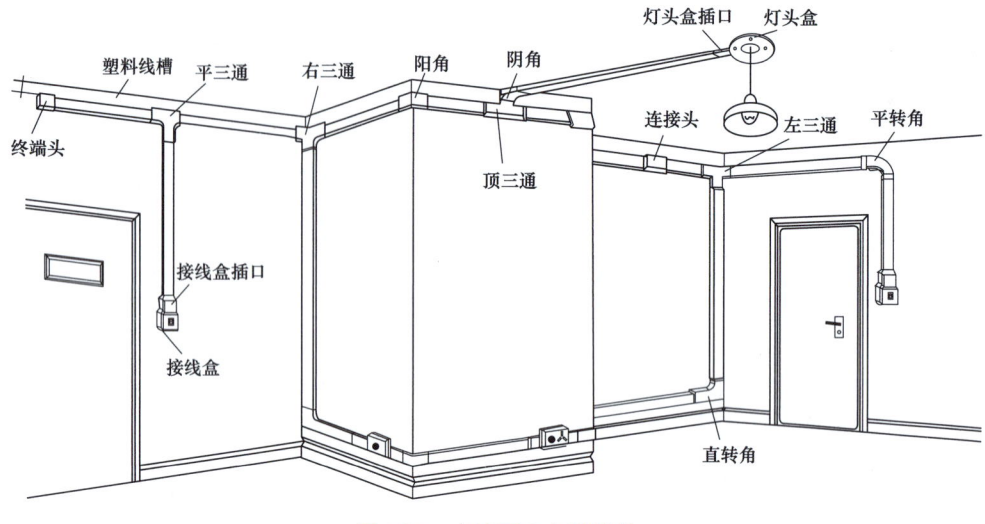

图 9-29　在墙面上布设线缆

3. 缆线终接

缆线终接的一般要求如下：

(1) 缆线在终接前必须核对缆线的标识。

(2) 缆线的中间不允许有接头。

(3) 缆线终接处必须牢固、接触良好。

(4) 对绞电缆与插接件应规范连接，连接时应认准线号、线位色标，不得颠倒和错接。

(5) 采用光纤连接盒对光纤进行连接、保护，连接盒中光纤的弯曲半径应符合安装工艺要求。

(6) 光纤的熔接处应加以保护和固定，应使用连接器以便于光纤的跳接。

4. 综合布线系统的测试

(1) 测试方法。

如图 9-30 所示，综合布线系统双绞线的测试连接方法有两种。图 9-30（a）为基本连接，图 9-30（b）为通道连接。

基本连接是指通信回路的固定线缆安装部分，是对链路的性能进行测试。通常包括水平线缆和两端测试跳线，不包括插座至网络设备的末端连接电缆。要求水平线缆长度和两端测试跳线之和小于 100m。

通道连接是指网络设备的整个连接，是对系统配置的验收测试，目的是验证整个通路的传输性能。通常包括水平线缆、工作区子系统跳线、信息插座、靠近工作区的转接点及配线区的两个连接点。要求各段连线之和小于 100m。

(2) 测试内容。

1) 导通测试：是对链路开路和短路的测试。

2) 认证测试：确认所安装的线缆、相关连接硬件及其工艺能否达到设计要求，包括接线图、长度、衰减、串扰、等电平远端串扰、总能量近端串扰、总能量等电平远端串扰、阻

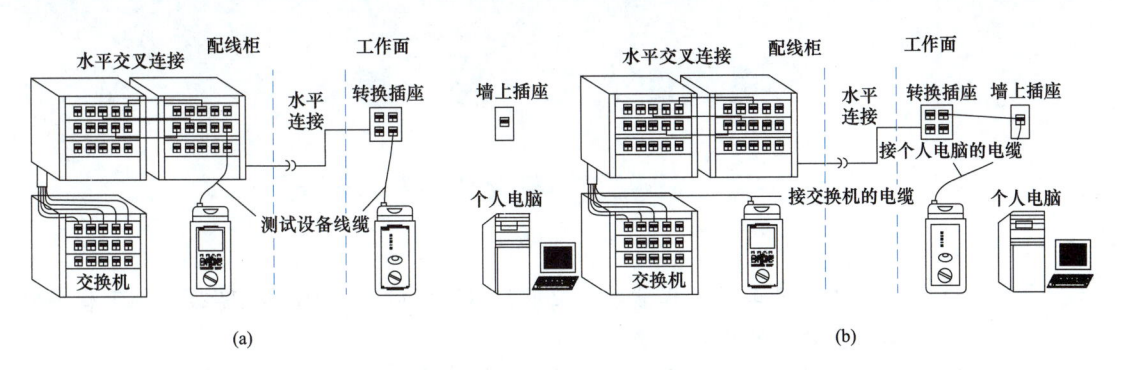

图 9-30　综合布线系统的测试连接

（a）基本连接；（b）通道连接

抗、电阻、传输延迟、延迟偏离、衰减串扰比、总能量衰减串扰比、环路损耗等。

3）光纤链路测试：包括光功率衰减、长度、传播时延、近端或远端光功率等。

4）千兆以太网：对累加功率 NEXT、传播延迟、环路损耗、等电平远端串扰等参数测试有严格要求。

5）屏蔽线缆：对屏蔽层作正确的接地处理，测试内容参照非屏蔽线缆测试。

模块四　拓　展　篇

项目十　建筑工程水电安装计量

[知识目标] 了解《通用安装工程工程量计算规范》(GB 50856—2013)，掌握建筑工程水电安装工程量计算的内容和方法。

[能力目标] 工程量清单编制、建筑给排水工程量计算、建筑电气照明工程量计算。

任务一　概　　述

一、基本建设的造价文件

基本建设是指国民经济各部门固定资产的形成过程，是把一定的建筑材料、机器设备等，通过建造、购置和安装等活动，转化为固定资产，形成新的生产能力或使用效益的过程。

基本建设造价文件如图 10-1 所示。

编制造价文件最基础的工作是计算工程量。因此，工程量计算是工程技术人员必须具备的基本能力。

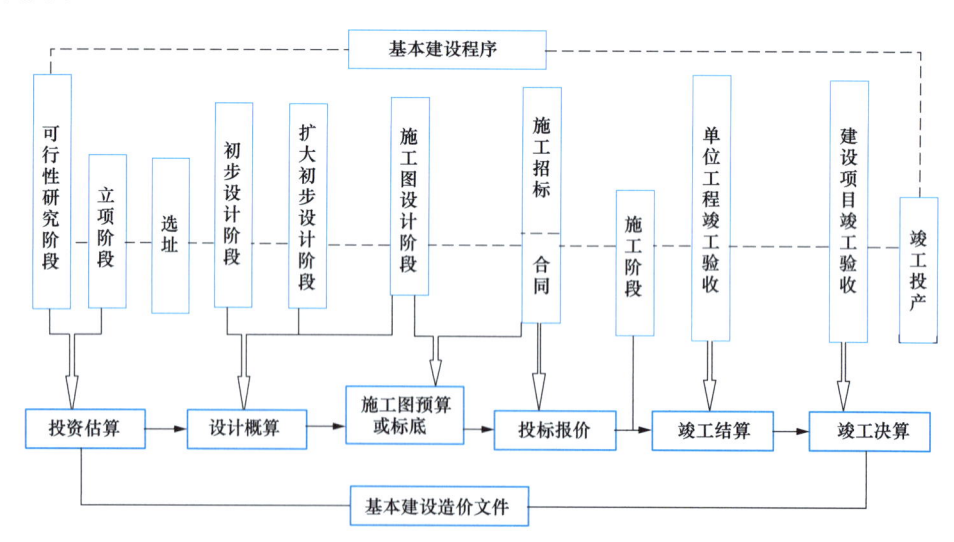

图 10-1　基本建设造价文件的分类

二、工程量清单

1. 工程量清单计价

我国现行建设工程计价的主要模式为工程量清单计价。

建筑安装工程工程量清单计价模式下的费用由分部分项工程费、措施项目费、其他项目费、规费和税金等 5 部分构成。工程量清单分为分部分项工程费清单、措施项目费清单、其他项目费清单、规费清单和税金清单等 5 部分。其中，分部分项工程费的计算基础，是根据施工图进行工程量计算。

2. 工程量清单编制

工程量清单的编制依据为《通用安装工程工程量计算规范》（GB 50856—2013）。

【例 10-1】 根据图 7-19 所示信息，编制悬挂嵌入式照明配电箱的工程量清单。

配电箱的工程量清单编制步骤如下：

①在《通用安装工程工程量计算规范》（GB 50856—2013）的"附录 D.4 控制设备及低压电器安装"中找到配电箱项目，内容见表 10-1。

表 10-1　　《通用安装工程工程量计算规范》中的配电箱工程量清单

项目编码	项目名称	项目特征	计量单位	工程量计算规则	工作内容
030404017	配电箱	1. 名称； 2. 型号； 3. 规格； 4. 基础形式、材质、规格； 5. 接线端子材质、规格； 6. 端子板外部接线材质、规格； 7. 安装方式	台	按设计图示数量计算	1. 本体安装； 2. 基础型钢制作； 3. 焊、压接线端子； 4. 补刷（喷）油漆； 5. 接地

②根据表 10-1 中的工程量清单项目设置、项目特征描述的内容、计量单位、工程量清单计算规则，以及设计文件中的条件，编制工程量清单，见表 10-2。

项目编码：在原有基础上增加三位数的顺序码，从 001 开始。

项目名称：不变。

项目特征：根据设计文件填写清单中的相关要求。

计量单位：不变。

工程数量：按照"清单"的工程量计算规则进行计算。

表 10-2　　根据设计文件编制的配电箱工程量清单

项目编码	项目名称	项目特征	计量单位	工程数量
030404017001	配电箱	1. 照明配电箱 AL 2. 型号：PZ30-20 3. 规格：330×420×120 4. 端子板外部接线材质、规格：接线端子 2.5mm^2 和 4mm^2 5. 安装方式：悬挂嵌入式安装，箱底距地面 1.5m	台	1

三、工程计量

1. 工程量计算

在工程建设中，工程量计算简称工程计量，是指工程项目以设计图纸、施工组织设计或施工方案及有关技术经济文件为依据，按照相关工程的国家标准计算规则、计量单位等规定，进行工程数量的计算活动。

建筑安装工程的工程量计算应符合《通用安装工程工程量计算规范》（GB 50856—2013）的规定。

2. 计量单位

（1）同一工程项目的计量单位应相同。

（2）《通用安装工程工程量计算规范》（GB 50856—2013）规定：若有两个或两个以上的计量单位，应结合拟建工程项目的实际情况，确定其中一个为计量单位。

（3）计量单位的有效位数。

以"t"为单位：应保留小数点后三位数字，第四位应四舍五入；

以"m""m^2""m^3""kg"为单位：应保留小数点后两位数字，第三位应四舍五入；

以"台""个""件""套""根""组""系统"等为单位的，应取整数。

任务二 管道工程计量

一、管道工程的分类

1. 工业管道

工业管道工程适用于厂区范围内的车间、装置、站、罐区及其相互之间各种生产用介质输送管道，以及厂区第一个连接点以内生产、生活共用的输送给水、排水、蒸汽、煤气的管道安装工程。工业管道按压力等级划分：低压：$0<P≤1.6MPa$；中压：$1.6<P≤10MPa$；高压：$10<P≤42MPa$；蒸汽管道：$P≥9MPa$；工作温度不小于500℃。

2. 消防管道

消防管道的界限划分如下：

喷淋系统水灭火管道：室内外界限应以建筑物外墙皮1.5m为界，入口处设阀门者应以阀门为界；设在高层建筑物内的消防泵间管道应以泵间外墙皮为界。

消火栓管道：给水管道室内外界限划分应以外墙皮1.5m为界，入口处设阀门者应以阀门为界。

与市政给水管道的界限应以市政给水管道碰头点（井）为界。

3. 生活用给排水工程、采暖工程、燃气工程管道

管道界限划分如下：

给水管道室内外界限：以建筑物外墙皮1.5m为界，入口处设阀门者应以阀门为界。

排水管道室内外界限：以出户第一个排水检查井为界。

采暖管道室内外界限：以建筑物外墙皮1.5m为界，入口处设阀门者应以阀门为界。

燃气管道室内外界限：地下引入室内的管道以室内第一个阀门为界，地上引入室内的管道以墙外三通为界。

二、管道工程的计量类别

1. 工业管道

（1）工业管道的计量应符合《通用安装工程工程量计算规范》（GB 50856—2013）中"附录H 工业管道工程"的规定。

（2）厂区范围内的生活用给水、排水、蒸汽、燃气的管道安装应符合《通用安装工程工程量计算规范》（GB 50856—2013）中"附录 K 给排水、采暖、燃气工程"的规定。

2. 消防工程

（1）消防灭火系统的计量，应符合《通用安装工程工程量计算规范》（GB 50856—2013）中"附录 J 消防工程"的规定。

（2）消防管道如需进行探伤，应符合《通用安装工程工程量计算规范》（GB 50856—2013）中"附录 H 工业管道工程"的相关规定。

（3）消防管道上的阀门、管道及设备支架、套管制作安装，应符合《通用安装工程工程量计算规范》（GB 50856—2013）中"附录 K 给排水、采暖、燃气工程"的相关规定。

3. 生活用给排水工程、采暖工程、燃气工程

（1）生活用给排水工程、采暖工程、燃气工程的计量，应符合《通用安装工程工程量计算规范》（GB 50856—2013）中"附录 K 给排水、采暖、燃气工程"的规定。

（2）凿槽（沟）、打洞项目，应符合《通用安装工程工程量计算规范》（GB 50856—2013）中"附录 D.13 附属工程"的规定。

4. 管道、设备及支架除锈、刷油、保温等除注明者外，应符合《通用安装工程工程量计算规范》（GB 50856—2013）中"附录 M 刷油、防腐蚀、绝热工程"的相关规定。

三、室内给排水工程的工程量计算

1. 给排水管道

给排水管道的工程量计算规则见表 10-3。

表 10-3　　　　　　　　　给排水管道的工程量计算规则

项目名称	计量单位	工程量计算规则
镀锌钢管；钢管；不锈钢管；铜管；铸铁管；塑料管；复合管；直埋式预制保温管；承插陶瓷瓦管	m	按设计图示管道中心线以长度计算
室外管道碰头	处	按设计图示以处计算

注　管道工程量计算不扣除阀门、管件（包括减压器、疏水器、水表、伸缩器等组成安装）及附属构筑物所占长度；方形补偿器以其所占长度列入管道安装工程量。

2. 管道支架、设备支架及套管

管道支架、设备支架及套管的工程量计算规则见表 10-4。

表 10-4　　　　　　　　管道支架、设备支架及套管的工程量计算规则

项目名称	计量单位	工程计算规则	备注
管道支架	kg（套）	以千克计量，按设计图示质量计算；以套计量，按设计图示数量计算	单件支架质量 100kg 以上的管道支架执行设备支架的制作安装
设备支架			
套管	个	按设计图示数量计算	

3. 管道附件

给排水工程管道附件的工程量计算规则见表 10-5。

表 10-5　　　　　　　　　给排水管道附件的工程量计算规则

项目名称	计量单位	工程量计算规则
螺纹阀门；螺纹法兰阀门；焊接法兰阀门；带短管甲乙阀门；塑料阀门；补偿器；塑料排水管消声器	个	按设计图示数量计算
软接头（软管）	个（组）	
法兰	副（片）	
倒流防止器	套	
水表	组（个）	
浮标液面计	组	
浮漂水位标尺	套	

注　法兰阀门安装包括法兰连接，不得另计法兰。

4. 卫生器具

卫生器具的工程量计算规则见表 10-6。

表 10-6　　　　　　　　　卫生器具的工程量计算规则

项目名称	计量单位	工程量计算规则
浴缸；净身盆；洗脸盆；洗涤盆；化验盆；大便器；小便器；其他成品卫生器具	组	按设计图示数量计算
烘手器	个	
淋浴器；淋浴间；桑拿浴房；大、小便槽自动冲洗水箱；冷热水混合器；饮水器；隔油器	套	
给排水附（配）件	个（组）	
小便槽冲洗管	m	按设计图示长度计算

注　1. 给排水附（配）件是指独立安装的水嘴、地漏、地面扫出口等。
　　2. 成品卫生器具项目中的安装，给水附件包括水嘴、阀门、喷头等，排水配件包括存水弯、排水栓、下水口等，以及配备的连接管。

四、室内给排水工程计量示例

某建筑卫生间给排水施工图如图 10-2 所示。请根据施工图计算室内给排水工程的清单工程量。设计说明如下：

（1）卫生设备与附件。

挂式 13102 型陶瓷洗脸盆；普通陶瓷浴盆 $l=1500\text{mm}$；踏式 6203 型陶瓷蹲式大便器；叶轮式水表；铝合金地漏顶面低于地面 5～10mm；

生活给水管道上采用全铜截止阀，蹲式大便器采用直通式专用冲洗阀。

（2）洗脸盆和浴盆的水龙头采用单个普通水龙头。

（3）管材、管件及其连接。

生活给水管采用 PP-R 管，热熔连接；生活污水管采用 PVC-U 管，立管的连接方式采用弹性密封圈连接，出户管的连接方式采用粘接。

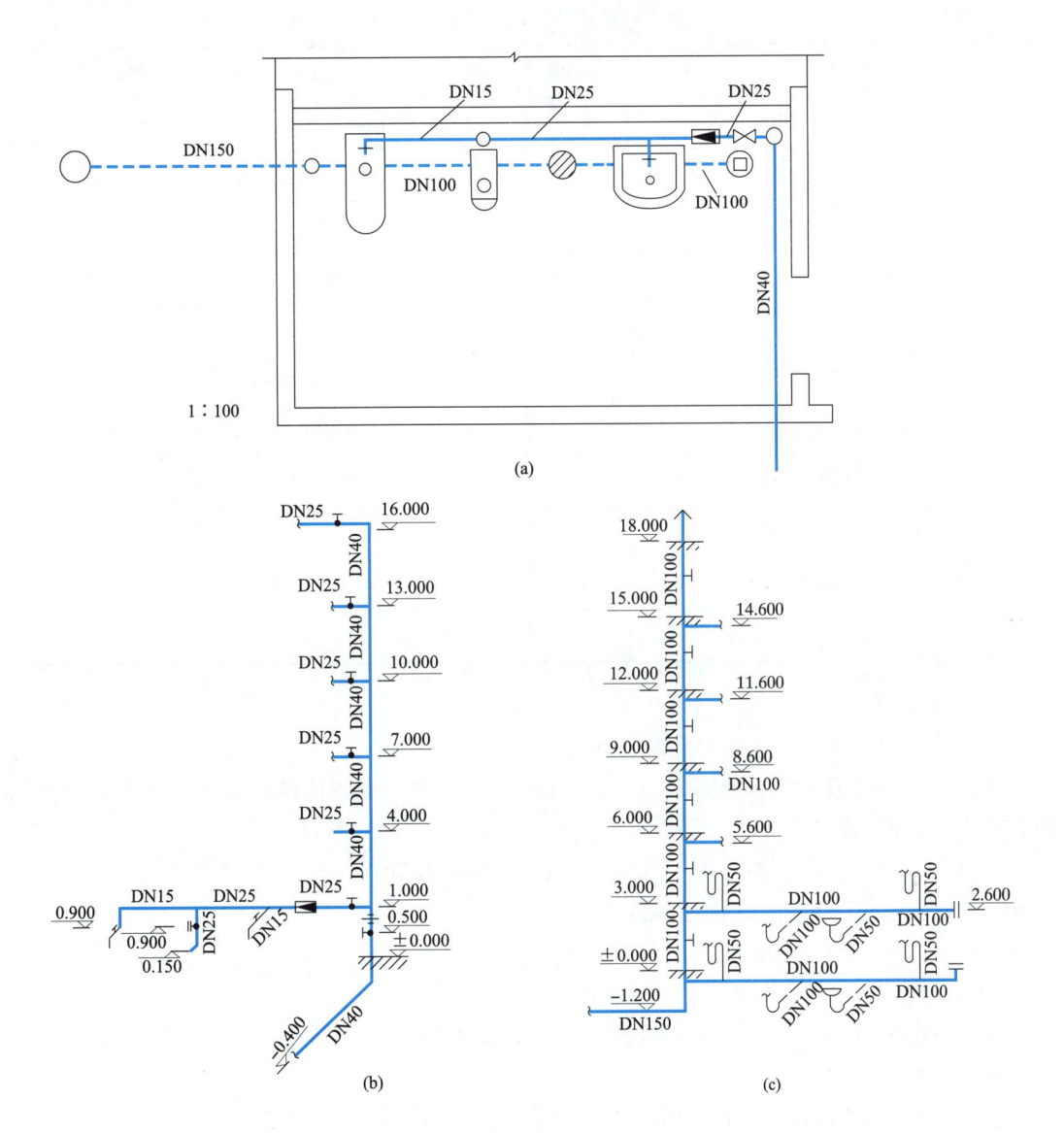

图 10-2 建筑给排水工程施工图

（4）套管设置。

给排水管道穿墙和楼板时，应设套管，套管的管材为普通钢管，套管外径比管道外径大两级，下面与楼板齐平，上面比楼板高 20~30mm，管径空隙用阻燃密实材料和防水油膏填实。

（5）支、吊架的设置。

给水管道和排水管道采用塑料管卡固定。

（6）通气管高于屋面 700mm。

（7）本设计中的给水管均采用明装，排水管暗装于吊顶内。

图 10-2 所示给排水工程的清单工程量汇总见表 10-7。

表 10-7　　　　　　　　　　　室内给排水工程的工程量汇总表

序号	项目名称	计量单位	工程量	序号	项目名称	计量单位	工程量
1	DN150PVC-U 管	m	4.10	12	DN40 全铜截止阀	个	1
2	DN100PVC-U 管	m	57.00	13	DN25 全铜截止阀	个	6
3	DN50PVC-U 管	m	7.20	14	DN25 叶轮式水表	个	6
4	DN40PP-R 管	m	21.70	15	DN25 直通式专用冲洗阀	个	6
5	DN25PP-R 管	m	24.60	16	普通陶瓷浴盆	个	6
6	DN15PP-R 管	m	10.50	17	挂式陶瓷洗脸盆	个	6
7	DN200 刚性防水套管	个	1	18	踏式陶瓷蹲式大便器	个	6
8	DN150 刚性防水套管	个	1	19	普通水龙头	个	12
9	DN65 刚性防水套管	个	1	20	DN50 地漏	个	6
10	DN150 套管	个	6	21	DN100 地面清扫口	个	1
11	DN65 套管	个	6				

1. 给水管道

给水管道的长度从引入管开始算至角阀。

水平方向的管道长度：如图 10-2（a）所示，按照平面图的比例尺量取。起点和终点或为直线交点，或为圆心。

竖直方向管道长度：如图 10-2（b）所示，根据标高计算。

（1）DN40（PP-R 管，热熔连接）

$\begin{cases} \rightarrow: 1.5+3.8=5.3(m) \\ \uparrow: 16.000-(-0.400)=16.4(m) \end{cases}$　　　小计：$5.3+16.4=21.7(m)$

说明： 水平方向：式中 1.5 为建筑物外墙皮以外的 1.5m 长管道，不必量取；3.8 为外墙皮量至给水立管中心。

竖直方向：立管最高点标高 16.000，与最低点标高 −0.400 相减。

（2）DN25（PP-R 管，热熔连接）

$\begin{cases} \rightarrow: 4.0\times 6=24.0(m) \\ \uparrow: (1.000-0.900)\times 6=0.6(m) \end{cases}$　　　小计：$24.0+0.6=24.6(m)$

说明： 水平方向：式中 4.0 为从立管中心量至蹲式大便器冲洗管三通的长度。

竖直方向：每层的蹲式大便器冲洗管。从标高为 1.000 的三通处，算至标高为 0.900 的专用冲洗阀；冲洗阀以下的管道已包括在大便器的安装中，不必计算。

（3）DN15（PP-R 管，热熔连接）

$\begin{cases} \rightarrow: 1.65\times 6=9.9(m) \\ \uparrow: (1.000-0.900)\times 6=0.6(m) \end{cases}$　　　小计：$9.9+0.6=10.5(m)$

说明： 水平方向：从蹲式大便器冲洗管的三通量至最左端水嘴的水平管长度。

竖直方向：水平管标高 1.000 减水嘴所在标高 0.900。

2. 排水管道

排水管道的长度从排出管开始算至楼地面。

水平方向的管道长度：如图 10-2（a）所示，按照平面图的比例尺量取。起点和终点或为直线交点，或为圆心。

竖直方向管道长度：如图 10-2（c）所示，根据标高计算。

（1）DN150（PVC-U 管，弹性密封圈连接）

$\begin{cases} \rightarrow : 3.3\text{m} \\ \uparrow : -(3.000-2.600)-(-1.2)=0.8(\text{m}) \end{cases}$ 小计：3.3+0.8=4.1(m)

说明：水平方向：式中 3.3 为建筑物外检查井中心量至排水立管中心。

竖直方向：竖直段 DN150 管道的位置为一层水平管与立管的三通处，至排出管的竖直段；式中 3.000－2.600 为二层水平排水管至二层楼地面的距离，每层相同。

（2）DN100（PVC-U 管，弹性密封圈连接）

$\begin{cases} \rightarrow : 5.85\times 6=35.1(\text{m}) \\ \uparrow : (18.000+0.7+0.4)+0.4+0.4\times 6=21.9(\text{m}) \end{cases}$ 小计：35.1+21.9=57.0(m)

说明：水平方向：式中 5.85 为地面清扫口中心量至排水立管中心。

竖直方向：竖直段 DN100 铸铁管道分为三段：（18.000＋0.7＋0.4）m 为 DN100 立管的长度，从一层水平管与立管的三通处至通气帽；0.4m 为一层地面清扫口 DN100 支管的登高；0.4m×6 为每层蹲式大便器 DN100 支管（P 形存水弯）的登高。

（3）DN50（PVC-U 管，弹性密封圈连接）

$\begin{cases} \rightarrow : - \\ \uparrow : (0.4\times 2+0.4)\times 6=7.2(\text{m}) \end{cases}$ 小计：0+7.2=7.2(m)

说明：水平方向：无 DN50 管道。

竖直方向：0.4m×2 为每层 2 个 DN50 支管（S 形存水弯）的登高；0.4m 为每层 1 个 DN50 支管（P 形存水弯）的登高。

3. 套管

设计文件要求，套管的规格比管道大两级，图 10-2 所示的套管规格和数量见表 10-8。

表 10-8　　　　　　　　　　套管的规格和数量　　　　　　　　　　（单位：个）

套管的类型	规格	所在位置	数量	材　质
刚性防水套管	DN65	DN40 给水引入管穿基础墙	1	普通钢管
普通套管	DN65	DN40 给水立管穿楼地板	6	普通钢管
刚性防水套管	DN200	DN150 排水引出管穿基础墙	1	普通钢管
刚性防水套管	DN150	DN100 排水管穿屋面	1	普通钢管
普通套管	DN150	DN100 排水立管穿楼地板	6	普通钢管

4. 管道附件

图 10-2 所示的管道附件见表 10-9。

表 10-9　　　　　　　　　　　管道附件　　　　　　　　　　（单位：个）

阀门类型	规格	所在位置	数量	备注
全铜截止阀	DN40	标高为+0.500 的给水立管上	1	
全铜截止阀	DN25	DN25 水平支管上	6	每层
叶轮式水表	DN25	DN25 水平支管上	6	每层
直通式专用冲洗阀	DN25	蹲式大便器冲洗管上	6	每层

5. 卫生器具

（1）浴盆。普通陶瓷浴盆，$l=1500$mm，共 6 个。

（2）洗脸盆。挂式 13102 型陶瓷洗脸盆，共 6 个。

（3）蹲式大便器。踏式 6203 型陶瓷蹲式大便器，共 6 个。

（4）给排水附（配）件。

1）设计文件要求洗脸盆、浴盆采用单个普通水龙头，即普通水龙头（水嘴）的数量为每层 2 个，共 12 个。

2）地漏的材质为铝合金，连接的排水管规格为 DN50，共 6 个。

3）地面清扫口连接一层水平排水管，位于一层地面上，排水管规格为 DN100，共 1 个。

任务三　建筑电气照明工程计量

建筑电器照明工程清单项目设置应符合《通用安装工程工程量计算规范》（GB 50856—2013）中"附录 D 电器设备安装工程"的规定。

一、相关说明

（1）电气设备安装工程适用于 10kV 以下变配电设备及线路的安装工程，车间动力电气设备及电气照明、防雷及接地装置安装、配管配线、电气调试等。

（2）挖土、填土工程，应符合国家标准《房屋建筑与装饰工程工程量计算规范》（GB 50854—2013）的相关规定。

（3）开挖路面，应符合现行国家标准《市政工程工程量计算规范》（GB 50857—2013）的相关规定。

（4）过梁、墙、楼板的钢（塑料）套管，应符合《通用安装工程工程量计算规范》（GB 50856—2013）中"附录 K 给排水、采暖、燃气工程"的相关规定。

（5）除锈、刷漆（补刷漆除外）、保护层安装，应符合《通用安装工程工程量计算规范》（GB 50856—2013）中"附录 M 刷油、防腐蚀、绝热工程"的相关规定。

（6）由国家或地方检测验收部门进行的检测验收应符合《通用安装工程工程量计算规范》（GB 50856—2013）中"附录 N 措施项目"的相关规定。

二、控制设备及低压电器安装

常用的控制设备及低压电器安装工程量清单项目及计算规则见表 10-10。

项目十　建筑工程水电安装计量

表 10-10　　　　　　　　　　控制设备及低压电器安装工程量计算规则

项目名称	计量单位	工程量计算规则
配电箱、插座箱、端子箱、风扇	台	按设计图示数量计算
控制开关、低压熔断器、小电器、照明开关、插座	个	
其他电器	个（套、台）	

注　1. 控制开关包括自动空气开关、刀形开关、铁壳开关、胶盖刀闸开关、组合控制开关、万能转换开关、风机盘管三速开关、漏电保护开关等。
　　2. 小电器包括按钮、电笛、水位电气信号装置、测量表计、继电器、电磁锁、屏上辅助设备、辅助电压互感器、小型安全变压器等。
　　3. 其他电器指《通用安装工程工程量计算规范》(GB 50856—2013) 中 "D.4 控制设备及低压电器安装" 的未列的项目。
　　4. 盘、箱、柜的外部进出导线预留长度见表 10-11。

表 10-11　　　　　　　　　盘、箱、柜的外部进出电线预留长度　　　　　　　　　（单位：m/根）

项　目	预留长度	说明
各种箱、柜、盘、板、盒	高+宽	盘面尺寸
单独安装的铁壳开关、自动开关、刀开关、启动器、箱式电阻器、变阻器	0.5	从安装对象中心算起
继电器、控制开关、信号灯、按钮、熔断器等小电器	0.3	从安装对象中心算起
分支接头	0.2	分支线预留

三、电缆安装

电缆安装工程量清单项目及计算规则见表 10-12。

表 10-12　　　　　　　　　　电缆安装工程量清单项目及计算规则

项目名称	计量单位	工程量计算规则
电力电缆、控制电缆	m	按设计图示尺寸以长度计算（含预留长度及附加长度）
电缆保护管、电缆槽盒、铺砂、盖保护板（砖）	m	按设计图示尺寸以长度计算
电力电缆头、控制电缆头	个	按设计图示数量计算
防火堵洞	处	按设计图示数量计算
防火隔板	m²	按设计图示尺寸以面积计算
电缆分支箱	台	按设计图示数量计算

注　1. 电缆穿刺线夹按电缆头计。
　　2. 电缆井、电缆排管、顶管，应符合现行国家标准《市政工程工程量计算规范》(GB 50857—2013) 的相关规定。
　　3. 电缆预留长度及附加长度见表 10-13。

表 10-13　　　　　　　　　　　电缆预留长度及附加长度

项　　目	预留（附加）长度	说明
电缆敷设弛度、波形弯度、交叉	2.5％	按电缆全长计算
电缆进入建筑物	2.0m	规范规定最小值
电缆进入沟内或吊架时引上（下）预留	1.5m	规范规定最小值
电力电缆终端头	1.5m	检修余量最小值
电缆中间接头盒	两端各留2.0m	检修余量最小值
电缆进控制、保护屏及模拟盘、配电箱等	高＋宽	按盘面尺寸
电缆至电动机	0.5m	从电动机接线盒算起
电缆绕过梁柱等增加长度	按实计算	按被绕物的断面情况计算增加长度
电梯电缆与电缆架固定点	每处0.5m	规范规定最小值

四、防雷接地装置

防雷接地装置工程量清单项目及计算规则见表10-14。

表 10-14　　　　　　　防雷接地安装工程量清单项目及计算规则

项目名称	计量单位	工程量计算规则
接地极	根（块）	按设计图示数量计算
接地母线、避雷引下线、均压环、避雷网	m	按设计图示尺寸以长度计算（含附加长度）
避雷针	根	按设计图示数量计算
半导体少长针消雷装置	套	按设计图示数量计算
等电位端子箱、测试板	台（块）	按设计图示数量计算
绝缘垫	m²	按设计图示尺寸以展开面积计算

注　1. 利用桩基础作接地极，应描述桩台下桩的根数，每桩台下需焊接柱筋根数，其工程量按柱引下线计算；利用基础钢筋作接地极按均压环项目计算。
　　2. 利用柱筋作引下线，需描述柱筋的焊接根数。
　　3. 使用电缆、导线作接地线，应符合电缆安装和照明器具安装的相关规定。
　　4. 接地母线、引下线、避雷网附加长度见表10-15。

表 10-15　　　　　　接地母线、引下线、避雷网附加长度　　　　　　　（单位：m）

项　　目	附加长度	说　　明
接地母线、引下线、避雷网附加长度	3.9％	按接地母线、引下线、避雷网全长计算

五、配管、配线

配管、配线工程量清单项目及计算规则见表10-16。

表 10-16　　　　　　　　　配管、配线工程量清单项目及计算规则

项目名称	计量单位	工程量计算规则
配管、线槽、桥架	m	按设计图示尺寸以长度计算
配线	m	按设计图示尺寸以单线长度计算（含预留长度）
接线箱、接线盒	个	按设计图示数量计算

注 1. 配管指电线管、钢管、防爆管、塑料管、软管、波纹管等导线保护管。
2. 配管、线槽安装不扣除管路中间的接线箱（盒）、灯头盒、开关盒所占长度。
3. 配管的配置形式包括明配、暗配、吊顶内、钢结构支架、钢索配管、埋地敷设、水下敷设、砌筑沟内敷设等。
4. 配线包括管内穿线、瓷夹板配线、塑料夹板配线、绝缘子配线、槽板配线、塑料护套配线、线槽配线、车间带形母线等。
5. 配线形式包括照明线路，动力线路，木结构，顶棚内，砖、混凝土结构，沿支架、钢索、屋架、梁、柱、墙，以及跨屋架、梁、柱。
6. 配线保护管遇到下列情况之一时，应增设管路接线盒和拉线盒：
   (1) 管长度每超过 30m，无弯曲；
   (2) 管长度每超过 20m，有 1 个弯曲；
   (3) 管长度每超过 15m，有 2 个弯曲；
   (4) 管长度每超过 8m，有 3 弯曲。
   设计无要求时，上述规定可作为计量接线盒、拉线盒的依据。
7. 垂直敷设的电线保护管遇到下列情况之一时，应增设固定导线用的拉线盒：
   (1) 管内导线截面为 50mm^2 及以下，长度每超过 30m；
   (2) 管内导线截面为 70～95mm^2，长度每超过 20m；
   (3) 管内导线截面为 120～240mm^2，长度每超过 18m。
   设计无要求时，上述规定可作为计量接线盒、拉线盒的依据。
8. 配管安装中的凿槽、刨沟，应符合附属工程的相关规定。
9. 配线进入箱、柜、板的预留长度见表 10-17。

表 10-17　　　　　　　　配线进入箱、柜、板的预留长度　　　　　　　　（单位：m/根）

项　　目	预留长度	说明
各种开关箱、柜、板	高+宽	盘面尺寸
单独安装（无箱、盘）的铁壳开关、闸刀开关、启动器、线槽进出线盒等	0.3	从安装对象中心算起
由地面管子出口引至动力接线箱	1.0	从管口计算
电源与管内导线连接（管内穿线与软、硬母线接点）	1.5	从管口计算
出户线	1.5	从管口计算

六、照明器具安装

照明器具安装工程量清单项目及计算规则见表 10-18。

表 10-18　　　　　　　　照明器具安装工程量清单项目及计算规则

项目名称	计量单位	工程量计算规则
普通灯具、工厂灯、高度标志（障碍）灯、装饰灯、荧光灯、医疗专用灯	套	按设计图示数量计算

注　1. 普通灯具包括圆球吸顶灯、半圆球吸顶灯、方形吸顶灯、软线吊灯、座灯头、吊链灯、防水吊灯、壁灯等。
　　2. 工厂灯包括工厂罩灯、防水灯、防尘灯、碘钨灯、投光灯、泛光灯、混光灯、密闭灯等。
　　3. 装饰灯包括吊式艺术装饰灯、吸顶式艺术装饰灯、荧光艺术装饰灯、几何形组合艺术装饰灯、标志灯、诱导装饰灯、水下（上）艺术装饰灯、点光源艺术灯、歌舞厅灯具、草坪灯具等。
　　4. 医疗专用灯包括病房指示灯、病房暗脚灯、紫外线杀菌灯、无影灯等。

七、附属工程

常用的附属工程工程量清单项目及计算规则见表 10-19。

表 10-19　　　　　　　　配管、配线工程量清单项目及计算规则

项目名称	计量单位	工程量计算规则	备注
铁构件	kg	按设计图示尺寸以质量计算	适用于电气工程的各种支架、铁构件
凿（压）槽	m	按设计图示尺寸以长度计算	
打洞（孔）	个	按设计图示数量计算	
管道包封	m	按设计图示长度计算	
人（手）孔砌筑	个	按设计图示数量计算	
人（手）孔防水	m²	按设计图示防水面积计算	

八、电气调整试验

建筑电气照明工程相关的电气调整试验工程量清单项目及计算规则见表 10-20。

表 10-20　　　　　　　　电气调整试验工程量计算规则

项目名称	计量单位	工程量计算规则
事故照明切换装置	系统（台）	按设计图示系统计算
不间断电源	系统	按设计图示系统计算
避雷器、电容器	组	按设计图示数量计算
接地装置	系统、组	以系统计量，按设计图示系统计算 以组计量，按设计图示数量计算
电缆试验	次（根、点）	按设计图示数量计算

九、建筑电气照明工程计量示例

某车间电气照明平面图如图 10-3 所示。系统图参照图 11-20。设计说明如下：

项目十 建筑工程水电安装计量

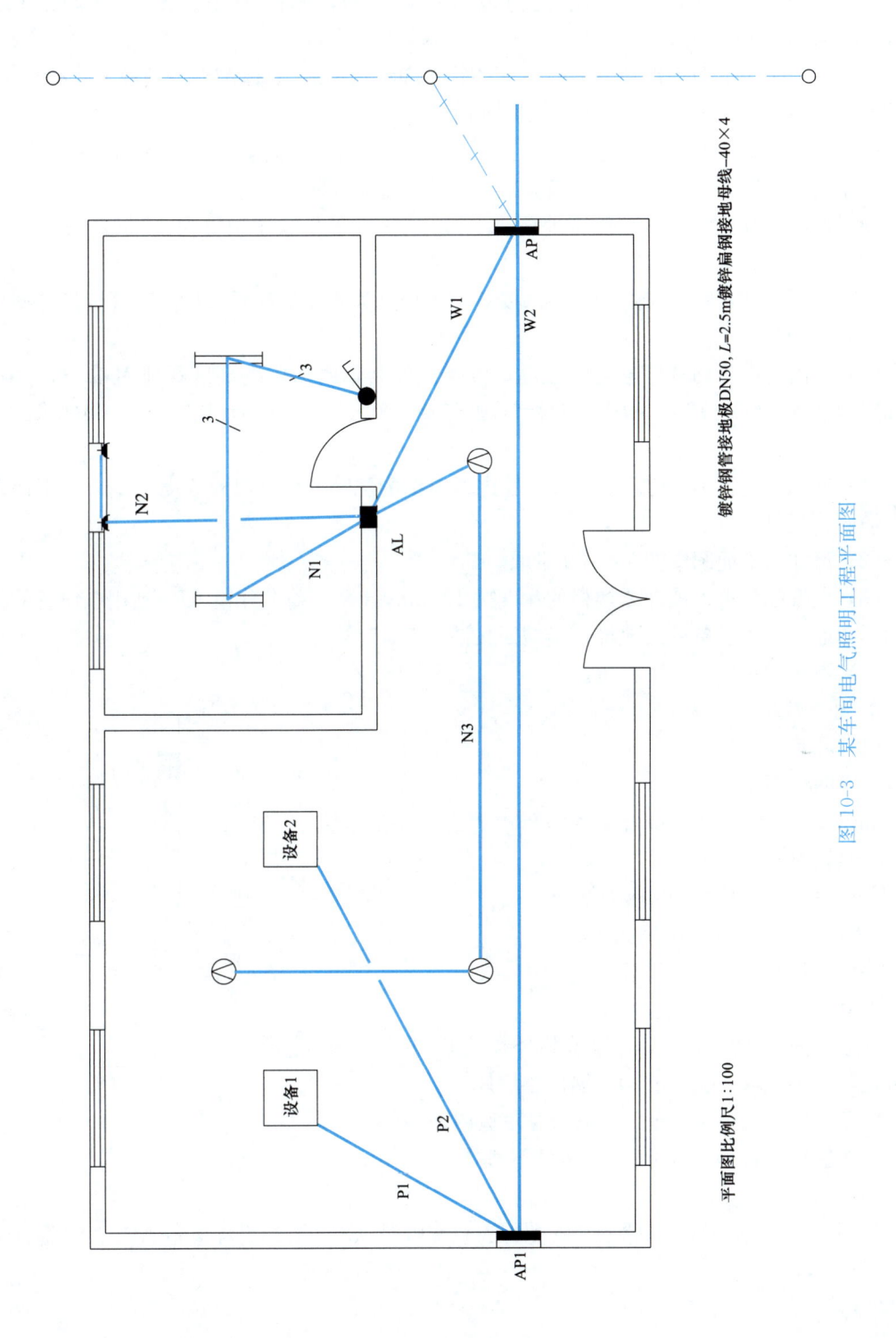

图 10-3 某车间电气照明工程平面图

1. 设计说明

（1）车间室内净高 4.0m，顶板为现浇混凝土板，厚度为 150mm，建筑物外墙厚 240mm，室内外高差 0.45m。

（2）电源采用电缆埋地穿管入户，室外管道埋深 0.8m，具体配线及敷设方式按系统图，总配电箱为 AP、动力分箱为 AP1、照明分箱为 AL。

（3）系统接地设在总配电箱 AP 下，采用－40×4 镀锌扁钢埋地敷设，埋深 0.7m；接地极采用镀锌钢管 DN50×2500 普通土敷设；接地电阻要求不大于 1Ω。

（4）插座和开关的安装高度距地面 1.3m。二三极暗装插座型号为 AP86Z223A-10，双联单控开关型号为 AP86K21-10。

（5）工厂灯和双管荧光灯均为吸顶安装。工厂灯为 400W 深照型灯，双管荧光灯型号为 YG2-2 1×36W。

（6）室内配电箱均从厂家订购成品，嵌入式安装，底边安装高度距地面 1.5m。AP 为非标定制 800×800×180，AP1 为非标定制 600×800×180，AL 为 PZ30 300×400×120。

2. 工程量计算要求

（1）进总配电箱 AP 的管线，仅计算进线电缆的配管部分（出外墙皮 1.5m），不计算进线电缆的工程量。

（2）尺寸在平面图中按 1∶100 量取。

（3）电气配管进入地坪或楼板的深度按 100mm 计算。动力分箱 AP1 到用电设备的配管按预埋考虑，引到设备处的地坪，出地面按照 0.5m 计算。

（4）不考虑室外土方工程量。

3. 电气照明工程的工程量计算

（1）配管。

1）DN80 配管。

如图 10-4 所示，DN80 配管为室外电源进入总配电箱 AP 的电缆保护管。

$\begin{cases} \rightarrow: 1.5+0.12=1.62(m) \\ \uparrow: 1.5+0.45+0.8=2.75(m) \end{cases}$

小计：1.62+2.75=4.37(m)

说明：

水平方向：式中 1.5m 为建筑物外墙皮以外的 1.5m 长管道，不必量取；0.12m 为外墙的半墙厚。

竖直方向：式中 1.5m 为配电箱底距室内地坪的高度；0.45m 为室内外高差；0.8m 为室外管道埋深。

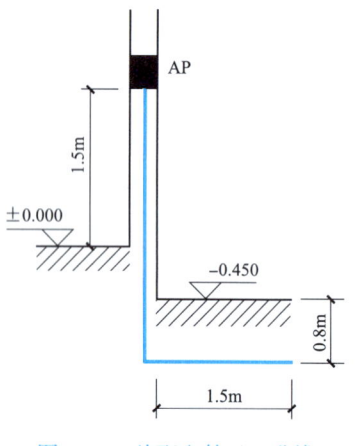

图 10-4 总配电箱 AP 进线配管敷设

2）DN50 配管。

如图 10-5 所示，W2 回路 DN50 配管为总配电箱 AP 进入动力配电箱 AP1 的电缆（YJV－5×25）保护管。

$\begin{cases} \rightarrow: 15.2m \\ \uparrow: (1.5+0.1)\times 2=3.2(m) \end{cases}$

小计：15.2+3.2=18.4(m)

说明：水平方向：式中 15.2m 为平面图上量取的 W2 回路长度。

竖直方向：式中 1.5m 为配电箱底距室内地坪的高度；0.1m 为配管进入地坪的深度。

3) DN40 配管。

如图 10-6 所示，W1 回路 DN40 配管为总配电箱 AP 进入照明配电箱 AL 的导线（BV－5×10）保护管。

$\begin{cases} \rightarrow：4.9m \\ \uparrow：(1.5+0.1)\times 2=3.2(m) \end{cases}$

小计：4.9+3.2=8.1(m)

说明：水平方向：式中 4.9m 为平面图上量取的 W1 回路长度。

竖直方向：式中 1.5m 为配电箱底距室内地坪的高度；0.1m 为配管进入地坪的深度。

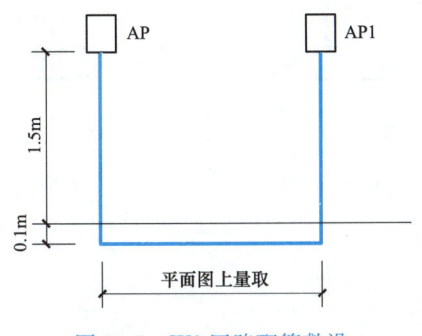

图 10-5　W2 回路配管敷设

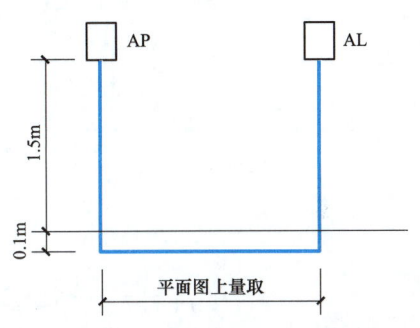

图 10-6　W1 回路配管敷设

4) DN25 配管（P1 回路，4 根 $4mm^2$ 照明线路）。

如图 10-7 所示，DN25 配管为动力配电箱 AP1 至动力设备 1 和动力设备 2 的 P1 回路、P2 回路的导线（BV－4×4）保护管。

P1 回路：$\begin{cases} \rightarrow：3.5m \\ \uparrow：(1.5+0.1)+(0.5+0.1)=2.2(m) \end{cases}$

P2 回路：

$\begin{cases} \rightarrow：6.4m \\ \uparrow：(1.5+0.1)+(0.5+0.1)=2.2(m) \end{cases}$

小计：3.5+6.4+2.2×2=14.3(m)

说明：水平方向：式中 3.5m 为平面图上量取的 P1 回路长度；6.4m 为平面图上量取的 P2 回路长度。

竖直方向：式中 1.5m 为配电箱底距室内地坪的高度；0.1m 为配管进入地坪的深度；0.5m 为动力配电箱 AP1 引至用电设备的预埋配管出地面的高度。

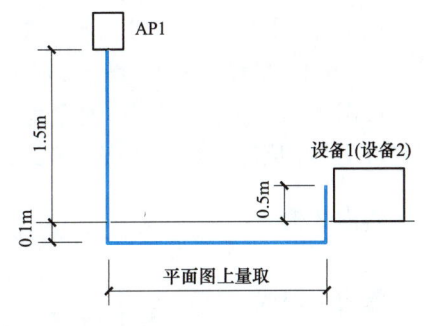

图 10-7　P1 回路、P2 回路配管敷设

5) PC20 配管。

如图 10-8 所示，PC20 配管为照明配电箱 AL 至插座的 N2 回路导线（BV－3×4）保护管。

N2 回路：

$\begin{cases} \rightarrow：4.1+1.1=5.2(m) \\ \uparrow：(1.5+0.1)+(1.3+0.1)\times 3=5.8(m) \end{cases}$

说明： 水平方向：式中 4.1m 为平面图上量取的照明配电箱 AL 至插座 1 的配管长度；1.1m 为平面图上量取的插座 1 至插座 2 的配管长度。

竖直方向：式中 1.5m 为配电箱底距室内地坪的高度；0.1m 为配管进入地坪的深度；1.3m 为插座距室内地坪的高度。

如图 10-9 所示，PC20 配管为照明配电箱 AL 至工厂灯的 N3 回路导线（BV－3×4）保护管。

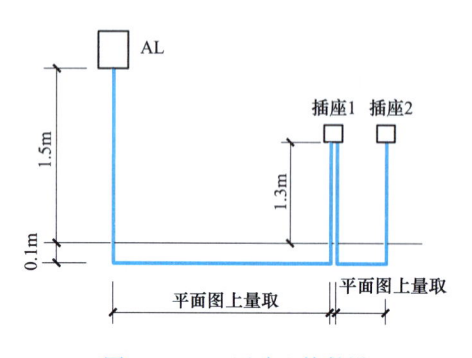

图 10-8　N2 回路配管敷设

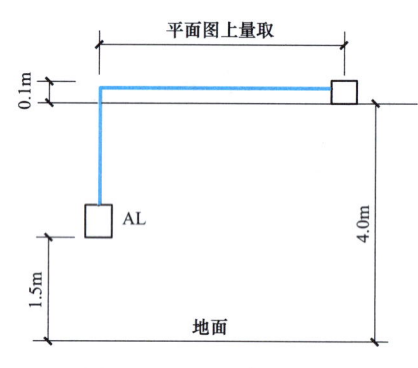

图 10-9　N3 回路配管敷设

N3 回路：$\begin{cases} \rightarrow : 1.9+7.7+3.9=13.5(\text{m}) \\ \uparrow : 4.0-1.5-0.4+0.1=2.2(\text{m}) \end{cases}$

说明： 水平方向：式中 1.9m 为平面图上量取的照明配电箱 AL 至工厂灯 1 的配管长度；7.7m 为工厂灯 1 至工厂灯 2 的配管长度；3.9m 为工厂灯 2 至工厂灯 3 的配管长度。

竖直方向：式中 4.0m 为车间的室内净高；1.5m 为配电箱底距室内地坪的高度；0.4m 为照明配电箱 AL 的高度；0.1m 为配管进入天棚的深度。

PC20 配管小计：5.2＋5.8＋13.5＋2.2＝26.7(m)

6) PC16 配管（N1 回路，2 根 2.5mm² 照明线路）。

如图 10-10 所示，PC16 配管为照明配电箱 AL 至双管荧光灯的 N1 回路导线（BV－2×2.5）保护管。

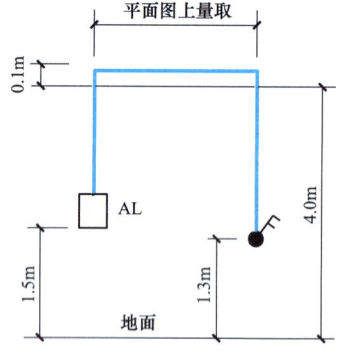

图 10-10　N1 回路配管敷设

管内 2 根线：$\begin{cases} \rightarrow : 2.5\text{m} \\ \uparrow : 4.0-1.5-0.4+0.1=2.2(\text{m}) \end{cases}$，小计：2.5＋2.2＝4.7(m)

管内 3 根线：$\begin{cases} \rightarrow : 3.6+2.2=5.8(\text{m}) \\ \uparrow : 4.0-1.3+0.1=2.8(\text{m}) \end{cases}$，小计：5.8＋2.8＝8.6(m)

PC16 配管总计：4.7＋8.6＝13.3(m)

说明： 水平方向：式中 2.5m 为平面图上量取的照明配电箱 AL 至双管荧光灯 1 的配管长度；3.6m 为平面图上量取的双管荧光灯 1 至双管荧光灯 2 的配管长度；2.2m 为平面图上量取的双管荧光灯 2 至双联单控开关的配管长度；

竖直方向：式中 4.0m 为车间的室内净高；1.5m 为配电箱底距室内地坪的高度；0.4m 为照明配电箱 AL 的高度；0.1m 为配管进入天棚的深度；1.3m 为双联单控开关距室内地坪的高度。

(2) 配线。

配线长度＝（配管长度＋配电箱半周长）×管内导线根数

1) 10mm² 动力配线（DN40 配管）

10mm² 动力配线为 W1 回路的动力线路，从总配电箱 AP 至动力配电箱 AP1，管内 5 根导线，线路两端考虑配电箱的半周长。

$$[8.1+(0.8+0.8)+(0.3+0.4)]×5=52(m)$$

说明：式中 8.1m 为 W1 回路配管长；（0.8+0.8）m 为总配电箱 AP 的半周长；（0.3+0.4）m 为照明配电箱 AL 的半周长。

2) 4mm² 动力配线（DN25 配管）。

4mm² 动力配线为 P1 回路和 P2 回路的动力线路。

从动力配电箱 AP 至设备 1 的 P1 回路，管内 4 根导线，线路一端考虑配电箱的半周长；从动力配电箱 AP 至设备 2 的 P2 回路，管内 4 根导线，线路一端考虑配电箱的半周长。

$$[14.3+(0.8+0.6)×2]×4=68.4(m)$$

说明：式中 14.3m 为 P1 回路和 P2 回路的配管总长；（0.8+0.6）m 为动力配电箱 AP1 的半周长。

3) 4mm² 照明配线（PC20 配管）。

4mm² 照明配线为 N2 回路和 N3 回路的照明线路。

从照明配电箱 AL 至插座的 N2 回路，管内 4 根导线，线路一端考虑配电箱的半周长；从照明配电箱 AL 至工厂灯的 N3 回路，管内 4 根导线，线路一端考虑配电箱的半周长。

$$[26.7+(0.3+0.4)×2]×3=84.3(m)$$

说明：式中 26.7m 为 N2 回路和 N3 回路的配管总长；（0.3+0.4）m 为照明配电箱 AL 的半周长。

4) 2.5mm² 照明配线（PC16 配管）。

2.5mm² 照明配线为 N1 回路的照明线路。从照明配电箱 AL 至双管荧光灯 1，管内 2 根导线，线路一端考虑配电箱的半周长；从双管荧光灯 1 至双联单控开关，管内 3 根导线。

$$[(2.5+2.2)+(0.3+0.4)]×2+(5.8+2.8)×3=36.6(m)$$

说明：式中（2.5+2.2）m 为管内穿 2 根线的配管总长；（0.3+0.4）m 为照明配电箱 AL 的半周长；（5.8+2.8）m 为管内穿 3 根线的配管总长。

(3) 电力电缆（DN50 配管）。

W2 回路的电力电缆 YJV－5×25 穿过 DN50 配管，从总配电箱 AP 进入动力配电箱 AP1。

计算该电力电缆的工程量，应考虑 W2 回路的配管长度、两端配电箱处的电缆预留长度，以及电力电缆的附加长度。

$$(18.4+1.5×2)×(1+2.5\%)=21.94(m)$$

说明：式中 18.4m 为 DN50 配管的长度；1.5m 为配电箱处的电缆预留长度；2.5% 为电缆的附加长度。

(4) 接地母线。

接地母线的敷设如图 10-11 所示。

$\begin{cases}\rightarrow: 2.6+11.6=14.2(m)\\ \uparrow: 1.5+0.45+0.7=2.65(m)\end{cases}$

小计：$(14.2+2.65)\times(1+3.9\%)=17.51(m)$

说明： 水平方向：式中 2.6m 为平面图上量取的总配电箱 AP 至接地极 2 的距离；11.6m 为平面图上量取的接地极 1 至接地极 3 的距离。

竖直方向：式中 1.5m 为配电箱底距室内地坪的高度；0.45m 为室内外高差；0.7m 为接地母线的埋深；接地母线的附加长度按全长的 3.9% 计算。

(5) 其他工程量计算说明。

1) 接线盒。

灯头盒 5 个，为 5 个吸顶安装灯具的灯头盒。包括 2 个双管荧光灯的灯头盒和 3 个工厂灯的灯头盒。

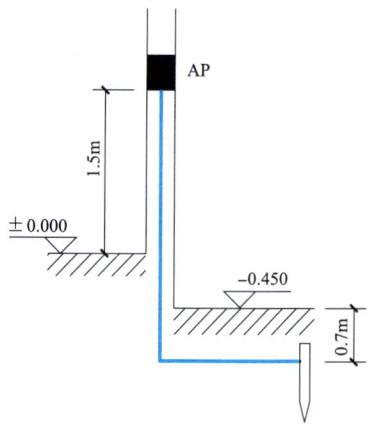

图 10-11 接地母线敷设

开关盒 3 个，为 1 个双联单控开关盒和 2 个插座的接线盒。

2) 干包电缆头 5×25，为电力电缆 YJV—5×25 的 2 个终端头。

3) 其他按图示数量计量的配电箱、开关、插座、灯具、接地极等的工程量见表 10-21。

表 10-21　　　　　　　　某车间电气照明工程的工程量汇总表

序号	项目名称	计量单位	工程量
1	总配电箱 AP 非标定制 800×800×180	台	1
2	动力分配电箱 AP1 非标定制 600×800×180	台	1
3	照明分配电箱 PZ30 300×400×120	台	1
4	双联单控开关 AP86K21-10	个	1
5	二三极暗装插座 AP86Z223A-10	个	2
6	电力电缆 YJV—5×25	m	21.94
7	干包电缆头 5×25	个	2
8	镀锌钢管接地极 DN50，$L=2500$	根	3
9	户外接地母线，镀锌扁钢—40×4	m	17.51
10	DN80 焊接钢管暗配	m	4.37
11	DN50 焊接钢管暗配	m	18.40
12	DN40 焊接钢管暗配	m	8.10
13	DN25 焊接钢管暗配	m	14.30
14	PC20 硬塑料管暗配	m	26.70
15	PC16 硬塑料管暗配	m	13.30
16	动力线路管内穿线 BV10mm^2	m	52.00
17	动力线路管内穿线 BV4mm^2	m	68.40
18	照明线路管内穿线 BV4mm^2	m	84.30
19	照明线路管内穿线 BV2.5mm^2	m	36.60
20	接线盒	个	8
21	400W 深照型工厂灯	套	3
22	YG2—21×36W 双管荧光灯	套	2
23	接地装置调试	系统	1

模块五 实 训 篇

项目十一 习题与实训项目

任务一 建筑工程水电安装基础知识

1. 填空题

（1）给水工程的系统组成：_____、_____、_____、_____，以及调节构筑物。

（2）消防灭火系统分为_____灭火系统、_____灭火系统、_____灭火系统、火灾自动报警系统等。

（3）按照安装位置划分，水泵接合器的类型为_____式水泵接合器、_____式水泵接合器和_____式水泵接合器。

（4）根据采暖的作用范围，分为_____采暖、_____采暖等；根据采暖热媒的不同，分为_____采暖、_____采暖、_____采暖、_____采暖等。

（5）燃气的供应方式为_____供应和_____供应。

（6）衡量空气质量的指标为_____、_____、_____和_____。

（7）通风分为自然通风和机械通风，其中：依靠风机动力使空气流动的通风方式为_____，依靠室外风力造成的风压促使空气流动的通风方式为_____。

（8）输配电线路是输送电能的通道。一般把_____kV及以上电压的输配电线路称为送电线路，把_____kV及以下的线路称为配电线路。

（9）低压设备是指_____kV以下的电力设备。

（10）成本低、使用方便的光源为_____；按照设备的工作状态，公共建筑室内照明属于_____；音乐喷泉的灯光属于_____。

（11）低压配电系统的接地形式为_____、_____、_____等三种形式。

（12）室内管道工程的施工图由_____、_____、_____、_____、_____等组成。

（13）通常用_____表示管道的规格，单位为_____，符号为_____；塑料管道的公称直径表示为_____。

（14）室内管道工程中，标高的标注位置为_____。

（15）管道的坡向分为_____、_____、_____。

（16）伸缩器分为_____伸缩器和_____伸缩器。

（17）导线是传输电能与信号的线形导体，俗称电线。按照导体材料，导线分为_____芯导线和_____芯导线等；按照是否外包绝缘层，分为_____导线和_____导线。

（18）铜芯聚氯乙烯绝缘导线的文字符号表示为_____，铝芯聚氯乙烯绝缘导线表示为_____。

(19) 电缆接头的做法主要有四种：_____式电缆头、_____式电缆头、_____式电缆头、_____式电缆头。

(20) 导线的颜色标识为：单相供电时，相线的颜色为____色、零线的颜色为____色；三相供电时，A、B、C 三相电源应以____、____、____三色进行区分。

(21) 接线端子俗称"_____"，是用于导线端部、方便导线连接或断开的专用接头。

2. 判断题（请在括号内填√或×）

(1) 水箱属于水处理构筑物。（　　）
(2) 排水工程的基本任务是排放生活污水、生产废水和屋面的雨雪水。（　　）
(3) 排水检查井内须安装管道改变水流方向和汇集水流。（　　）
(4) 化粪池与检查井都是排水构筑物，其作用都是对生活污水进行预处理，二者的区别是一个在室内、一个在室外。（　　）
(5) 水泵接合器是提供消防车用水的供水设备。（　　）
(6) 地下消火栓设置在消火栓井内，适用于气温较高的南方地区。（　　）
(7) 采暖工程的基本任务是把热量送到冬季寒冷的房间内，使室内温度适宜。（　　）
(8) 采暖系统由产热、输热和散热三部分组成，其中输热的管道称为回水管。（　　）
(9) 空调是指对空气环境进行控制的通风。（　　）
(10) 改变电压、控制和分配电能的场所是变电站。（　　）
(11) 110、220kV 线路称为超高压线路。（　　）
(12) 配电柜的作用之一是负荷分配。（　　）
(13) 油浸式变压器具有较好的绝缘性能和散热性能。（　　）
(14) 电气照明工程的目的是在夜间或采光不足的情况下，使环境明亮。（　　）
(15) 建筑物的屋脊是雷击率较高的部位。（　　）
(16) 防雷接地的目的是让雷电远离建筑物。（　　）
(17) 在管道的单线图中，无法区分异径三通与同径三通。（　　）
(18) 无缝钢管的管道规格表示为 $D \times t$，其中 t 表示公称直径。（　　）
(19) 管件是管道附件的简称。（　　）
(20) 钢管的连接方式是承插连接。（　　）
(21) 套管伸缩器作为钢管的主要部分，其作用是补偿管道的伸缩变形。（　　）
(22) 防止回流的阀门是止回阀。（　　）
(23) 电缆是特殊的导线，它由一根或若干根导线组成。（　　）
(24) 在电气工程中，线芯截面的单位是平方米。（　　）
(25) 干包式电缆头用于 1kV 及以下低压电力电缆接头的绝缘处理。（　　）
(26) 母线的作用是传输、汇集和分配电能，是电站或变电站输送电能的总导线。（　　）
(27) 电器元件是对电路进行切换、控制、保护、检测、变换和调节的零件。（　　）

3. 简答题

(1) 什么是中水？
(2) 水泵接合器与室外消火栓的区别是什么？
(3) 北方的火炕采暖和"小太阳"电器采暖分别属于什么采暖方式？

（4）自然通风与机械通风的区别是什么？

（5）卫生间安装排气扇属于机械通风的哪种形式？

（6）空调系统分为集中式空调和分散式空调，请说明这两种空调方式的适用范围。

（7）请列出直径 100mm 以下管道的公称直径。

（8）De 和 DN 都表示管道的公称直径，请说明二者有什么不同。

（9）管道工程中的标高，是指绝对高程还是相对高程？

（10）请列出四种常用的管材，并说明每种管材的接口形式。

（11）请说明刚性防水套管与普通套管在结构上有什么不同。

（12）管道工程中，伸缩器的作用是什么？

（13）型号为 BV 和 BVV 的导线名称分别是什么？二者有什么区别？

（14）电力电缆与控制电缆在文字符号表示上有什么区别？

4. 图例识别

（1）请在括号内填写图例的名称。

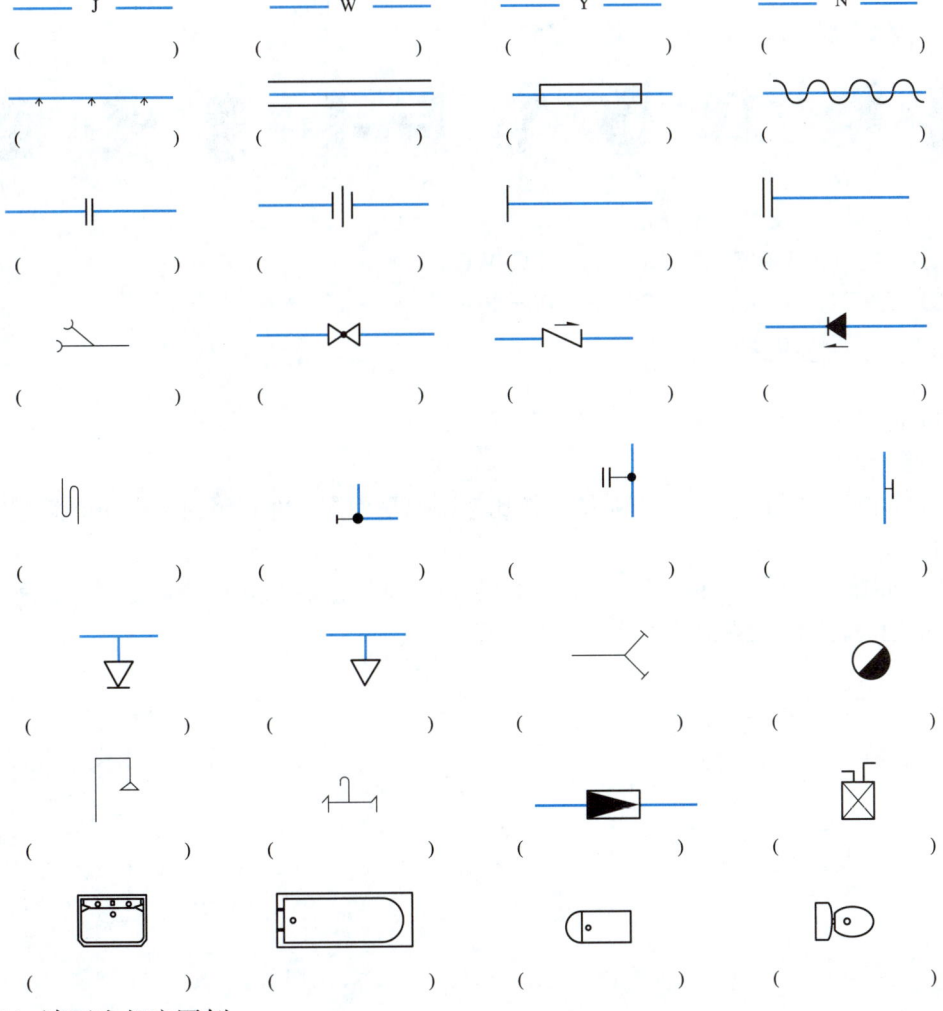

（2）请画出相应图例。

管道交叉：
双承同心大小头：
斜三通：
管道承插连接：
照明配电箱：
暗装单联单控开关：
暗装单相插座：
带接地插孔的防水单相插座：
普通灯：
花灯：
单管荧光灯：
多管荧光灯：
向上配线：
断路器：

四通：
一承一插偏心大小头：
水泵接合器：
管堵：
3 根导线：
明装双联单控开关：
带接地插孔的明装单相插座：
带接地插孔的防爆单相插座：
防水防尘灯：
半圆球吸顶灯：
深照型工厂灯：
吊扇：
有接地极的接地装置：
变压器：

5. 管件识别。请写出以下管件的名称

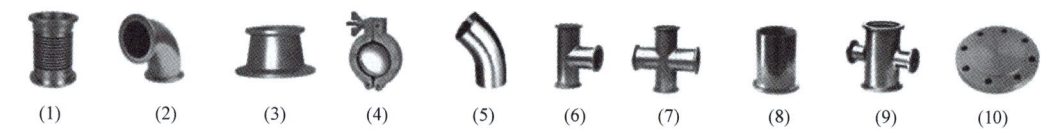

(1)　　(2)　　(3)　　(4)　　(5)　　(6)　　(7)　　(8)　　(9)　　(10)

6. 请识别下列文字符号

(1) $BV-0.45/0.75kV-3\times2.5-FC/WC$

(2) $YJV-0.6/1kV-4\times70-SC100-FC$

(3) $4Y-\dfrac{2\times20}{-}$

(4) $6\times BV-3\times10-PVC32-FC/WC$

7. 综合题

(1) 如图 11-1 所示，请根据系统图按比例画出平面图，并在平面图中用圆圈标出管道积聚的位置。

(2) 如图 11-2 所示，请计算：①左侧立管的长度；②右侧立管的长度；③三通距顶部水平管的距离；④三通距最底部水平管的距离。

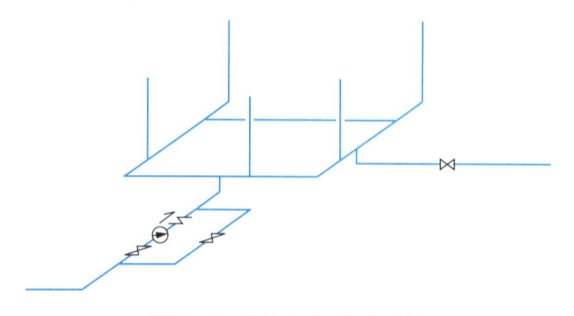

图 11-1　任务一综合题（1）　　　　　　　图 11-2　任务一综合题（2）

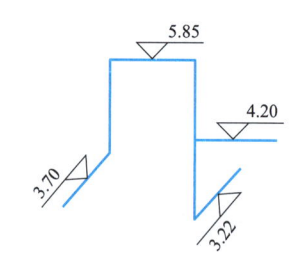

任务二　室内给水工程

1. 填空题

（1）室内给水系统由_____、_____、_____、_____、升压和储水设备、用水终端等部分组成。

（2）利用室外管网的压力直接向室内供水的方式称为_____。

（3）室内给水工程施工图由_____、_____、_____、_____和设备及主要材料表等组成。

（4）管道的敷设方式分为_____和_____。

（5）水表安装时应保证水表外壳上的箭头与水流方向_____。

（6）将明装管道固定在建筑物上的结构构件是_____。

（7）管道穿过地下构筑物外墙、间墙、隔墙和楼板时，应设置刚性防水套管、穿墙套管、穿楼板套管。其中，与土建施工同步安装的套管是_____。

（8）水箱的配管包括_____管、_____管、_____管、_____管，以及水位信号装置等。

（9）阀门安装前，应做_____试验和_____试验。

2. 判断题（请在括号内填√或×）

（1）设置分户水表时，必须安装旁通管，以备检修用。（　　）
（2）干管是仅向一个用水设备供水的管道。（　　）
（3）水泵属于储水设备。（　　）
（4）多层建筑物采用的供水方式为分区供水。（　　）
（5）分质给水应该设置独立的给水系统。（　　）
（6）土建施工时应预埋管道套管，避免安装时打洞。（　　）
（7）给水管道必须经过冲洗消毒才能使用。（　　）
（8）在室内给水工程施工图中，管道的接口方式必须逐节画出。（　　）
（9）安装水箱不必设置通气孔，否则会进入小虫。（　　）

3. 简答题

（1）给水附件包括配水附件和调节附件。请举例说明给水系统中有哪些配水附件，有哪些调节附件？

（2）在给水系统中设置水箱，其优点和缺点分别是什么？

（3）水泵安装应解决的主要问题为减震与减噪，请问采取的相应措施有哪些？

（4）明装管道的优点和缺点各是什么？

（5）水表安装时应注意哪些事项？

（6）管道穿过伸缩缝、沉降缝和防震缝时应采取哪些措施？

4. 识图题

（1）如图 11-3 所示，室内给水系统由冷、热水两个系统组成。请根据图示系统图回答下列问题：

1）在图中标出冷水系统从哪里入户。
2）在图中标出热水系统的水源。
3）该户的用水房间有几个？每个用水房间有哪些用水器具？
4）热水和冷水分别供给哪个用水房间的哪些用水器具？
5）从大到小分别写出热水系统和冷水系统的给水管径。
6）按照"左热右凉"的原则，该户冷热水管道的布置是否合理？
7）请根据图示系统图，按 1∶1 的比例画出平面图，并在图中确定给水设施的位置，以及冷水系统给水立管的位置。

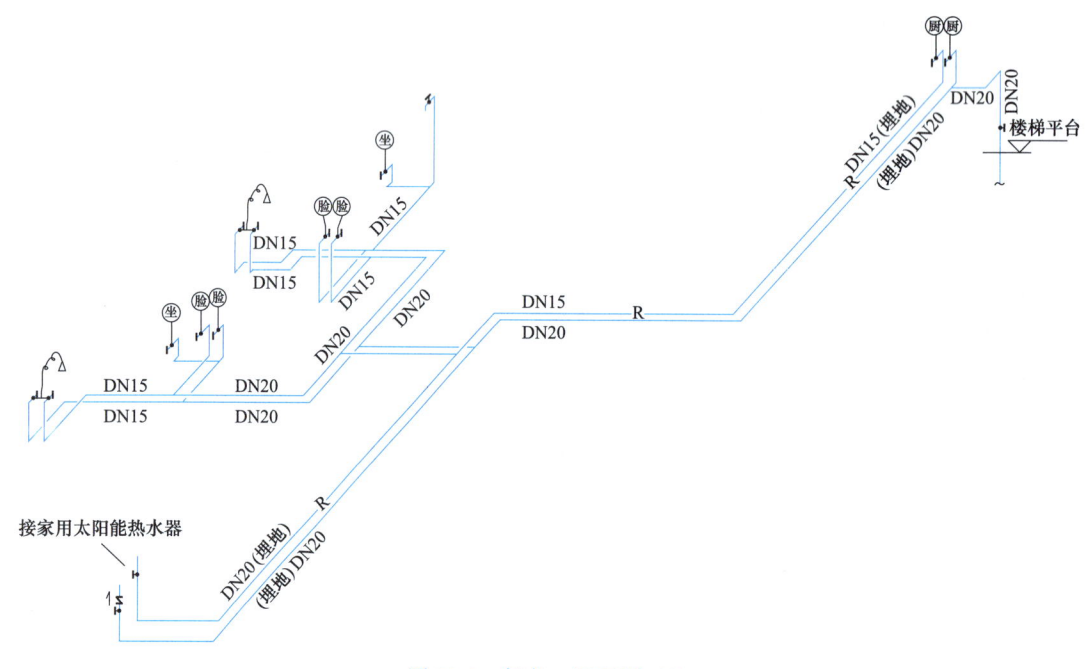

图 11-3 任务二识图题（2）

（2）如图 11-4 所示，回答下列问题：
1）图中是否有错误之处？如果有错误，请标记。
2）从平面图中判断图示公共建筑是男卫生间还是女卫生间？
3）图示给水系统向几个楼层供水？每个楼层的楼地面标高是多少？
4）向每个楼层供水的水平管，管径和标高分别是多少？
5）引入管的标高和管径分别是多少？引入管与立管之间的墙体上有一个图例，表示什么？
6）沿水流方向，从大到小列出该给水系统的管道直径。
7）图中有哪些用水器具？名称和数量分别是什么？
8）各楼层中，水槽水龙头的标高分别是多少？
9）各楼层中，小便槽冲洗管的管径和标高分别是多少？
10）各楼层中，蹲式大便器水平管的管径和标高分别是多少？

项目十一　习题与实训项目

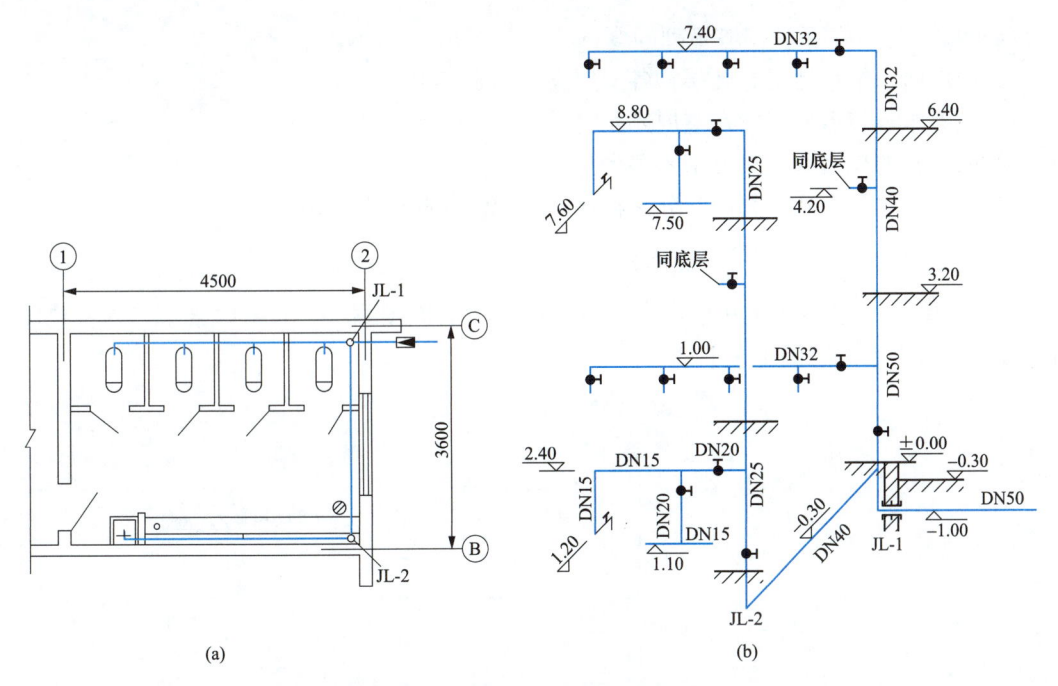

图 11-4　任务二识图题（3）

（3）如图 11-5 所示，请按照本书项目二中所述的识图方法，对室内给水工程系统图进行识读。

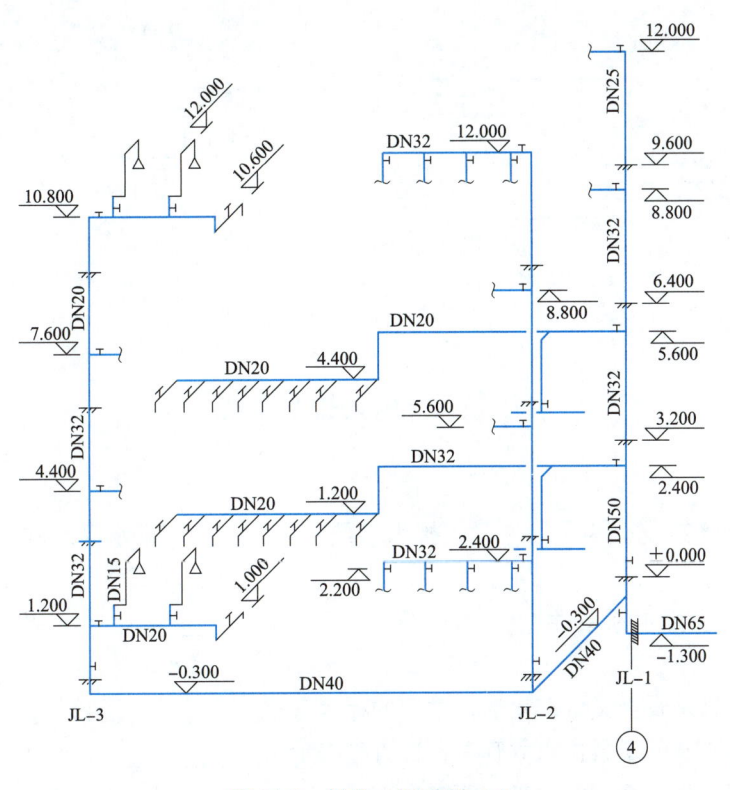

图 11-5　任务二识图题（4）

（4）如图 11-6 所示，回答下列问题：

1）图中所示给水楼层有几层？各层层高分别是多少？

2）判断水表节点的位置在室内还是室外？

3）引入管的规格和标高分别是多少？

4）一层给水管有几个阀门？分别在什么位置？各起什么作用？

5）图中 ①J/1 ②J/2 ③J/3 ④J/4 表示什么？

（5）如图 11-7 所示，请按照本书项目二中所述的识图方法，对室内给水工程系统图进行识读，并根据系统图画出平面图。

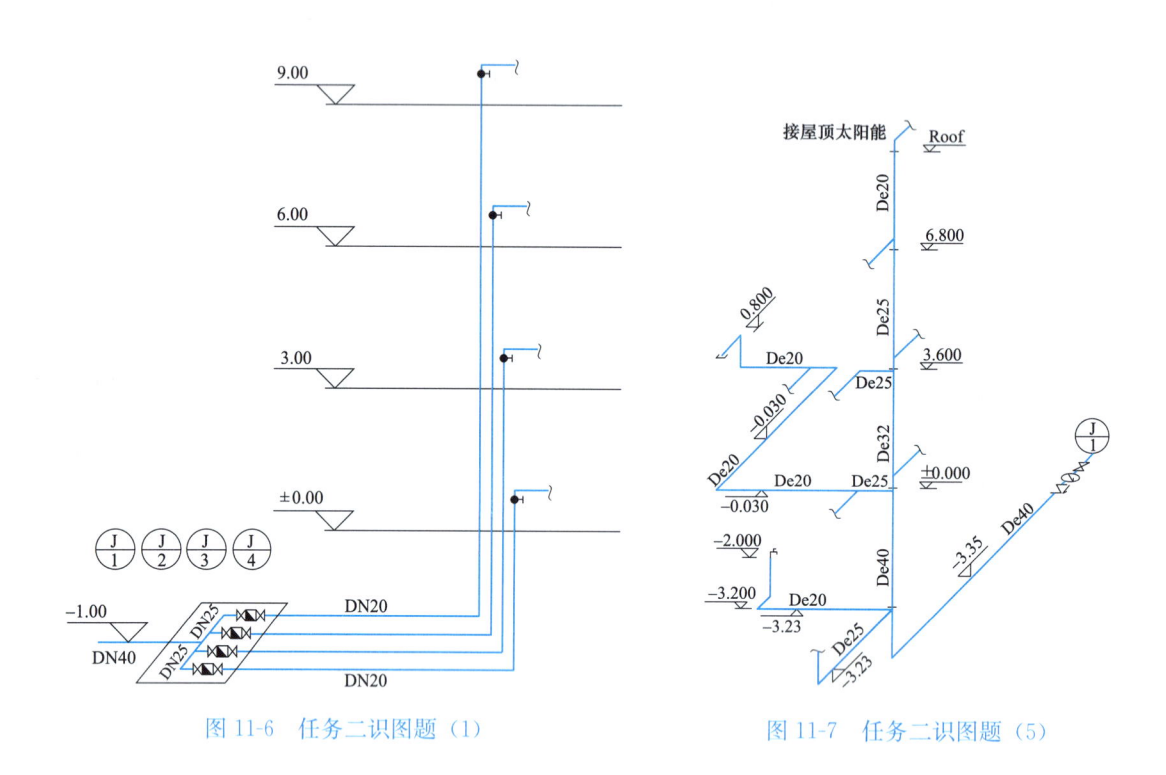

图 11-6　任务二识图题（1）

图 11-7　任务二识图题（5）

任务三　室内排水工程

1. 填空题

（1）室内排水系统分为＿＿＿＿排水系统、＿＿＿＿排水系统和＿＿＿＿排水系统。

（2）室内污水排水系统由＿＿＿＿、＿＿＿＿、＿＿＿＿，以及＿＿＿＿组成。

（3）在器具排水管上设置存水弯，常用的存水弯有＿＿＿＿形和＿＿＿＿形两种。

（4）管径为 110 的塑料排水立管，公称直径表示为＿＿＿＿。

（5）生活污水排水系统的立管，距离地面＿＿＿＿ m 处应设检查口。

（6）当给排水管道在同一张图上时，排水管道用_____线表示。
（7）生活污水排水系统的立管编号为_____。

2. 判断题（请在括号内填√或×）

（1）生活污水排水系统的任务是排放日常生活中产生的洗涤水和生产污水。（   ）
（2）排水立管的任务是将各楼层排水横管汇集的污水送至排出管。（   ）
（3）器具排水管是排水系统最末端的管道。（   ）
（4）排水横管应设置坡向水流方向的下坡。（   ）
（5）通气管的作用是与排水管一起排出污水。（   ）
（6）检查口是安装在立管上的清通装置。（   ）
（7）地漏属于排水附件，也可以作为清通装置进行局部清通。（   ）
（8）屋面雨水内排水系统中必须设置悬吊管。（   ）
（9）两个卫生器具可以连接一个器具排水管。（   ）
（10）为了使地面装饰层美观，地漏的安装高度应与地面高度一致。（   ）
（11）卫生器具的安装，应在室内排水管道安装后进行。（   ）
（12）挂式洗脸盆安装前，应在墙上盆架眼孔的位置预埋木砖。（   ）
（13）化粪池是室内生活污水排水系统中的排水构筑物。（   ）

3. 简答题

（1）污水收集器的作用是什么？生活污水排水系统中有哪些污水收集器？
（2）从室内排水系统的起始端到终端，依次写出排水管道的名称。
（3）生活污水排水系统中，通气管的作用是什么？
（4）为了减弱雨水对地面的冲击力，雨水管安装时采取了哪些措施？
（5）生活污水排水系统中的清通装置有哪些？排水立管上的清通装置是什么？
（6）地漏与清扫口有什么区别？
（7）阻火圈安装在哪里？其作用是什么？
（8）在雨水斗上安装隔栅防护罩的目的是什么？
（9）生活污水管常用的管材是什么？管节之间的连接方式是什么？

4. 识图题

（1）如图 11-8 所示，回答下列问题：
1）图中所示的排水系统为哪类排水系统？
2）排水楼层有几层？每层的楼地面标高分别是多少？
3）每层排水横管的标高和距楼地面的高度分别是多少？
4）排出管的管径和标高分别为多少？
5）排水立管和排水横管的管径分别是多少？
6）若楼板厚 120mm，计算排水横管距离天棚的距离。
7）标注图中检查口的位置。
8）标注图中清扫口的位置，并注明哪个是地面清扫口。
9）立管顶部的圆球表示什么？

10）图示系统图中有几种存水弯？地漏采用什么类型的存水弯？

11）图中 P 形存水弯的管径分别是多少？分析为什么有两个不同的管径。

12）图中立管的管径与排出管的管径不同，分析异径管应设置在什么位置。

13）图中的三通有几种规格？每种规格的数量是多少？

（2）如图 11-9 所示，回答下列问题：

1）根据图示的排水系统图，判断该建筑的是公共建筑还是居住建筑。

2）图中所示为卫生间的排水系统。请判断哪一侧是男卫生间，依据是什么？

3）判断排水管材是金属管材还是非金属管材？

4）请在图中标出卫生间的排水最终汇集到哪个管道？

5）请沿水流方向，列出管道的直径，并说明图中管道直径标注是否有错误之处。

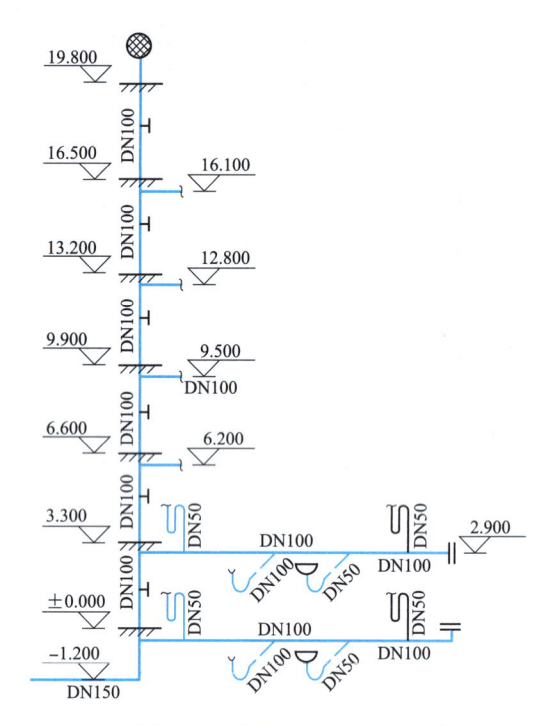

图 11-8　任务三识图题（1）

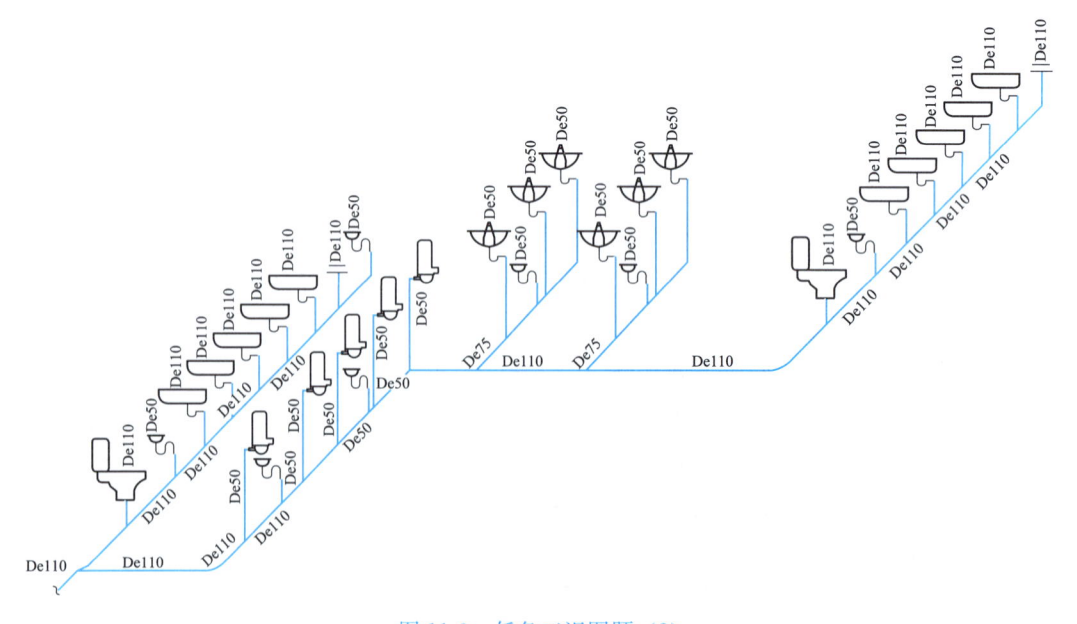

图 11-9　任务三识图题（2）

6）请根据系统图，按 1∶1 的比例，画出平面图，并标注污水收集器和排水设施的位置。

7) 请在下表中绘出相应图例并汇总数量。

序号	图例	名称	数量	序号	图例	名称	数量
1		洗脸盆		5		地漏	
2		座式大便器		6		地面清扫口	
3		蹲式大便器		7		S型存水弯	
4		小便器		8		P型存水弯	

(3) 如图 11-10 所示，回答下列问题：

1) 在图 11-10（a）所示的平面图中用粗实线描出排水管道，标出污水立管的位置。
2) 请对三张系统图进行识读。
3) 在图 11-10（b）、图 11-10（c）、图 11-10（d）三张图中找出与平面图对应的系统图，并说明图 11-10（a）所示的平面图是哪个楼层的平面图。

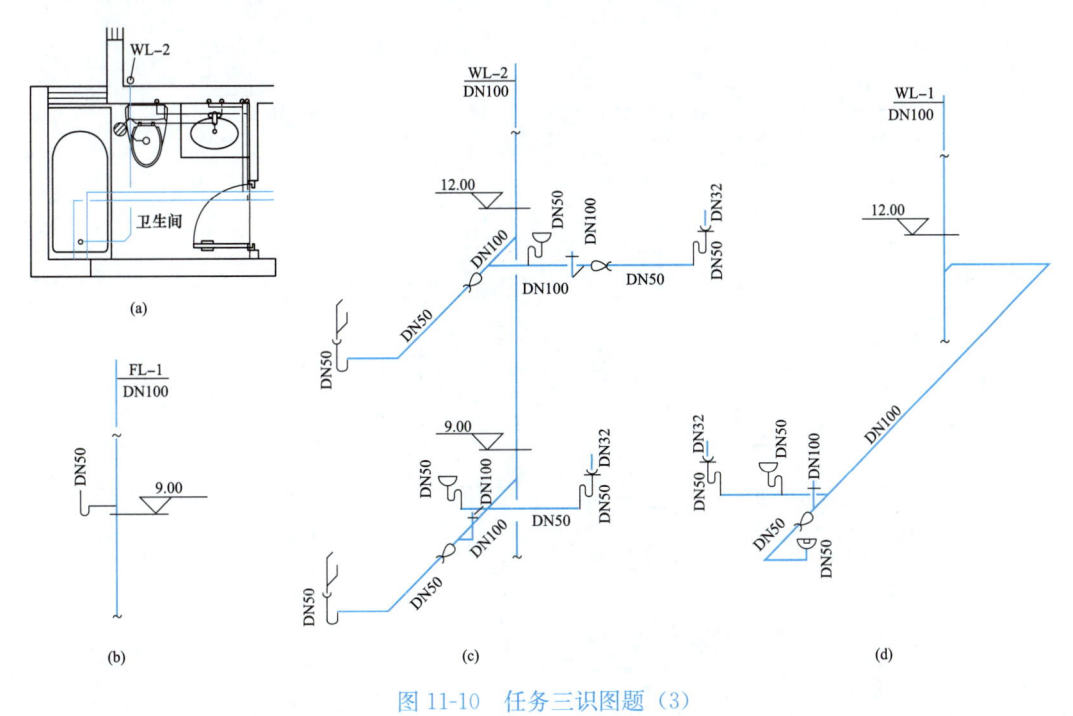

图 11-10 任务三识图题（3）

(4) 如图 11-11 所示，请按照项目三中所述的识图方法，对屋面雨水排水系统的平面图与系统图进行识读。

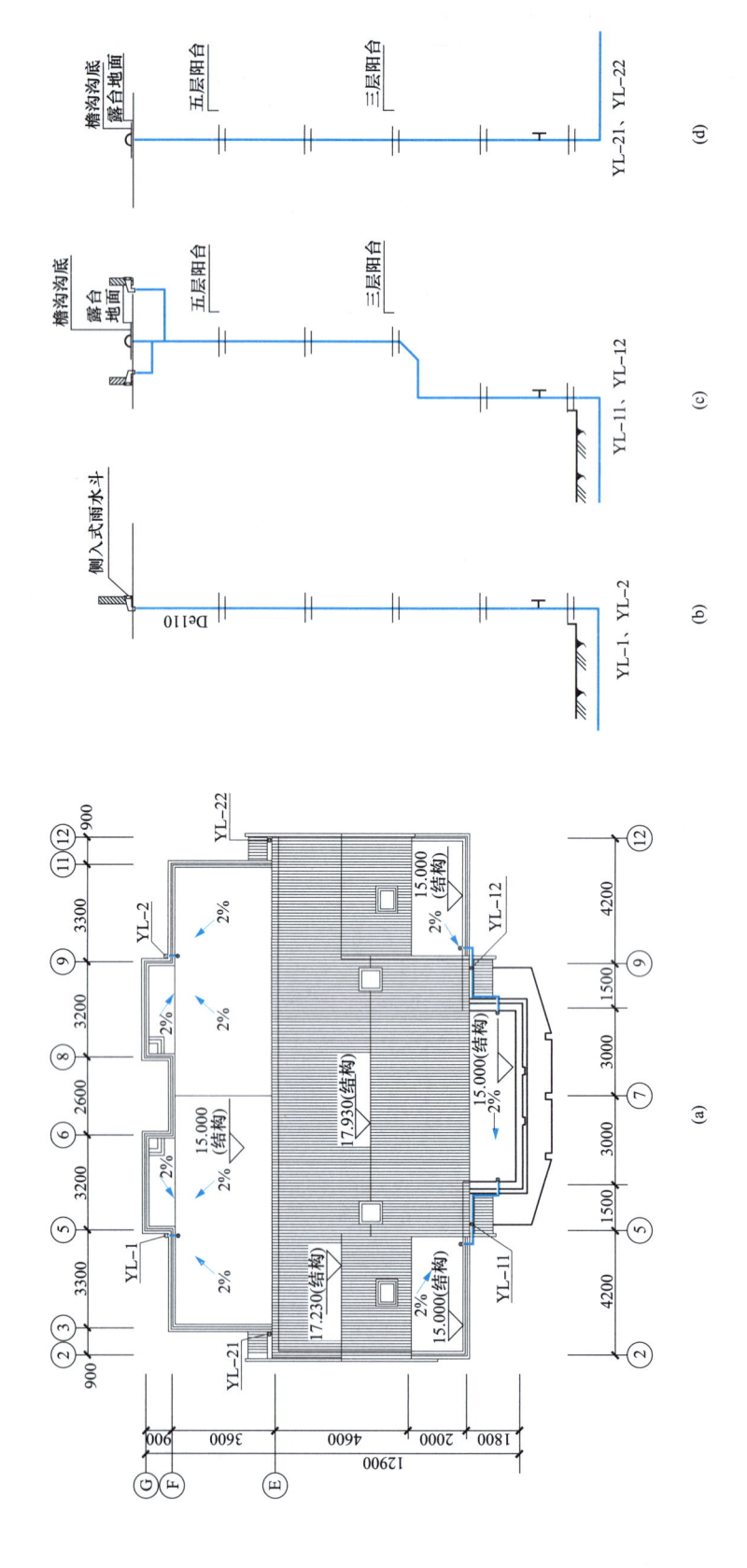

图 11-11 第三节识图题（4）

任务四　建筑消防灭火系统

1. 填空题

（1）消火栓给水灭火系统的终端是_____；自动喷水灭火系统的终端是_____。

（2）消防给水系统与生活给水系统共用管道连接时，应设置_____，以防回流污染。

（3）水枪喷嘴直径为13mm时，采用DN_____的水龙带和消火栓。

（4）消防管道的标识颜色为_____色。

（5）消防管道的连接方式：管径不超过DN100时，管道接口形式为_____连接，管道与设备、法兰阀门连接时采用_____连接；管径超过DN100时，管道接口形式为_____连接或_____连接。

（6）自动喷水灭火系统是最有效的自救灭火设施。它由_____、_____、_____等组件，以及_____、_____组成。

（7）准工作状态时，干式自动喷水灭火系统的配水管道内充满_____；湿式自动喷水灭火系统的配水管道内充满_____。

（8）_____灭火系统是唯一不以直接灭火为目的的灭火系统。

（9）发生火灾时，湿式系统中用_____探测火灾。

（10）发生火灾时，雨淋系统中的雨淋阀由_____发出信号开启。

2. 判断题（请在括号内填√或×）

（1）消火栓给水灭火系统的终端是消火栓。（　　）
（2）用电设备发生火灾，应启动自动喷水灭火系统进行灭火。（　　）
（3）消火栓给水灭火系统与自动喷水灭火系统，可以设置为一个系统。（　　）
（4）消火栓箱安装在建筑物内部消防给水管路的终端。（　　）
（5）消防管道的连接方式可以采用焊接的方式。（　　）
（6）消火栓试射试验的目的是检验充实水柱灭火能力。（　　）
（7）闭式自动喷水灭火系统的喷头在发生火灾时才会脱落和开启。（　　）
（8）开式自动喷水灭火系统中，没有感温装置和闭锁装置。（　　）
（9）湿式系统是指管道内充满用于启动系统的有压水的闭式系统。（　　）
（10）预作用自动喷水灭火系统平时不充水。（　　）
（11）水流指示器安装时可以不考虑水流方向与指示器的箭头是否一致。（　　）
（12）喷头安装应在系统管网试压和冲洗后进行。（　　）

3. 简答题

（1）室内消防灭火系统的主要形式是什么？
（2）室内消火栓箱内有什么设备？各有什么作用？
（3）如何选取有代表性的三处作消火栓试射试验？

(4) 预作用自动喷水灭火系统，属于干式系统还是湿式系统？

(5) 雨淋系统与湿式系统、干式系统、预作用系统的最大区别是什么？

(6) 水幕灭火系统的特点是什么？它与雨淋系统的区别是什么？

(7) 发生火灾时，干式系统中的干式报警阀靠什么装置开启？

(8) 高层建筑内部充可燃油的高压电容器和多油开关室等房间，宜采用哪种消防灭火系统？

4. 识图题

(1) 如图 11-12 所示，回答下列问题：

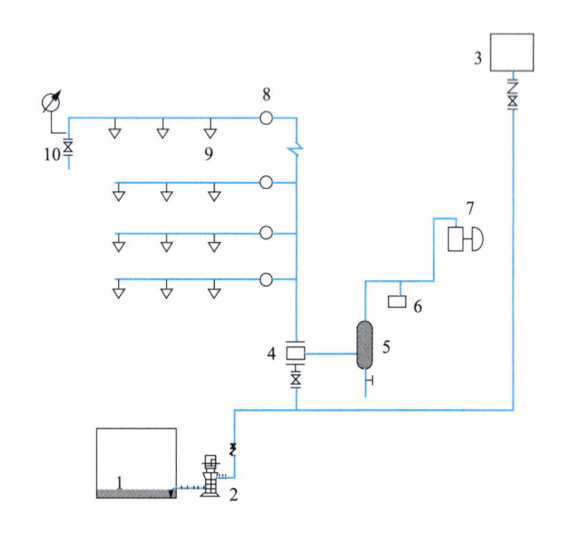

图 11-12　任务四识图题（1）

1）图示灭火系统属于湿式系统还是干式系统？

2）图中 1～10 分别表示什么？

3）火灾发生时，如何操作此系统？分为几步操作才能够启动水泵？

4）水箱下面为什么有两个阀门，其作用分别是什么？

5）水箱下部表示止回阀的箭头朝上还是朝下，请在图上表示出来。

(2) 如图 11-13 所示，回答下列问题：

1）按照本书项目四中所述的识图方法，对图 11-13 所示的负一层消防系统进行识读。

2）Ⓑ轴～Ⓒ轴、①轴～④轴的三个房间为什么没有敷设消防管道和喷头？

3）图示消防系统是哪类室内消防系统？

4）除消防系统外，图中是否还有给排水系统？如何设置？

5）其他问题可自行设计。

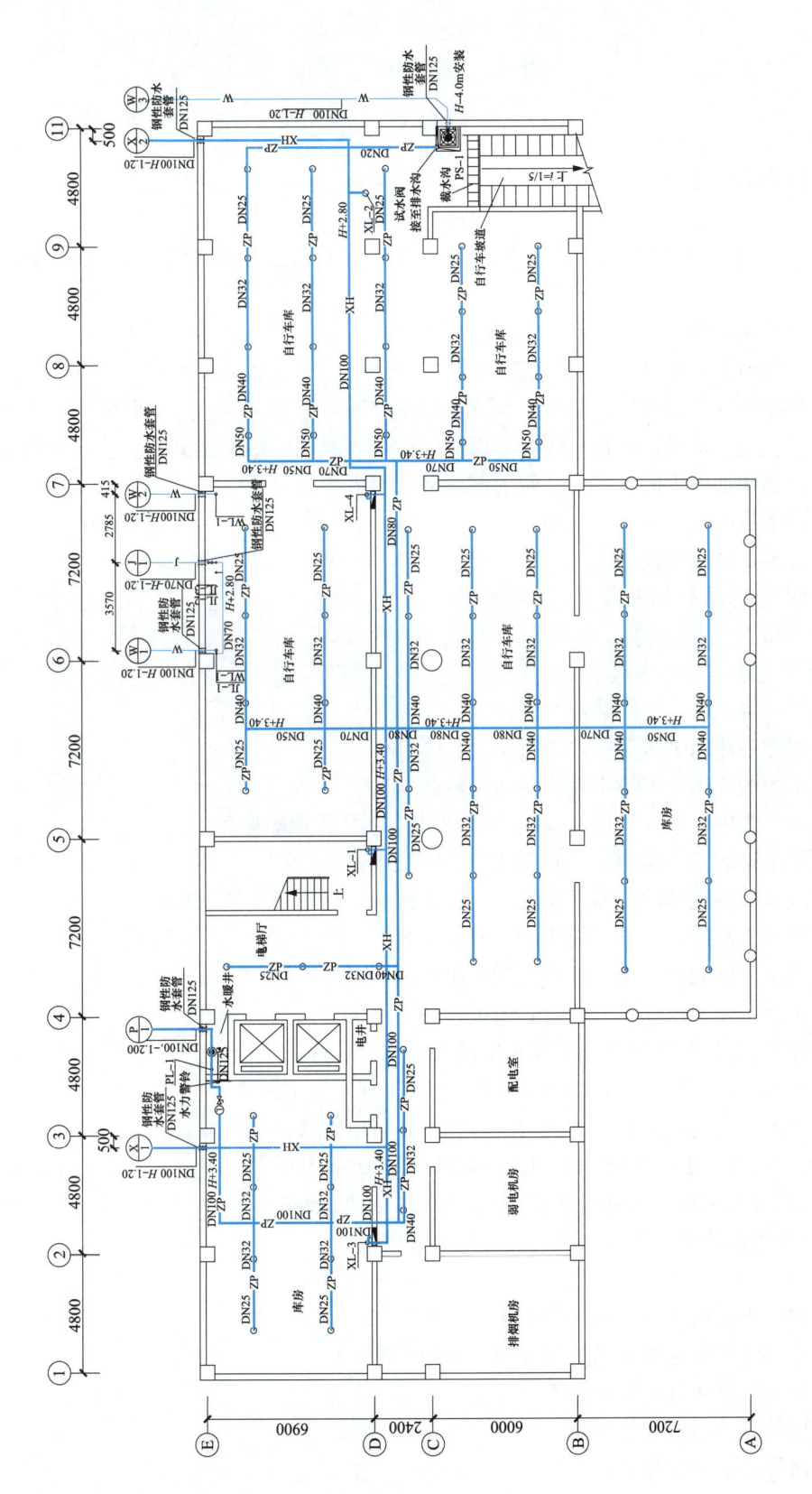

图 11-13 任务四识图题 (2)

任务五　采 暖 工 程

1. 填空题

（1）机械循环热水采暖系统由_____、_____、_____、_____、_____、_____、_____等组成。

（2）在采暖的建筑物内，同一竖直方向各采暖房间出现上下冷热不均的现象，称为_____。

（3）采暖管道的连接方式：对于焊接钢管，管径大于32mm时，采用_____连接；管径不大于32mm时，采用_____连接。

（4）散热器与墙的距离应符合设计要求，如未注明，应为_____mm。

（5）_____采暖，简称地暖，是以燃气壁挂炉或其他热源提供的_____为热媒，通过预埋在建筑物楼地面下的_____辐射散热的采暖方式。

（6）分集水器由_____和_____组成，分水主管连接采暖系统的_____管，集水主管连接采暖系统的_____管。

（7）地暖的地面结构从下向上依次为_____、_____、_____、_____和_____。

2. 判断题（请在括号内填√或×）

（1）普通热水采暖系统的热媒为热水。　　　　　　　　　　　　　　　（　　）
（2）自然循环热水采暖系统中不设水泵。　　　　　　　　　　　　　　（　　）
（3）回水管的作用是将热水从锅炉送至散热器。　　　　　　　　　　　（　　）
（4）在施工图中，进水管用粗实线表示，回水管用粗虚线表示。　　　　（　　）
（5）膨胀水箱的作用是容纳采暖系统中的膨胀水量。　　　　　　　　　（　　）
（6）蒸汽采暖系统的散热器升温较快、降温也快，适用于生活采暖。　　（　　）
（7）散热器安装前，应进行托钩和固定卡安装。　　　　　　　　　　　（　　）
（8）系统水压试验时，应一次升至试验压力。　　　　　　　　　　　　（　　）
（9）采暖系统在水压试验合格后必须进行冲洗消毒。　　　　　　　　　（　　）
（10）采暖管道的保温应在防腐和水压试验合格后进行。　　　　　　　（　　）
（11）分户采暖的特点是具有独立调节能力，有利于自主用热。　　　　（　　）
（12）"低温发热电缆地板"采暖的工作原理是将电能转换成热风。　　　（　　）
（13）地暖反射膜上的方格是方便施工时计算地暖管的间距。　　　　　（　　）
（14）地暖水压试验应以每组分集水器为单位，逐回路进行。　　　　　（　　）
（15）在采暖系统中不设排气阀，也可以正常供暖。　　　　　　　　　（　　）

3. 简答题

（1）在热水采暖系统中，水泵的作用是什么？
（2）简述双管系统与单管系统对采暖温度的影响。
（3）为什么在采暖管道中安装乙字管？
（4）常用的散热器有哪些材质？
（5）除污器应安装在什么位置？

（6）散热器恒温阀的作用是什么？安装在什么位置？

（7）地暖分集水器的作用分别是什么？

（8）为什么地暖填充层的材料采用豆石混凝土，而不采用水泥砂浆？

（9）PE-X、PB、XPAP、PP-R、PE-RT 分别表示什么材料的管道？适用做地暖管的管材是哪种？

4. 识图题

（1）某建筑的分户地暖系统如图 11-14 所示，回答下列问题：

1）图中所示的采暖系统属于哪类采暖系统？

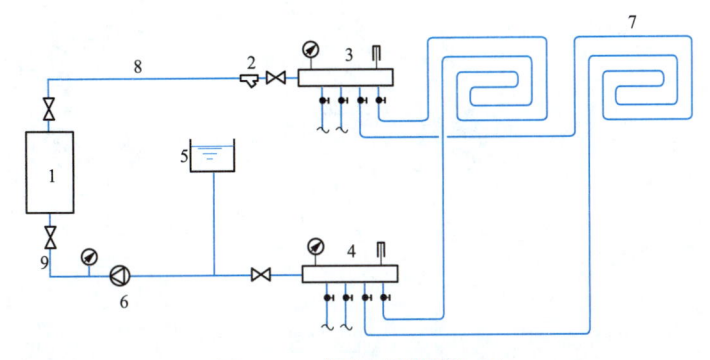

图 11-14　任务五识图题（1）

2）图中 1～10 等数字分别表示什么？在采暖系统中的作用分别是什么？

3）图中分集水器的采暖回路有几个？

4）图示地暖管采用哪种排管方式？

5）根据采暖附件的位置，画出图示采暖系统中热水的流动方向。

（2）如图 11-15 所示，根据户型平面图，设计地暖系统。要求如下：

1）设计分集水器的安装位置，并说明原因。

2）设计几个采暖回路？每个回路包含哪几个散热区域？

3）每个采暖回路如何排管？

4）根据各功能区的特点，在平面图中画出地暖管的铺设位置。

（3）请按照本书项目五中所述的识图方法，对图 11-16 所示的集中热水采暖系统图进行识读，并根据系统图画出各层平面图。

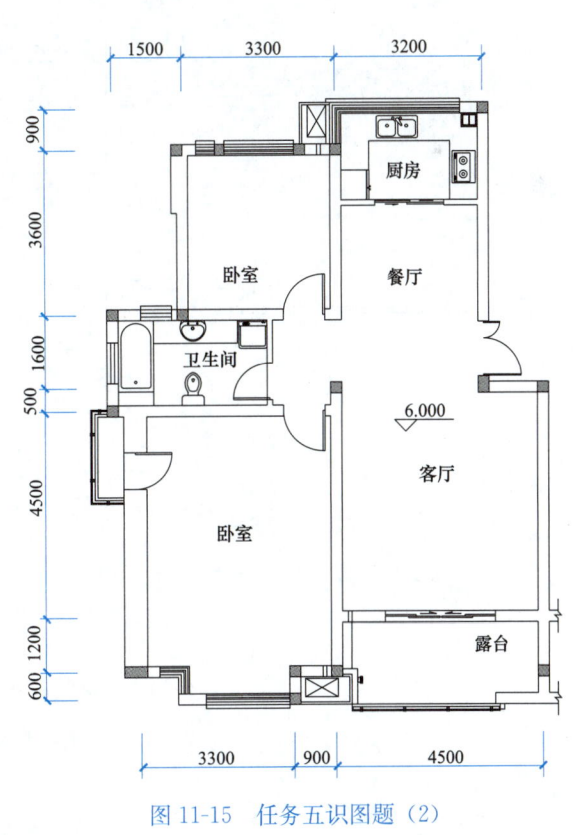

图 11-15　任务五识图题（2）

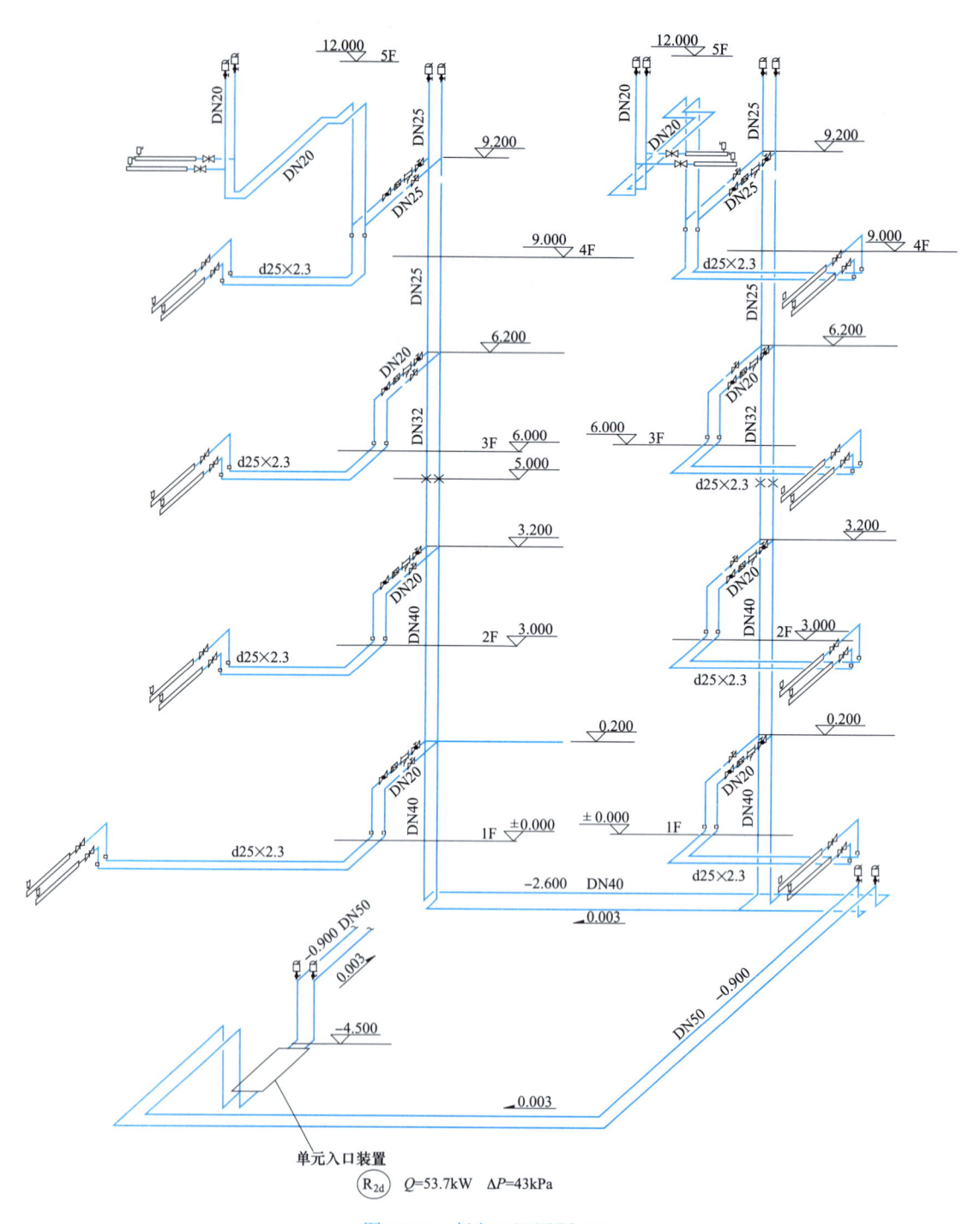

图 11-16 任务五识图题（3）

任务六　燃　气　工　程

1. 填空题

(1) 燃气供应系统由_____、_____、_____三部分组成。

(2) 城镇燃气输配系统，由_____、_____、_____、_____及调度管理机构组成。

(3) 室内燃气供应系统由_____管、_____管、_____管、用户支管、_____、用具连接管、_____等组成。

(4) 只向一个燃气用具供气的软管，称为_____。

(5) 计量燃气用量的仪表，称为_____。

(6) 明装燃气管道防腐漆的颜色为_____。

(7) 居住建筑应每户安装_____块燃气计量表；公共建筑至少每个_____安装一块燃气计量表。

(8) 燃气热水器的安装高度，应以_____与_____高度相齐为宜，一般距地面_____m。

(9) 室内燃气管道上的阀门，管径大于 DN50 时，一般采用_____阀；管径不大于 DN50 时，一般采用_____阀。

(10) 我国农村常用的沼气池类型为_____。

(11) 圆形水压式沼气池的基本构造由_____、_____、_____、_____和_____组成。

2. 判断题（请在括号内填√或×）

(1) 城市门站是高压输气管道进入城市的第一站。（　　）

(2) 燃气引入管是衔接室内系统与室外系统的管道。（　　）

(3) 城镇居民用户使用燃气，主要用于燃气采暖与空调。（　　）

(4) 近海天然气开采是我国燃气的来源之一。（　　）

(5) 燃气热水器可以代替燃气壁挂炉。（　　）

(6) 燃气立管宜明装，并刷银色防锈漆标识。（　　）

(7) 煤气是城市燃气工程的理想燃料。（　　）

(8) 智能 IC 卡燃气表可以安装在户外，便于集中管理。（　　）

(9) 使用燃气热水器时，是否通风与安全使用关系不大。（　　）

(10) 燃气管道穿墙时不需要设保护套管。（　　）

(11) 城市燃气供应的主要方式是瓶装供应。（　　）

(12) 燃气管道不需要经过试压也可以使用。（　　）

(13) 沼气属于一次能源，是挖煤产生的附属品。（　　）

3. 简答题

(1) 在城镇燃气供应系统中，常见的燃气用具有哪些？

(2) 燃气管道的附件有哪些？其中，放散管和排水器的作用分别是什么？

（3）立管的顶端和底端设置丝堵的目的是什么？

（4）是否所有的室内燃气系统，都必须设置水平干管？

（5）燃气管道的连接方式有哪几种？各适用于什么管材？

4. 管件识别题

请将管件和阀门的名称代码填入括号中。

（　）　（　）　（　）　（　）　（　）　（　）

（　）　（　）　（　）　（　）　（　）　（　）

备选答案：（1）长柄内丝单联燃气阀；（2）蝶柄内丝单联燃气阀1；（3）蝶柄内丝单联燃气阀2；（4）蝶柄外丝燃气角阀1；（5）蝶柄外丝双联燃气阀；（6）长柄外丝单联燃气阀；（7）蝶柄外丝单联燃气阀；（8）管堵；（9）蝶柄外丝燃气角阀2；（10）蝶柄内丝双联燃气阀；（11）内外丝1；（12）内外丝2。

5. 识图题

（1）某住宅楼的燃气管道系统图，如图11-17所示；二楼燃气管道的平面图，如图11-18所示。请根据图中的信息回答下列问题：

1）燃气管道从哪里引入住宅楼？

2）户内燃气管道是从地下引入室内，还是从地上引入室内？

3）请在平面图上标注室内外燃气管道的界限。

4）按不同的管径分别计算室内地坪以上部分的室外管道长度。

5）请在系统图中标出住宅楼燃气总控制阀的位置、每根立管上控制阀的位置。

6）对照系统图和平面图，判断第一个楼梯左侧用户燃气管道的平面图是否有误？

7）6根燃气立管的位置在哪里？

8）图示水平干管的管径是多少？标高是多少？

9）燃气立管的管径是多少？是否变径？若变径，异径管设置在什么位置？用什么图例表示？

10）5层楼水平支管的标高是多少？高于本层楼地面多少？若楼板厚为120mm，水平支管距离天棚的距离是多少？

11）燃气供应的楼层有几层？分别是哪些楼层？

12）顶层楼设置的"低-低压调压器"的作用是什么？

13）系统图中，图例⌐表示什么？它的作用是什么？

（2）如图11-19所示，请按照本书项目六中所述的识图方法，对住宅楼燃气系统图进行识读。

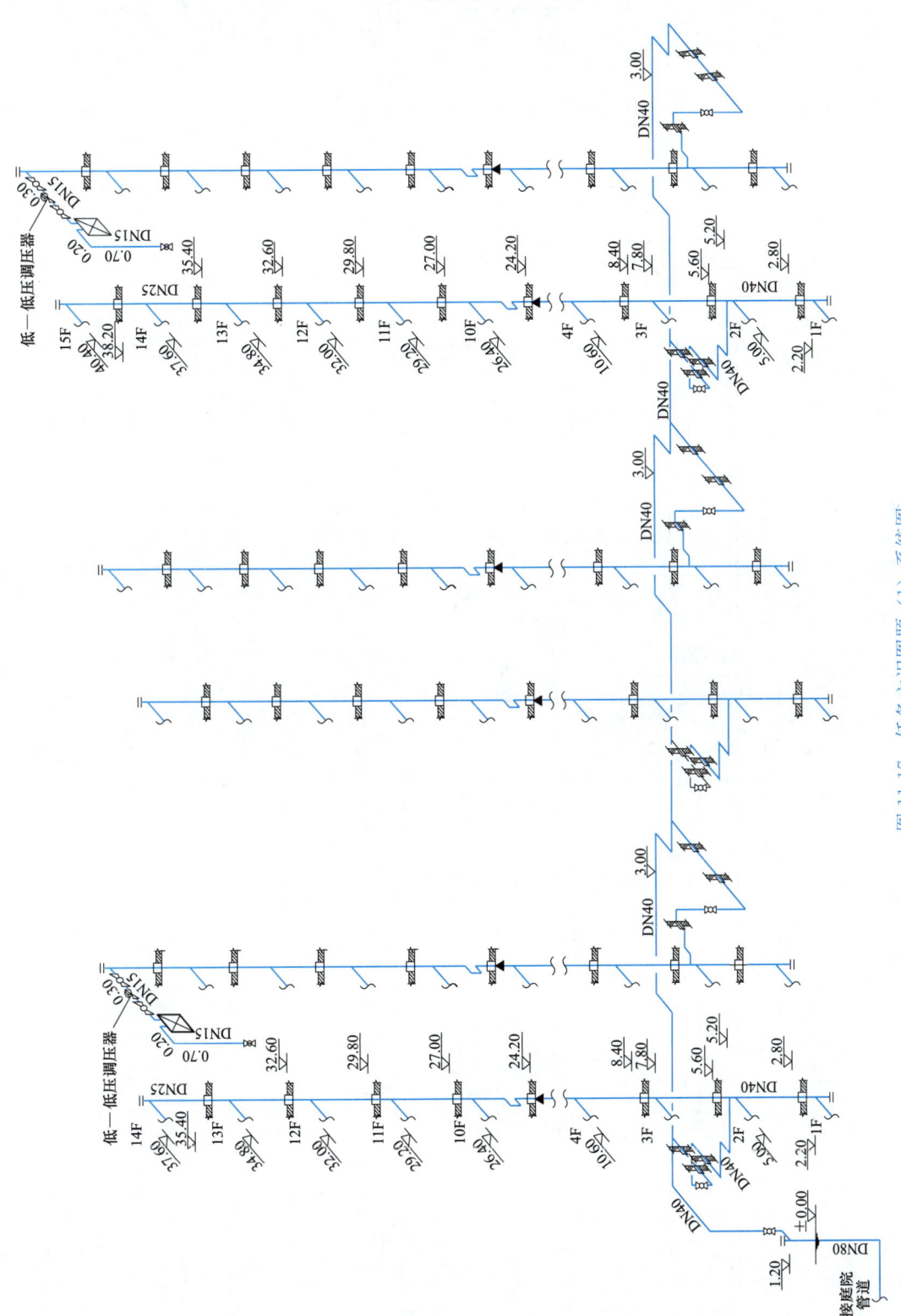

图 11-17 任务六识图题（1）系统图

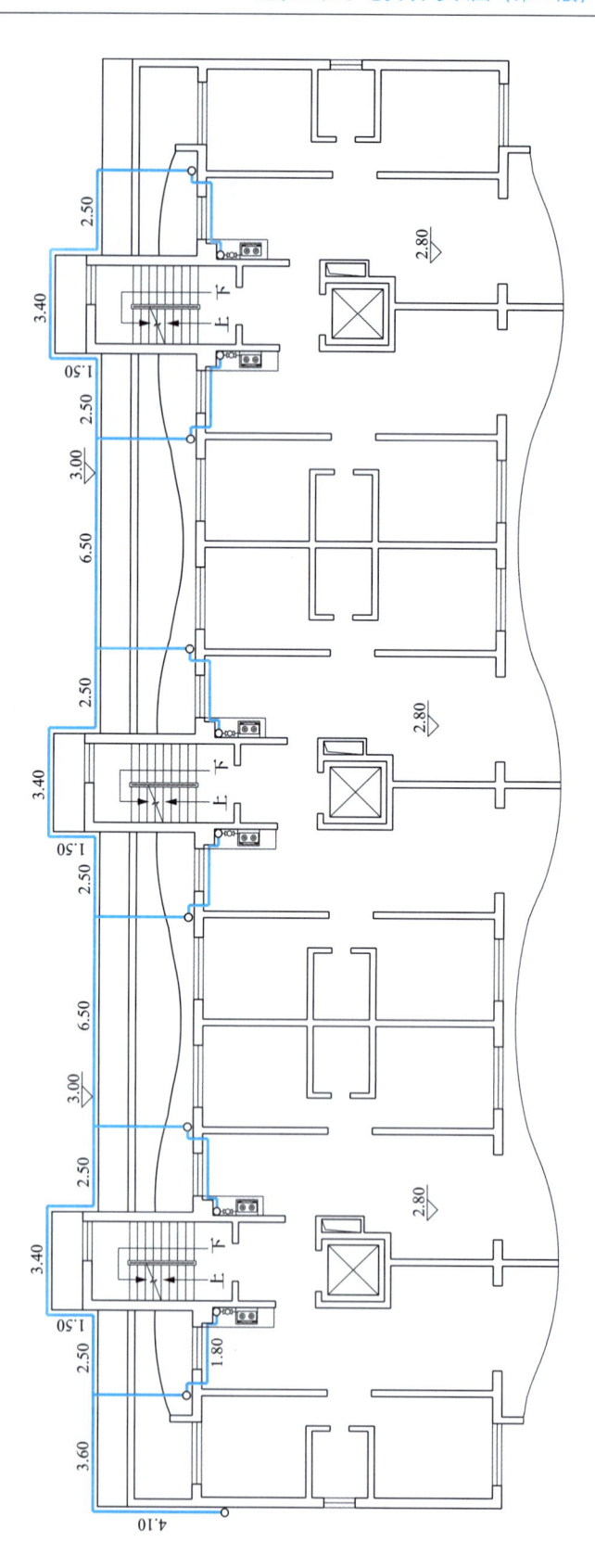

图 11-18 任务六识图题（1）平面图

项目十一　习题与实训项目

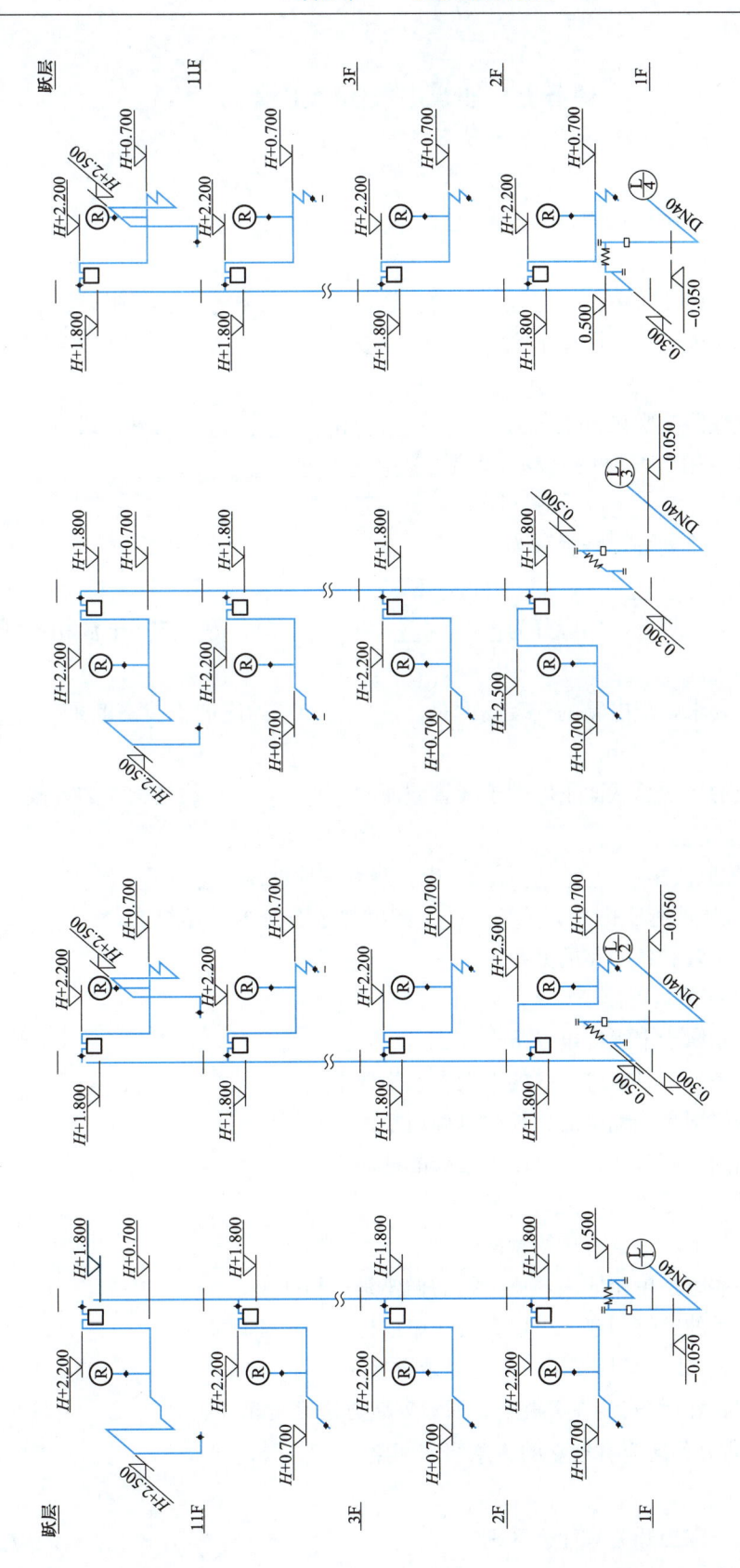

图 11-19　任务六识图题（2）系统图

任务七　建筑电气照明工程

1. 填空题

（1）民用建筑低压配电的方式有_____、_____、_____、_____等四种。

（2）建筑照明配电系统由_____、_____、_____和_____组成。

（3）配电箱的尺寸标注表示为_____，配电箱的半周长是指_____。

（4）室内电气线路的敷设方式分为_____和_____两种方式。

（5）用电器具是用电线路的终端，包括_____，_____、_____、_____，以及_____等。

（6）按照安装方式划分，开关分为_____、_____、_____、_____等；按照控制形式划分，分为_____、_____等。

（7）按照安装方式划分，插座分为_____和_____等。按照电源相位划分，分为_____和_____。

（8）若设计无要求，配电箱的安装高度是_____ m；插座的安装高度是_____ m；开关的安装高度是_____ m。

（9）穿管配线的导线总截面不应大于线管截面的_____；线槽配线的总截面不应大于线管截面的_____。

（10）电铃开关应使用_____开关，电风扇开关应使用_____开关。

（11）建筑电气照明施工图中，_____图反映了系统的基本组成；_____图反映用电器具的平面位置和各回路的分布。

2. 判断题（请在括号内填√或×）

（1）照明配电箱属于末级配电设备。　　　　　　　　　　　　　　　　　（　　）

（2）出于安全考虑，目前进户线的敷设方式为架空进户。　　　　　　　　（　　）

（3）配电箱的作用是分配电能、控制电源通断、保护线路等。　　　　　　（　　）

（4）室内线路的干线截面积可以小于支线的截面积。　　　　　　　　　　（　　）

（5）单控开关一定是单联开关。　　　　　　　　　　　　　　　　　　　（　　）

（6）开关面板的下方一定有接线盒。　　　　　　　　　　　　　　　　　（　　）

（7）两个孔的插座是单相插座，三个孔的插座是三相插座。　　　　　　　（　　）

（8）较大、较重的壁灯固定，可以直接在墙或柱上固定挂板安装。　　　　（　　）

（9）小型嵌入式LED灯具安装，应先安装再接线。　　　　　　　　　　　（　　）

（10）吸顶灯与吊灯都安装在天棚上，所以安装方法完全相同。　　　　　（　　）

（11）在每个防火分区应有独立的应急照明回路。　　　　　　　　　　　（　　）

3. 简答题

（1）单控开关与双控开关有什么区别？

(2) 如何区分暗装配电箱与明装配电箱？

(3) 导线连接有哪些方式？配电箱内的导线接线采用什么方式？

(4) 配管预埋楼板的深度有什么要求？

(5) 较大、较重的吊灯安装，应采取哪些措施？

(6) 单相插座接线时应遵循什么原则？三相插座接线时应遵循什么原则？

(7) 导线连接后必须进行绝缘处理。常用的绝缘处理方式是什么？绝缘材料是什么？

4. 识图题

(1) 如图 11-20 所示，请根据图中的信息回答下列问题：

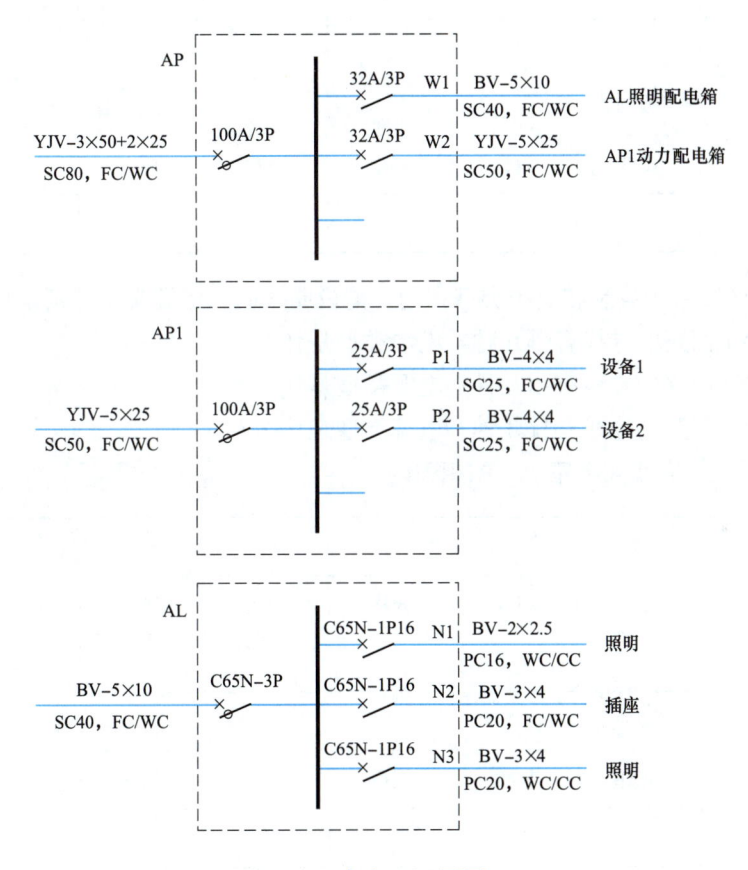

图 11-20　任务七识图题（1）

1) 图中虚线表示什么？

2) 三个配电箱中，进线为电缆的是哪个配电箱？进线为导线的是哪个配电箱？

3) 画出配电箱中的开关符号，说明表示哪种开关？

4) 写出三个配电箱中电源进线的开关型号。

5) 配电箱中，没有文字符号标注的回路表示什么？

6) 配电箱 AP 与 AP1 和 AL 是什么关系？三个配电箱分别是哪个类型的配电箱？

7) 配电箱 AP 的电源进线符号是什么？

8）配电箱 AP 有几个回路？各回路的名称是什么？开关类型是什么？

9）填写下表，完成配电箱 AP1 的相关问题。

进线				保护管		
符号	类型	根数	规格	类型	规格	敷设方式

P1 回路				保护管		
符号	类型	根数	规格	类型	规格	敷设方式

P2 回路				保护管		
符号	类型	根数	规格	类型	规格	敷设方式

10）P1、P2 回路的线制和电源类型相同。请说明线制和电源类型分别是什么？

11）组成 N1 回路的导线有哪几种？电源类型是什么？

12）组成 N2 回路的导线有哪几种？电源类型是什么？

13）组成 N3 回路的导线有哪几种？电源类型是什么？

14）填写下表，完成配电箱 AL 的相关问题。

进线				保护管		
符号	类型	根数	规格	类型	规格	敷设方式

N1 回路				保护管		
符号	类型	根数	规格	类型	规格	敷设方式

N2 回路				保护管		
符号	类型	根数	规格	类型	规格	敷设方式

N3 回路				保护管		
符号	类型	根数	规格	类型	规格	敷设方式

(2) 某建筑物电气照明平面图如图 11-21 所示，请根据图中的信息回答下列问题：

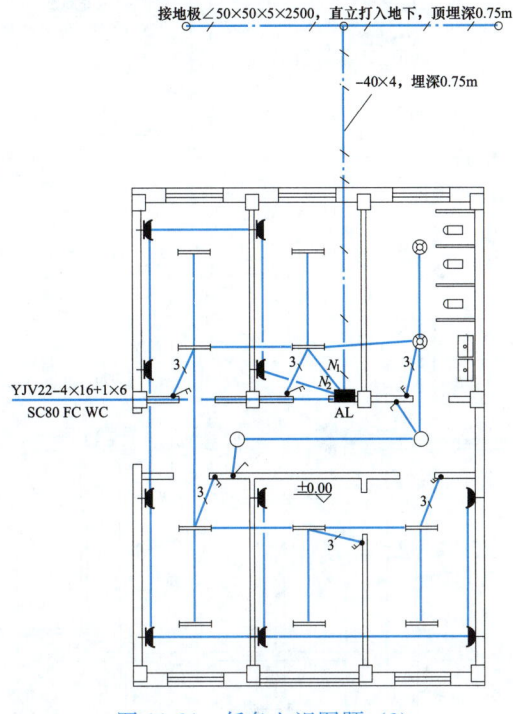

图 11-21 任务七识图题（2）

1) 在图中圈出配电箱的位置。

2) 写出表示配电箱的符号，并说明图中的配电箱是哪类配电箱？其安装方式是明敷还是暗敷？

3) 在图中标注进户线。

4) 表示进户线的文字符号是什么？其含义是什么？

5) 进户线是导线还是电缆？

6) 判断平面图所示的楼层。

7) 根据图示信息，判断该建筑属于居住建筑还是公共建筑？

8) 图示照明配电系统有几个回路？表示回路的符号是什么？各回路的名称分别是什么？

9) N1 回路中有哪些图形符号？这些符号分别表示什么？数量是多少？

10) 画出 N2 回路的配线图。

11) 设 N1 回路为单相电源，是相线与零线的组合。画出 N1 回路的配线图，并判断图示标注的导线根数是否正确。

(3) 请按照本书项目七中所述的识图方法，对图 11-22 所示的住宅建筑照明平面图进行识读。

(4) 跃层住宅二楼的电气照明平面如图 11-23 所示。请按照本书项目七所述的识图方法，对的住宅建筑照明工程平面图进行识读。

1) 标出照明回路中配线根数。

2) 其他问题按照【例 7-1】的方法进行列项。

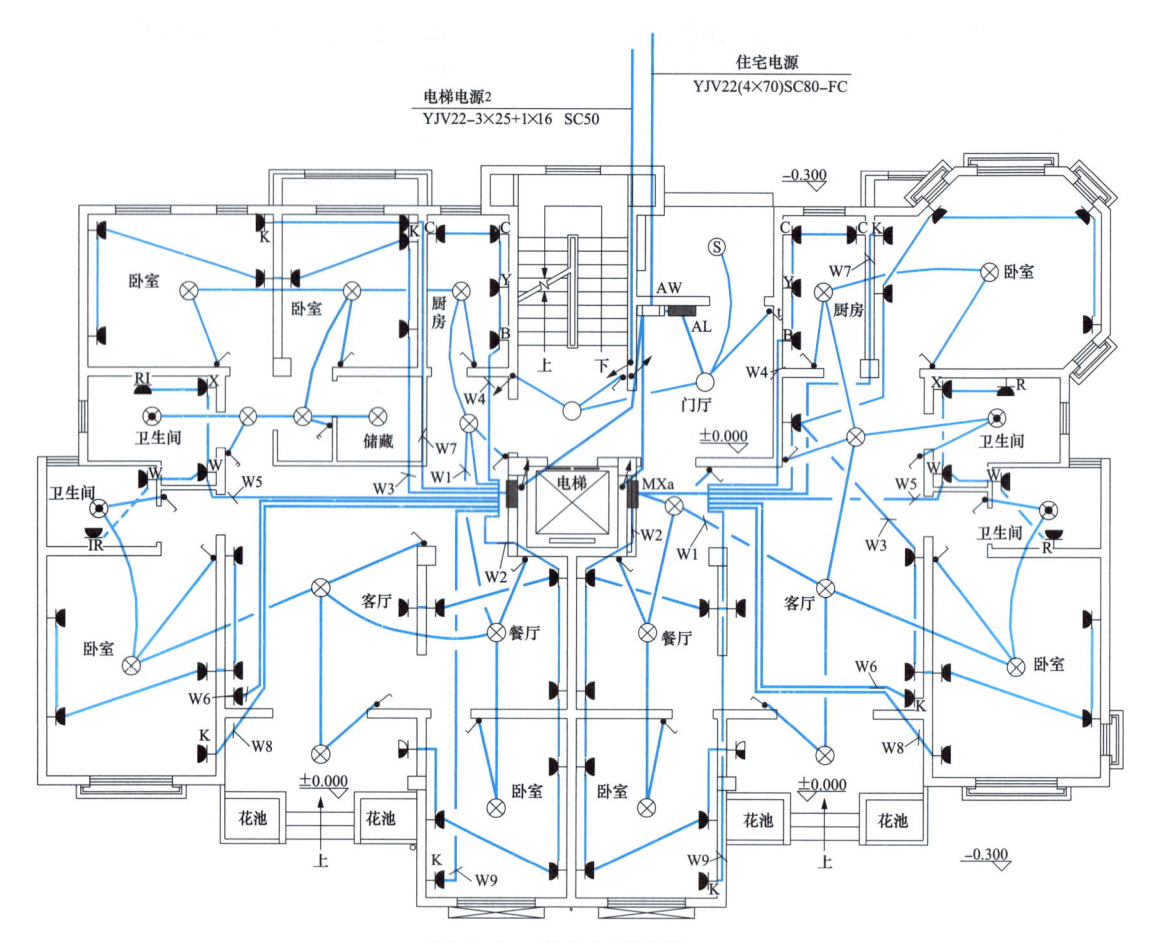

图 11-22　任务七识图题（3）

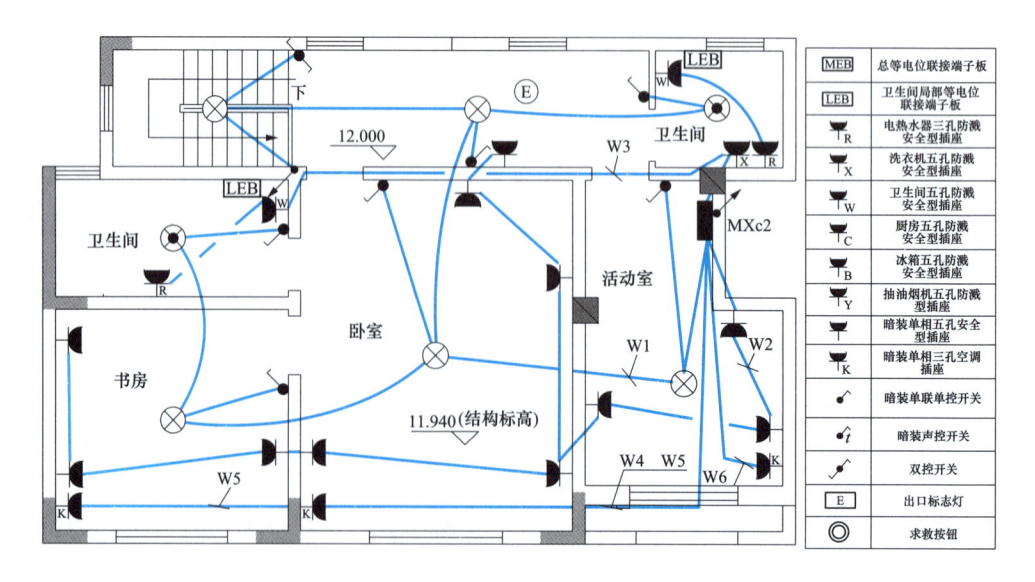

图 11-23　任务七识图题（4）

（5）住宅楼某户型的电气照明工程施工图如图 11-24 所示。请按照本书项目七所述的识图方法，对图 11-24 进行识读。

1）判断图中是否有非国标图例，是否有错误标注。

2）根据图 11-24（a）所示的系统图，标出图 11-24（b）所示平面图的配线根数。

3）在图 11-24（c）所示平面图中，从卫生间至室外的一根导线是什么？

4）其他问题按照【例 7-1】的方法进行列项。

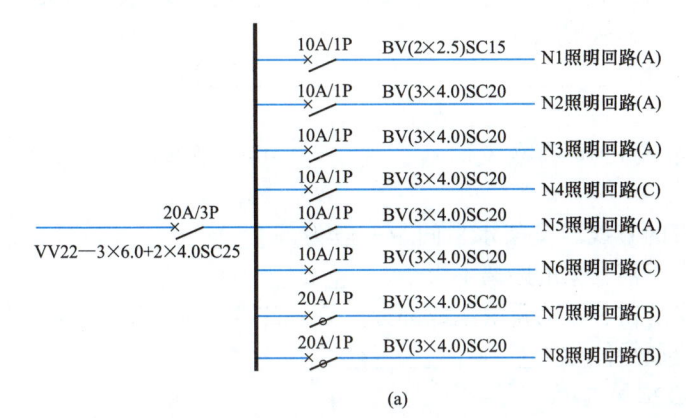

图 11-24 任务七识图题（5）

任务八　建筑防雷接地工程

1. 填空题

（1）防直击雷的避雷装置由_____、_____和_____组成。

（2）接闪器的基本形式为_____、_____、_____、金属屋面等形式。

（3）均压环也称为_____，布设在建筑物周围，其作用是防侧击雷，均匀分布高电压。

（4）接地装置也称为_____，由_____和_____组成，其作用是将引下线送来的雷电流引入大地。

（5）接地干线也称为_____，是与_____连接的接地线；接地支线是_____的接地线。

（6）等电位联结分为_____、_____和_____，分别用符号_____、_____和_____表示。

（7）避雷带一般高出建筑物屋面_____ mm 敷设，由镀锌圆钢或镀锌扁钢制成。

（8）明装避雷带的直线段支架水平间距一般为_____ m，且支架间距应平均分布，转弯处的转折点距离支架的距离不大于_____ m。

（9）接地装置是防雷装置的重要组成部分，分为自然接地体和人工接地体。其中，专门为了接地而设置的金属导体称为_____。

2. 判断题（请在括号内填√或×）

（1）接闪器是接受雷电的金属导体，一般布置在屋顶。　　　　　　　　　　（　　）
（2）避雷针的作用是接引雷电。　　　　　　　　　　　　　　　　　　　　（　　）
（3）断接卡设置在引下线的中间位置。　　　　　　　　　　　　　　　　　（　　）
（4）引下线的上端与避雷带进行连接。　　　　　　　　　　　　　　　　　（　　）
（5）引下线的作用是向下引导雷电。　　　　　　　　　　　　　　　　　　（　　）
（6）独立避雷针应与屋顶设置的避雷带连接。　　　　　　　　　　　　　　（　　）
（7）避雷带遇变形缝应作煨弯补偿。　　　　　　　　　　　　　　　　　　（　　）
（8）女儿墙压顶内的钢筋可以作为暗装避雷带。　　　　　　　　　　　　　（　　）
（9）柱主筋作为引下线，采用机械连接时，不需要进行跨接处理。　　　　　（　　）
（10）接人工接地体的接地母线一般采用镀锌扁钢。　　　　　　　　　　　（　　）
（11）防雷接地工程施工结束后，应测试接地电阻值。　　　　　　　　　　（　　）
（12）自然接地体不是为防雷目的而专门设置的。　　　　　　　　　　　　（　　）

3. 简答题

（1）暗装均压环布设在什么位置？
（2）明装引下线的断接卡设置在哪里？暗装引下线的断接卡如何设置？
（3）自然接地体与人工接地体有什么区别？
（4）什么是等电位联结？其目的是什么？
（5）说明镀锌扁钢—25×4 中符号和数字的含义。

4. 识图题

（1）如图 11-21 所示，回答下列问题：
1）图示接地系统属于哪类接地？与图中什么部位连接？
2）图示接地系统中的圆圈表示什么？
3）图示接地系统中的点画线表示什么？
4）图示接地系统中的带斜线的点画线表示什么？

（2）建筑物防雷接地示意如图 11-25 所示，请在图中标出避雷带、引下线、均压环、断接卡、接地母线、接地极。

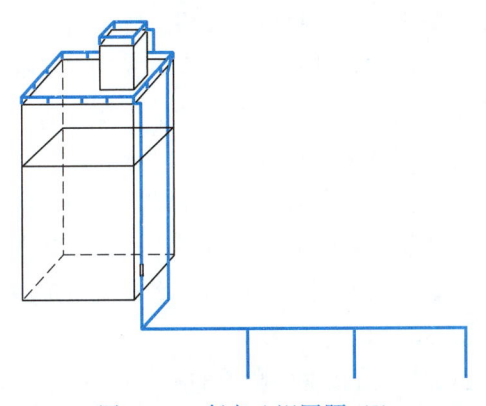

图 11-25　任务八识图题（2）

（3）建筑物防雷接地平面图如图 11-26 所示，请回答下列问题：

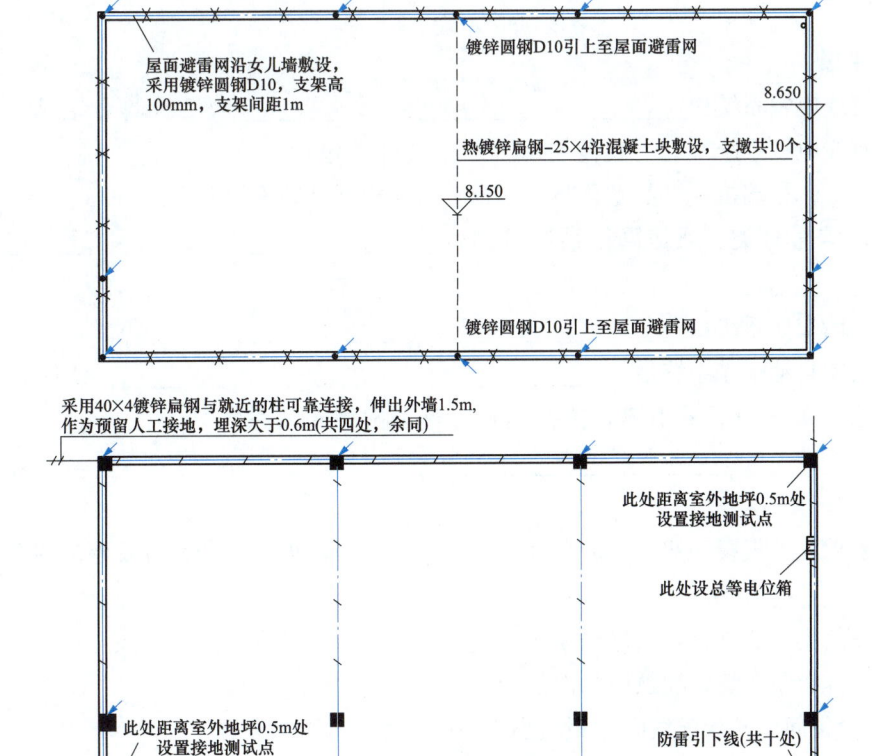

注：1.────── 基础接地母线(利用地梁内2根Φ16主筋相互联结成电气通路)，地梁高度-2.0m。
　　2.接地引下点(利用柱内2根Φ16主筋上下焊牢)，引至基础地梁钢筋，距地0.5m处做好测试点。将横向钢筋与柱中的竖向钢筋可靠焊接。
　　3.总等电位箱距地0.5m，采用40×4镀锌扁钢与基础接地体可靠连接，连接2处。
　　4.接地电阻不大于1Ω。

图 11-26　任务八识图题（3）

1) 图示女儿墙顶的标高是多少？屋顶的标高是多少？
2) 避雷带的布设方式有哪几种？分别在什么部位布设？
3) 标高 8.650 处敷设的避雷带，其材料、规格、支架高度、支架间距分别是什么？
4) 标高 8.150 处敷设的避雷带，其材料、敷设方式、支架数量分别是什么？
5) 引下线的敷设方式是什么？该建筑物设几处引下线？
6) 引下线的下端引向哪里？做法是什么？
7) 测试点的布设部位在哪？是否所有的引下线都设置测试点？
8) 图中设置几个总等电位箱？其安装高度是多少？圈出图中总等电位箱的位置。
9) 总等电位箱与基础接地体的连接线名称是什么？规格是多少？
10) 接地电阻的测试要求是什么？
11) 接地体是人工接地还是自然接地？图中的相关信息是什么？
12) 预留的人工接地母线有几处？如何敷设？

任务九　建筑弱电工程

1. 填空题

（1）有线电视系统由_____、_____、_____等三个部分组成。

（2）有线电视系统中，干线传输部分的主要部件包括：_____、_____、_____、光端机，以及光分路（耦合）器、光纤活动连接器等。

（3）按信号分类，通信网络系统分为_____、_____和_____。

（4）电话交换系统由_____、_____、_____组成。

（5）火灾自动报警系统由_____、_____、_____组成。

（6）综合布线一般采用树状拓扑结构，整个网络布线系统划分为_____、_____、_____、_____、_____、_____等六个子系统。

（7）手动火灾报警按钮的安装高度为_____ m，火灾报警警铃及警笛的安装高度通常为_____ m。

（8）按使用功能划分，信息插座属于_____子系统。

（9）综合布线系统缆线敷设的部位为_____、_____和_____。

（10）设备间与楼层配线间的距离小于 100m 时，可以不设置_____子系统。

2. 判断题（请在括号内填√或×）

（1）有线电视系统中的放大器只能用于干线传输部分。　　　　　　　　　　（　　）
（2）有线通信网借助导线进行通信。　　　　　　　　　　　　　　　　　　（　　）
（3）电话交换系统是通信网络系统的子系统。　　　　　　　　　　　　　　（　　）
（4）多用户通信时，不借助电话交换设备也可以进行通话。　　　　　　　　（　　）
（5）探测器是在需要防范的区域安装的能感知危险的设备。　　　　　　　　（　　）

(6) 信道是信号的通道。　　　　　　　　　　　　　　　　　　　　　（　）
(7) 消火栓给水灭火系统属于火灾自动报警系统。　　　　　　　　　　（　）
(8) 工作区子系统是指终端设备与信息插座之间的连线。　　　　　　　（　）
(9) 卫星电视天线与公用电视天线可以通用。　　　　　　　　　　　　（　）
(10) 门禁系统导线敷设时，电源线与信号线可以敷设在同一个配管中。　（　）
(11) 火灾报警控制器的主电源引入线可以使用电源插头。　　　　　　（　）
(12) 缆线终接，要求缆线的中间不允许有接头。　　　　　　　　　　（　）

3. 简答题

(1) 有线电视系统前端部分的作用是什么？
(2) 火灾探测器包括哪些？
(3) 举例说明综合布线系统中的终端连接硬件有哪些。
(4) 报警按钮一般安装在什么位置？
(5) 吊顶高度较大时，安装火灾探测器采取什么措施？
(6) 电话线路的配接方式有哪几种？

4. 识图题

(1) 教学楼有线电视系统图如图 11-27 所示，请回答下列问题：

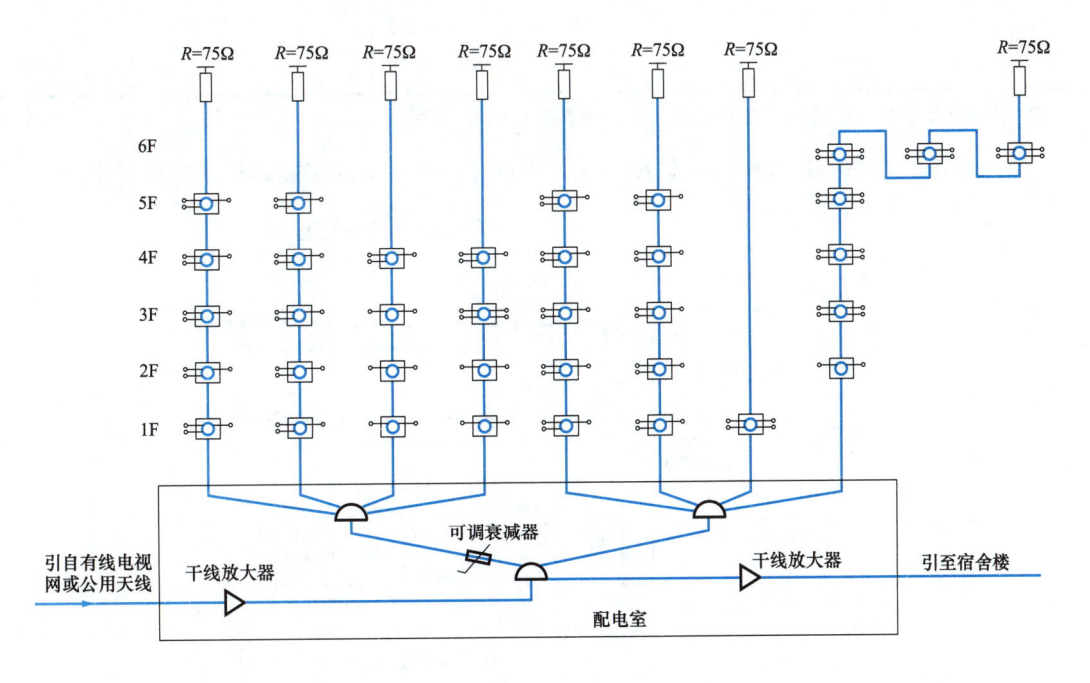

图 11-27　任务九识图题（1）

1) 图示有线电视系统的信号源来自哪里？分配至哪里？
2) 教学楼各楼层的有线电视信号经过几次分配到达用户端？
3) 填写下表，写出每个支路电视信号分配的楼层编号。

从左至右的支路编号	1	2	3	4	5	6	7	8
楼层编号								

4) 图示干线放大器的作用是什么？

5) 从左至右第 8 支路，在第 6 层楼的分支器有几个？名称是什么？

6) 请完成下表。

图形符号	▷	⚡	⌒	⌒⌒	▫○▫	▫◻▫	○▫	R=75Ω
名称								
数量								
位置								

注 布置在第 2 支路第 3 楼层，填写 2 (3)；只布置在第 1 支路，填写 1。

(2) 请按照本书项目九所述的识图方法，对图 11-28 所示的多媒体接线图进行识读。

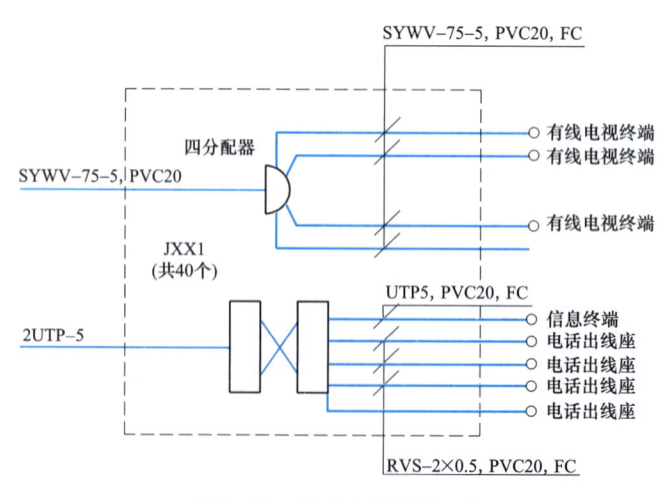

图 11-28 任务九识图题（2）

(3) 请按照本书项目九所述的识图方法，对图 11-29 所示的弱电系统平面图进行识读。

(4) 请按照本书项目九所述的识图方法，对图 11-30 所示的综合布线系统图进行识读。

项目十一　习题与实训项目　　229

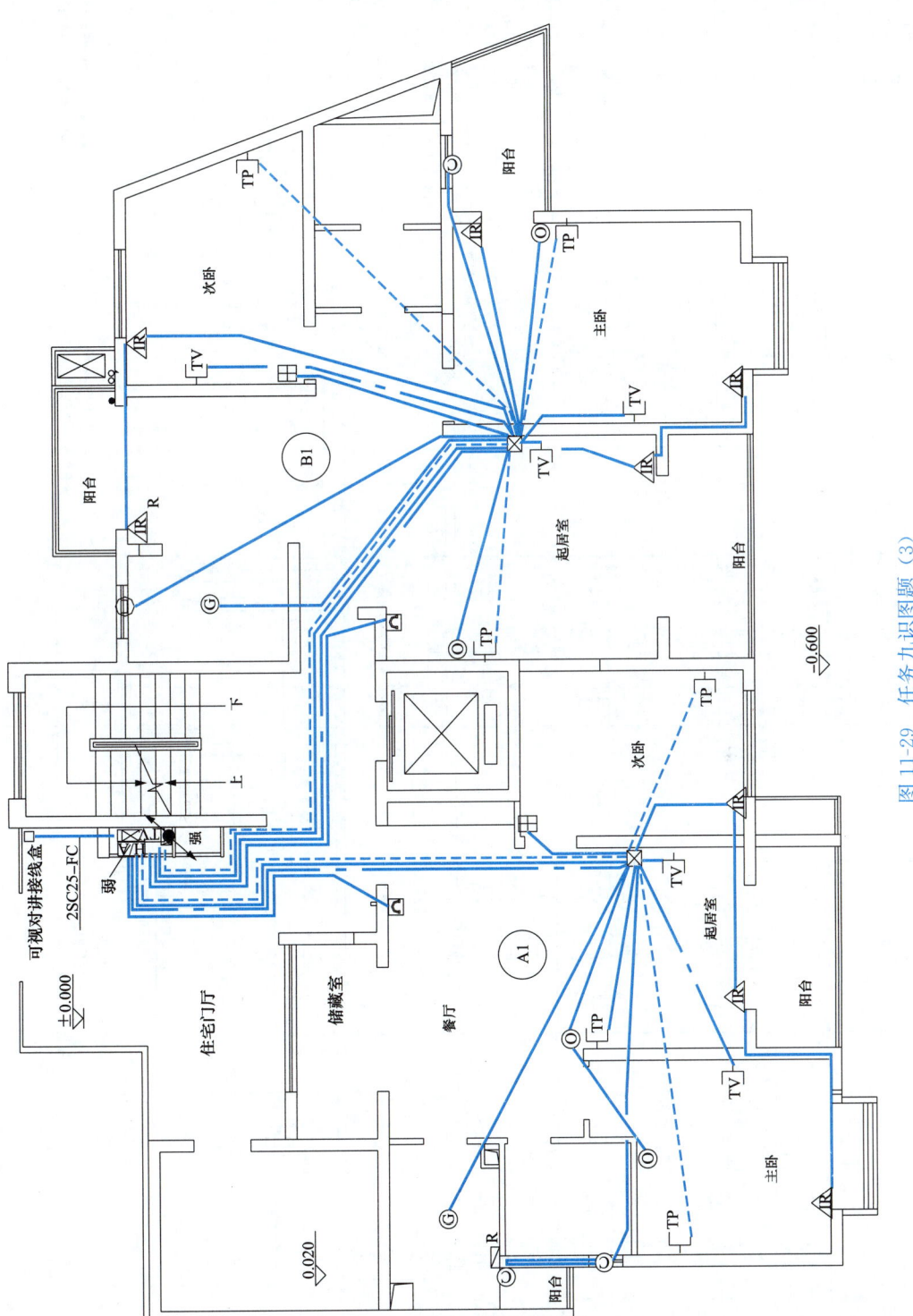

图 11-29　任务九识图题（3）

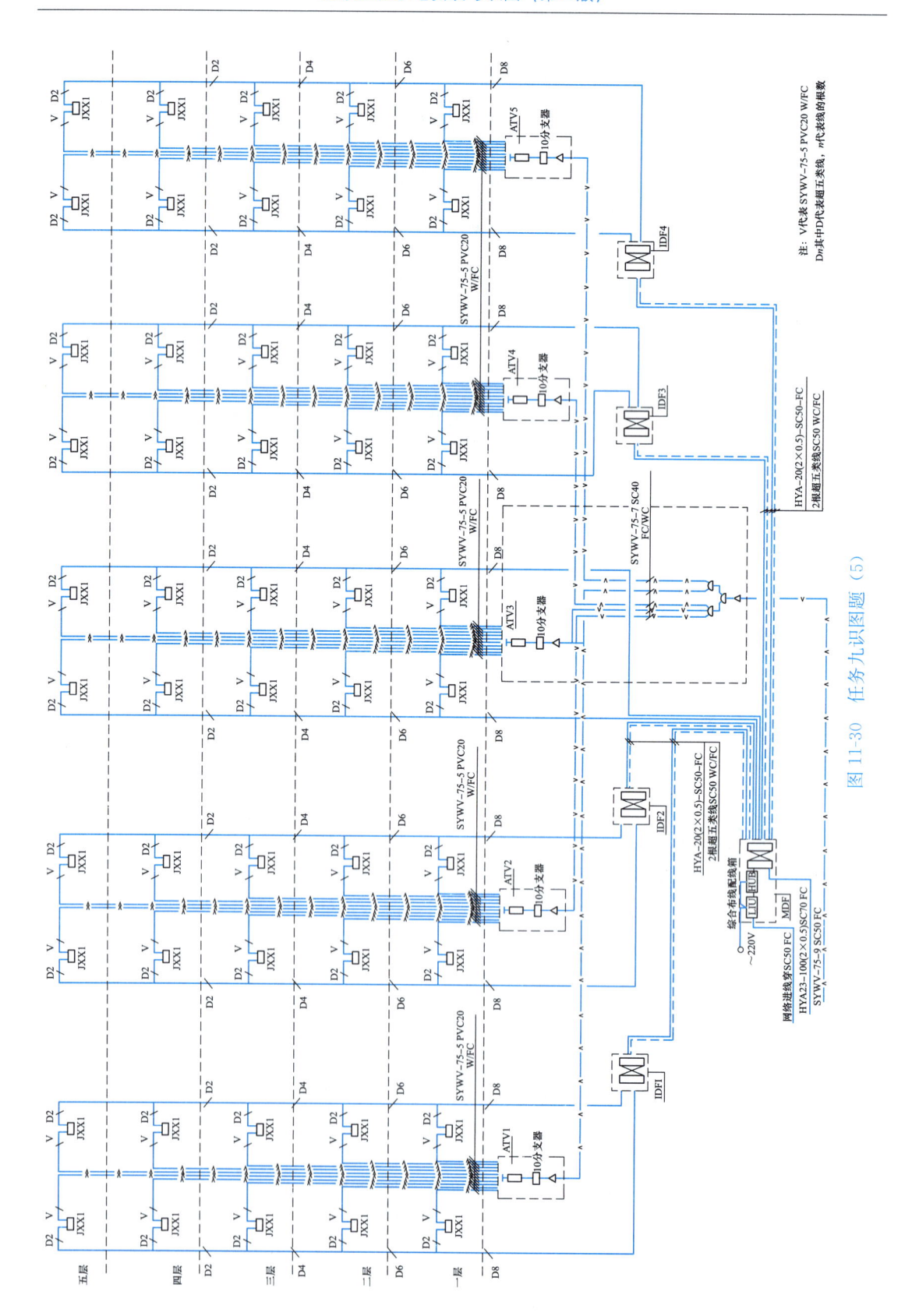

图 11-30 任务九识图题（5）

任务十　建筑工程水电安装计量

请根据本书项目十建筑工程水电安装计量中所述的工程量计算方法，对综合练习一多层住宅建筑"水施图"和综合练习二别墅建筑"电施图"进行识读，并计算清单工程量。

综合练习一　多层住宅建筑"水施图"

一、设计说明

1. 设计依据

《建筑给水排水设计标准》（GB 50015—2019）；《给水排水制图标准》（GB/T 50106—2010）；《建筑给水排水及采暖工程施工质量验收规范》（GB 50242—2002）；《建筑排水硬聚氯乙烯管道工程技术规程》（CJJ/T 29—2010）；《建筑给水聚丙烯管道（PP-R）工程技术规程》（DB 32/T474—2001）。

2. 工程概况

本工程为某房地产开发有限公司建设的五层住宅建筑。

3. 设计范围

室内给水、污水及屋面雨水工程设计。

4. 生活给水排水设计

室内给水由小区内给水管网直接供水；每户给水立管独立设置，水表出户，水表集中设置于室外水表井内；室内污水排至室外污水检查井，底层污水单独排入室外检查井，排水立管设伸顶通气；屋面雨水管设侧排或 87 型雨水斗，雨水密闭排放，雨水立管接至室外雨水井。

5. 管材及接口

室内给水管采用 PP-R 管，热熔连接；

室内污水管及雨水管：采用 PVC-U 管及管件，立管的连接方式采用弹性密封圈连接，出户管的连接方式采用黏结；

压力排水管采用热浸镀锌钢，螺纹接口，需要拆卸处采用法兰连接；

排水管道在吊顶内或管井内采用带检修口或检修门的三通或四通，吊顶内都带检修口的存水弯，洗脸盆存水弯都带检修口；

雨落管采用 PVC-U 管，在底层地面以上 1m 处设立管检查口。

6. 管道敷设

（1）管道支架和管卡按照规范执行，塑料给排水管的固定支座及滑动支座安装位置及间距应严格控制。

（2）塑料排水管立管每层设一个伸缩节，横管长度超过 2m 时设伸缩节，伸缩节间距不得超过 4m。

(3) 排水管检查口应隔层设置，但在最底层和有卫生器具的最高层必须设置，如立管偏置时，在其上部应设检查口，清扫口的设置与否及位置详见图示。

(4) 所有穿梁、楼板、外墙及安装在墙槽和地坪中的管道，施工时应与土建密切配合，做好各种预埋预留工作。

(5) 卫生设备的安装应根据产品安装要求并参照给排水国家标准图集执行。

卫生器具配水点安装高度

洗涤盆龙头	洗面盆角阀	坐便器角阀	浴盆龙头	蹲坑冲洗阀	洗衣机龙头	小便器龙头	淋浴器
0.45m	0.45m	0.25m	0.65m	1.15m	1.20m	1.15m	1.15m

(6) 排水管道的坡度采用通用坡度 2.6%。

(7) 设计使用普通地漏加存水弯，如果是自带水封的地漏，水封深度不得小于 50mm，地漏顶面低于地面 5～10mm，卫生间内设有洗衣机时，地漏应采用带洗衣机插口的多用地漏。

(8) PP-R 给水管安装应遵守《建筑给水聚丙烯管道工程技术规范》(GB/T 50349—2005)；UPVC 排水管安装应遵守《建筑排水塑料管道工程技术规程》(CJJ/T 29—2010)。

(9) 给水管，消防管，热水管穿墙和楼板时，应设套管，套管外径比管子外径大 1～2 级，下面与楼板齐平，上面比楼板高 20～30mm，管径空隙用油麻填空，并用沥青灌平。

(10) PVC-U 立管若采用粘接方式应每层设一伸缩节。

(11) 本设计中的给水管均采用暗装，排水管暗装于吊顶内。

(12) 排水与雨水立管竖向安装有偏差时，采用乙字弯偏转，并在其上部设检查口。

(13) 污水出户管的管底标高为室外地面以下 0.5m，室内立管的管底标高为 -0.8m 时出户，出户管埋设坡度为 0.01。

7. 管道试压

(1) 管道安装完毕后，应按国家现行"施工质量验收规范"和相应的"技术规程"进行给水管水压试验和排水管灌水及通球试验。室内生活给水管试验压力为不小于 1.0MPa。

(2) 管道试压详见《建筑给水排水及采暖工程施工质量验收规范》(GB 50524—2002)。

8. 其他

图中所注尺寸除管长、标高以 m 计外，其余均以 mm 计；图中所示标高，排水管指管内底标高外，给水管指管中心标高；

本设计说明未尽事宜，应遵守《建筑给水排水及采暖工程施工质量验收规范》(GB 50242—2002)等有关国家、地方规范和规定。

二、给水系统图

给水系统图如图 11-31 所示。

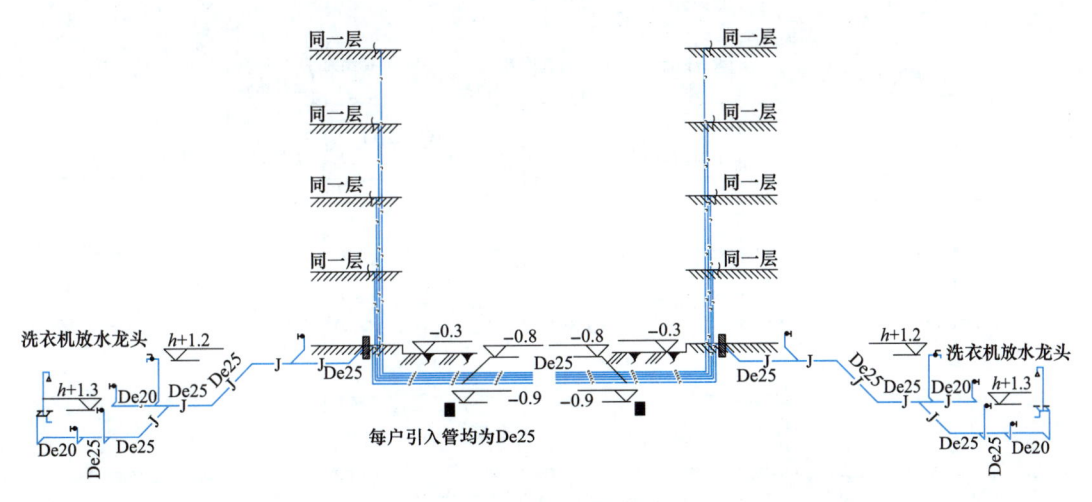

图 11-31　给水系统图

三、生活污水排水系统图

生活污水排水系统图如图 11-32 所示。

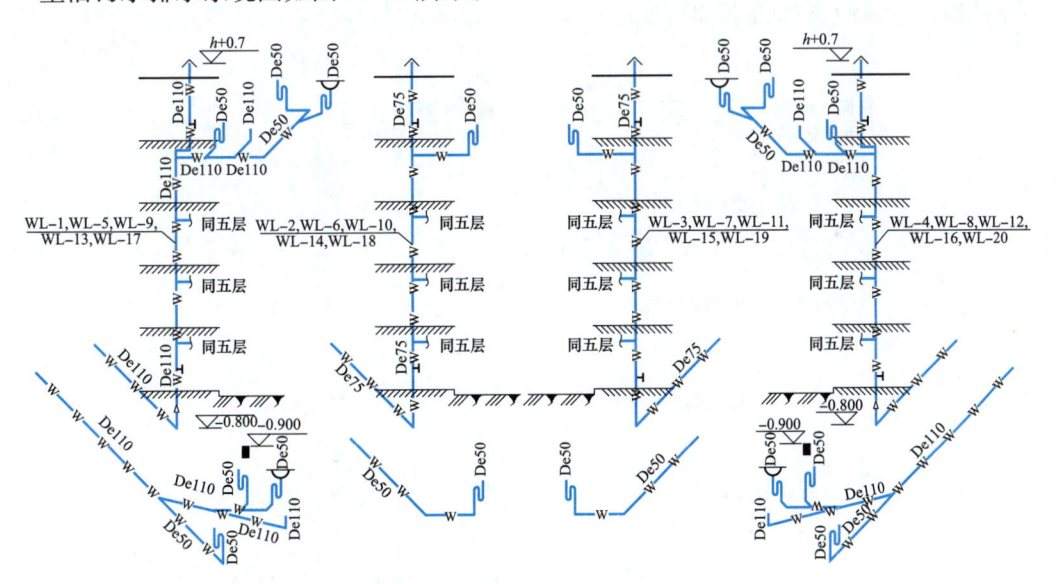

图 11-32　生活污水排水系统图

四、屋面雨水排水系统图

屋面雨水排水系统图如图 11-33 所示。

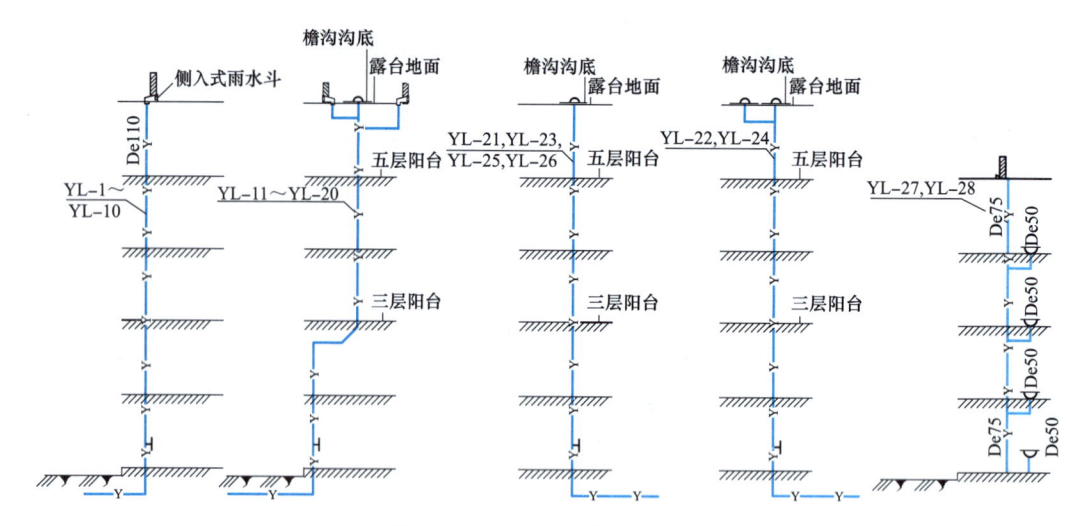

图 11-33　屋面雨水排水系统图

五、空调冷凝水系统图

空调冷凝水系统图如图 11-34 所示。

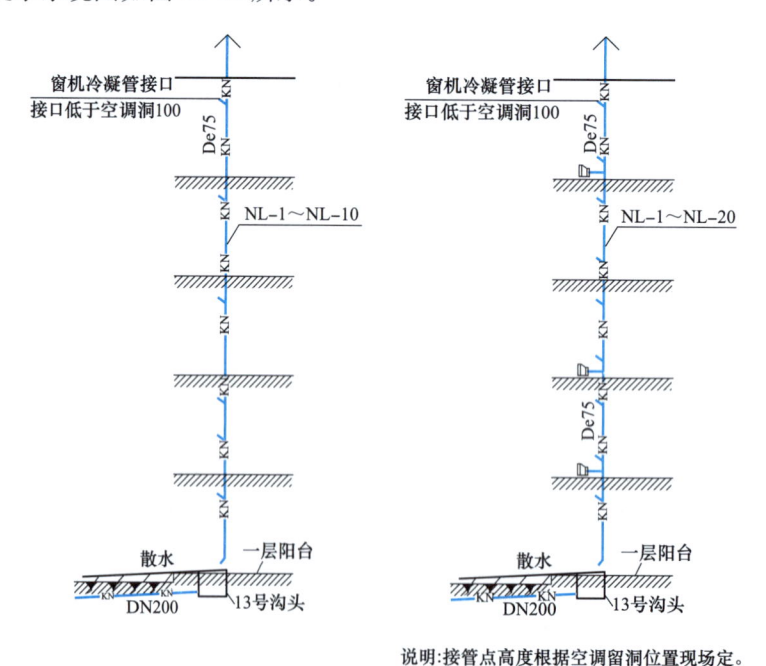

图 11-34　空调冷凝水排水系统图

六、平面图

一层平面图如图 11-35 所示，屋顶平面图如图 11-36 所示，标准层单元平面图如图 11-37 所示。

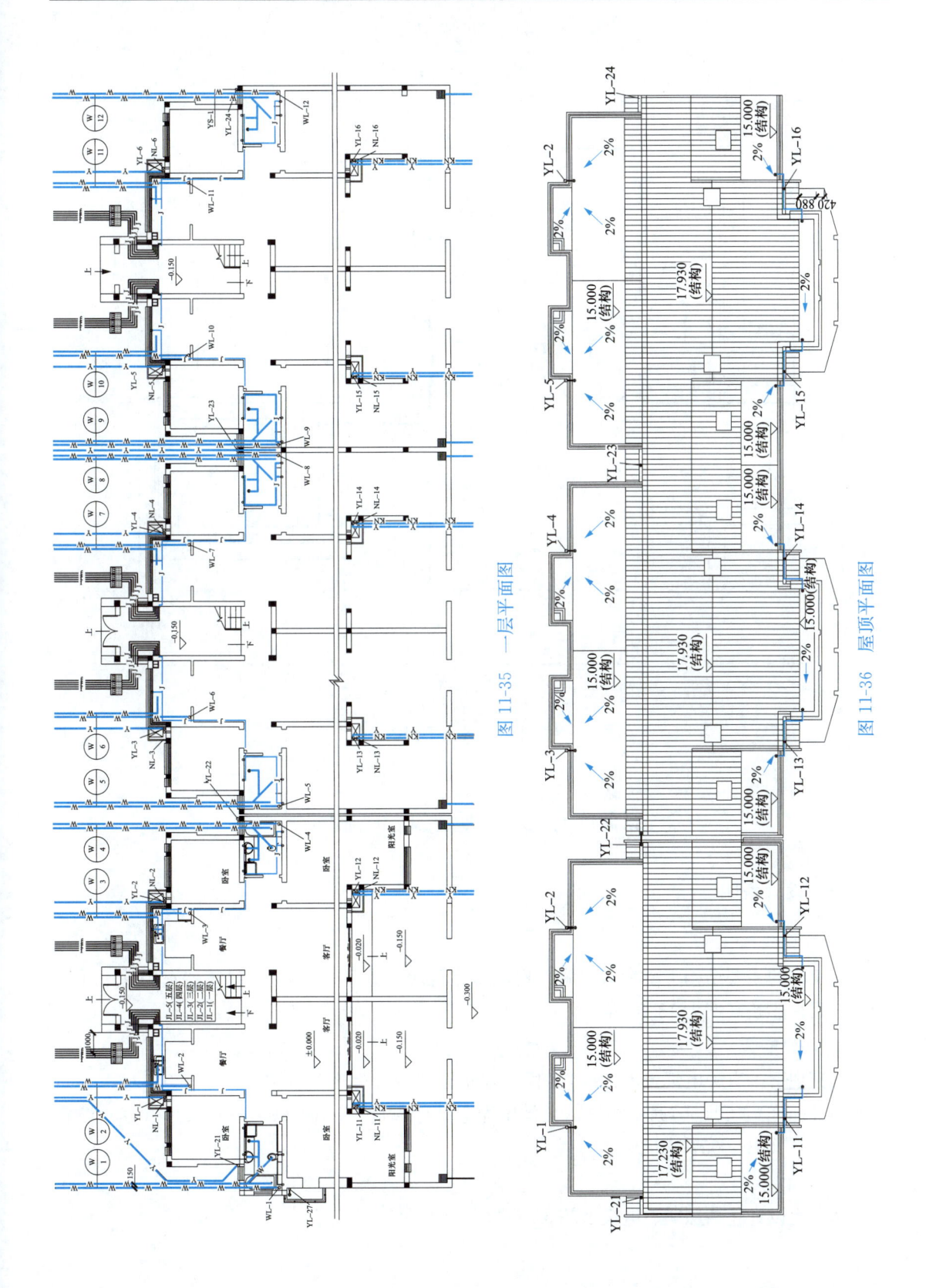

图 11-35 一层平面图

图 11-36 屋顶平面图

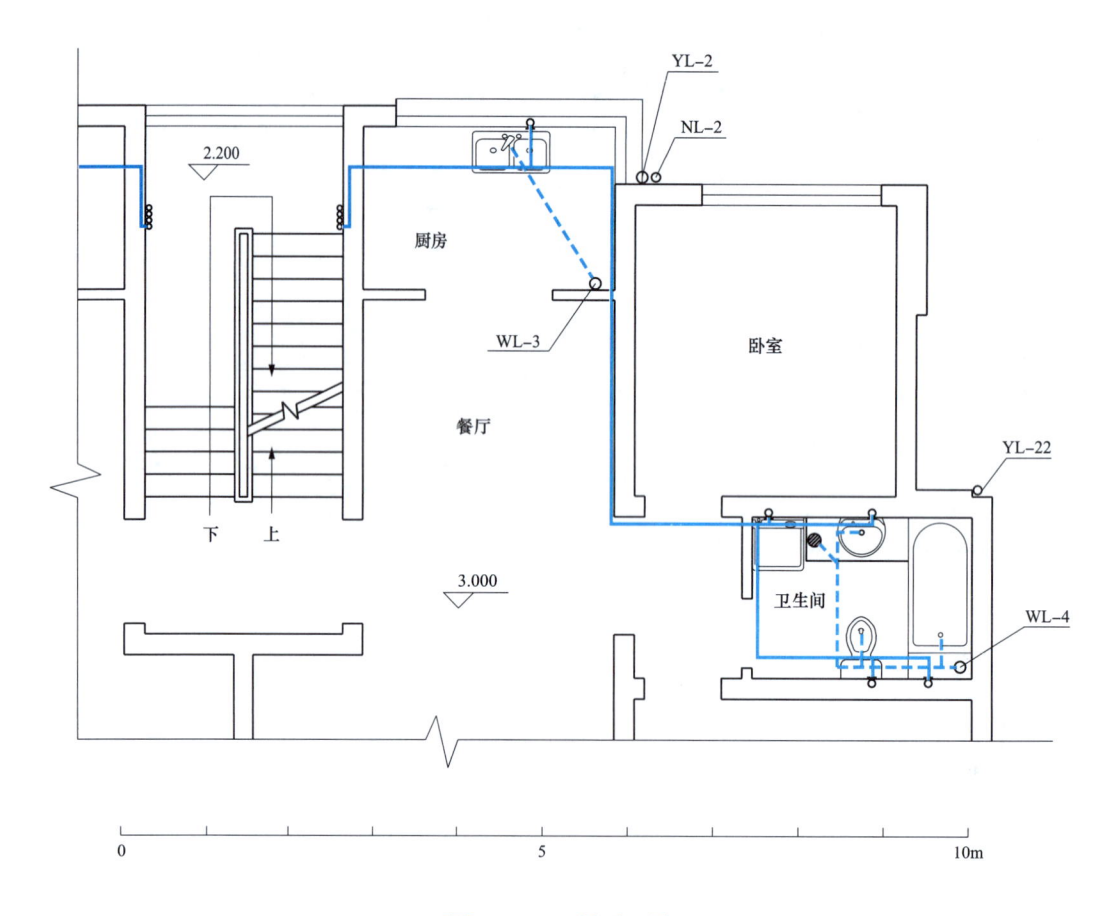

图 11-37 一层平面图

综合练习二　别墅建筑"电施图"

一、设计说明

1. 工程概况

本工程的主要结构类型为剪力墙结构，总建筑面积为 1407.1m²，建筑层数为地下 1 层地上 3 层，建筑高度为 13.50m。

2. 设计依据

国家现行的有关电气技术标准：《民用建筑电气设计标准》（GB 51348—2019）；《建筑照明设计标准》（GB 50034—2013）；《低压配电设计规范》（GB 50054—2011）；《建筑防雷设计规范》（GB 50057—2010）。

3. 设计范围

本工程设计包括照明、电视及综合布线。

4. 配电与照明

(1) 供电方式及供电负荷。供电方式为低压电缆埋地敷设；负荷等级分类为三级负荷。

(2) 照明与控制。

起居室照度为100lx，要求配18W节能灯，LPD值不大于$7W/m^2$，分散控制。

卧室照度为75lx，要求配18W节能灯，LPD值不大于$6W/m^2$，分散控制。

餐厅照度为150lx，要求配18W节能灯，LPD值不大于$7W/m^2$，分散控制。

卫生间、厨房照度为100lx，要求配18W节能灯，LPD值不大于$7W/m^2$，分散控制。

(3) 照明与安装高度。

1.5m以上的插座回路沿各层顶板及墙内暗敷；

空调柜机及普通插座回路沿各层地板及墙内暗敷；

各导线连接均采用压线帽压接。

(4) 线路。

除图中注明外，导线均采用BV-450V/750V-2.5mm^2铜芯聚氯乙烯导线穿塑料管暗敷。图中斜线及数字表示导线的根数。2根导线穿PC16管，3~6根导线穿PC20管。

5. 防雷与接地

经过计算得：$N=0.0562$，即本工程为三类防雷。

(1) 屋顶防雷采用Φ10热镀锌圆钢，在屋角、屋檐等易受雷击部位敷设，构成不大于24×16或20×20的避雷网格。避雷带水平敷设时，支架间距不大于1m，转弯处不大于0.5m。

(2) 防雷引下线利用建筑物的柱内两根主钢筋，主钢筋不小于Φ16，主钢筋与避雷网、基础接地可靠焊接，具体连接方式参照图集《建筑物防雷设施安装》15D501。

(3) 本工程采取等电位联结措施，将引入建筑内的金属设备管道及金属建筑物构件等连接成等电位体。

(4) 本工程接地保护方式为TN-C-S系统，采用联合接地方式。电源中性线在进线处应做重复接地，接地电阻小于1Ω。在结构完成后，必须通过测试点测试接地电阻，若达不到设计要求，加接人工接地体。

(5) 凡不带电的金属外壳、进出建筑物的金属管、插座接地极及电缆护铠等均可靠接地。

(6) 屋面所有金属构件应与避雷网可靠焊接。

6. 其他

进出室外墙的管线应做好防水处理；当线路超过规范规定长度时，施工单位根据现场情况加设接线盒；应与土建密切配合，做好预埋工作；凡本图中未注明的，按有关规范规定执行；全部工程安装应符合《建筑电气工程施工质量验收规范》（GB 50303—2015）；低压进线管及弱电进线管两端应做防水封堵；利用建筑基础接地，接地电阻小于1Ω，若达不到设计要求，加接人工接地体；防盗报警设计由甲方委托专业设计；住宅配电箱的进线端应装设短路、过负荷和自恢复式过、欠电压保护器；在弱电进线处应设置浪涌保护，此装置由专业厂家提供。

二、系统图

(1) 干线系统图如图11-38所示。

电气图例表

序号	图例	名称	型号规格	备注
1	⊗	节能灯	18W	吸顶安装
2	⊛	节能防水防尘灯	18W	吸顶安装
3	⌒	吸顶灯	18W	吊顶内安装
4		单联开关		距地 1.4m 暗装
5		二联开关		距地 1.4m 暗装
6		密封单极开关		距地 1.4m 暗装
7		普通插座	安全型	距地 0.3m 暗装
8	D	电动门插座	安全型	吸顶安装
9	K	空调插座（开关）	安全型	距地 1.8/0.3m 暗装
10		防水插座	防溅型	距地 1.5m 暗装
11	X	洗衣机插座（开关）	防溅型 IP54	距地 1.5m 暗装
12	R	热水器插座（开关）	防溅型	距地 2.3m 暗装
13	C	抽油烟机插座	安全型	距地 1.8m 暗装
14	TV	电视插座		距地 0.3m 暗装
15	TP	电话插座		距地 0.3m 暗装
16		网络插座		距地 0.3m 暗装
17	■	配电箱	详见系统图	距地 1.6m 暗装
18	TX	家庭信息箱	设备商提供	距地 0.5m 暗装
19		可燃气体警报器		吸顶安装
20		室内对讲机		距地 1.5m 安装
21		紧急报警按钮		距地 1.1m 安装
22		排气扇	60W	吸顶安装
23		节能壁灯	18W	安装高度现场定

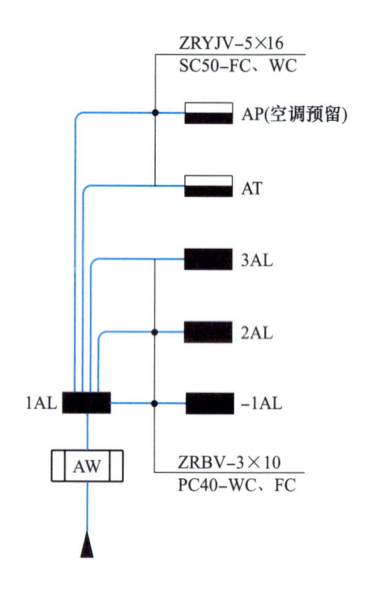

图 11-38 干线系统图

(2) AT 配电箱系统图如图 11-39 所示。

(3) －1AL 配电箱系统图如图 11-40 所示。

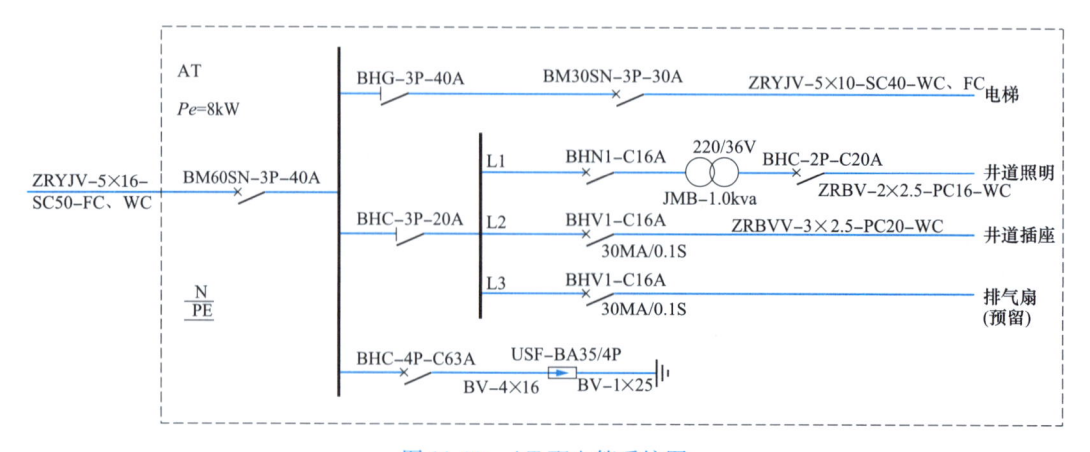

图 11-39 AT 配电箱系统图

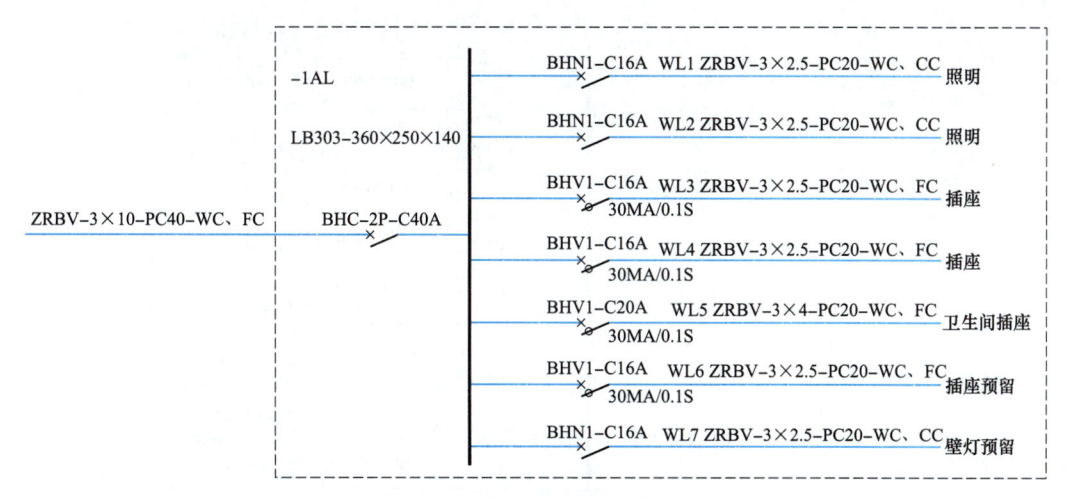

```
                                    BHN1-C16A  WL1 ZRBV-3×2.5-PC20-WC、CC
                        -1AL                                              照明
                                    BHN1-C16A  WL2 ZRBV-3×2.5-PC20-WC、CC
                    LB303-360×250×140                                     照明
                                    BHV1-C16A  WL3 ZRBV-3×2.5-PC20-WC、FC
                                         30MA/0.1S                        插座
ZRBV-3×10-PC40-WC、FC   BHC-2P-C40A   BHV1-C16A  WL4 ZRBV-3×2.5-PC20-WC、FC
                                         30MA/0.1S                        插座
                                    BHV1-C20A  WL5 ZRBV-3×4-PC20-WC、FC
                                         30MA/0.1S                        卫生间插座
                                    BHV1-C16A  WL6 ZRBV-3×2.5-PC20-WC、FC
                                         30MA/0.1S                        插座预留
                                    BHN1-C16A  WL7 ZRBV-3×2.5-PC20-WC、CC
                                                                          壁灯预留
```

图 11-40　-1AL 配电箱系统图

（4）1AL、2AL、3AL、配电箱系统图如图 11-41 所示。

三、平面图

（1）地下室照明平面图如图 11-42 所示。

（2）一层照明平面图如图 11-43 所示。

（3）二层照明平面图如图 11-44 所示。

（4）三层照明平面图如图 11-45 所示。

（5）地下室弱电平面图如图 11-46 所示。

（6）一层弱电平面图如图 11-47 所示。

（7）二层弱电平面图如图 11-48 所示。

（8）三层弱电平面图如图 11-49 所示。

（9）基础接地平面图如图 11-50 所示。

（10）屋顶防雷平面图如图 11-51 所示。

四、大样图

（1）总等电位联结大样如图 11-52 所示。相关要求如下：

1）电源进线、电子信息设备联结做法参见《等电位联结安装》15D502。

2）MEB 线均采用-40×4 的镀锌扁钢在地面内或墙内暗敷。

3）MEB 端子板宜设置在电源进线或进线配电盘处，并应加防护罩或装在端子箱内，防止无关人员触动箱内。

4）相邻近管道及金属结构允许用一根 MEB 线连接。

5）实测总等电位联结内的水管、基础钢筋等自然接地体的接地电阻值已满足电气装置的接地要求时，不需另外设置人工接地极，保护接地与防雷接地宜直接接地连通。

6）当利用建筑物金属体做防雷及接地时，MEB 端子板宜直接短捷地与该建筑物用作防雷及接地的金属体连通。

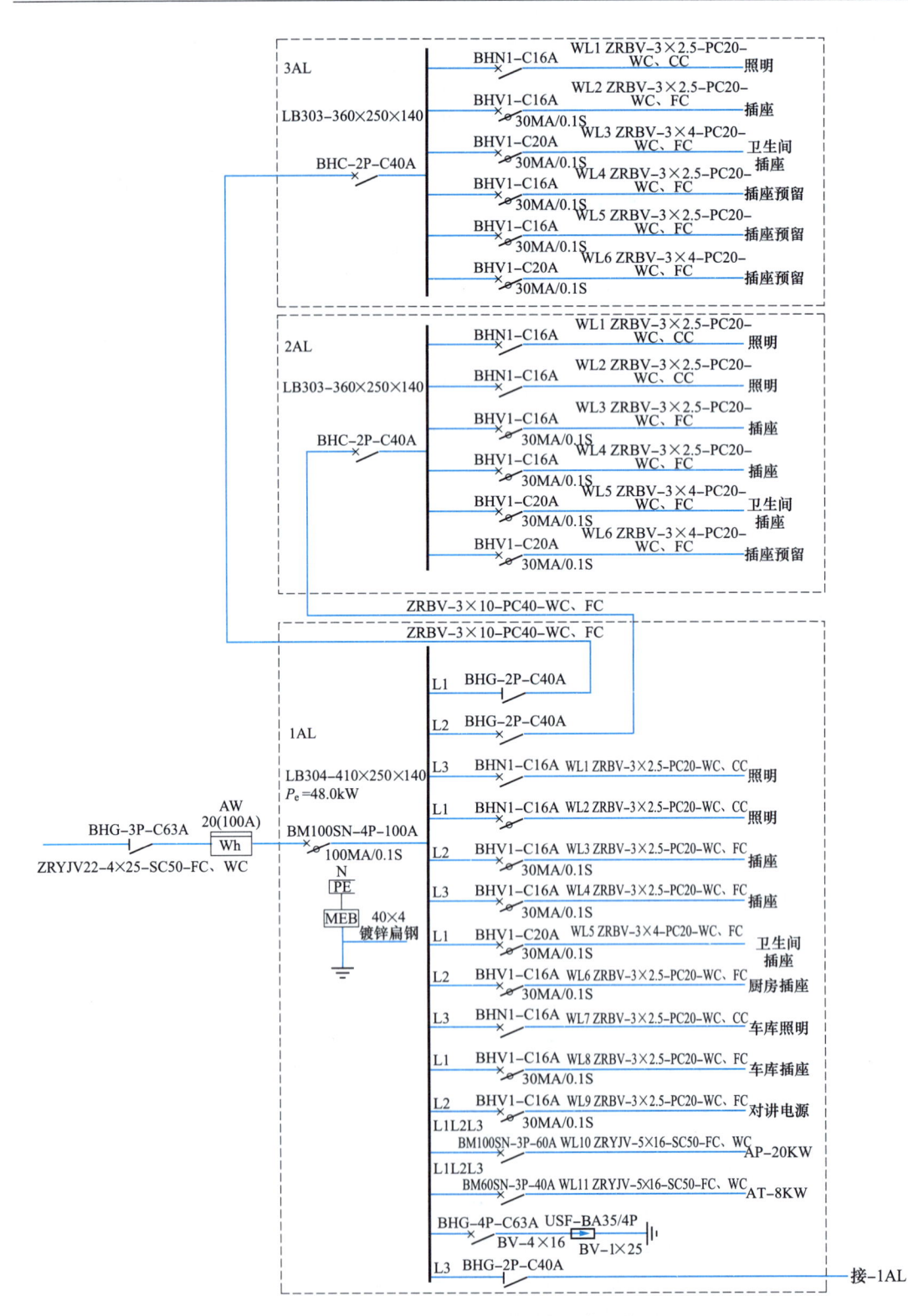

图 11-41　1AL、2AL、3AL、配电箱系统图

项目十一 习题与实训项目

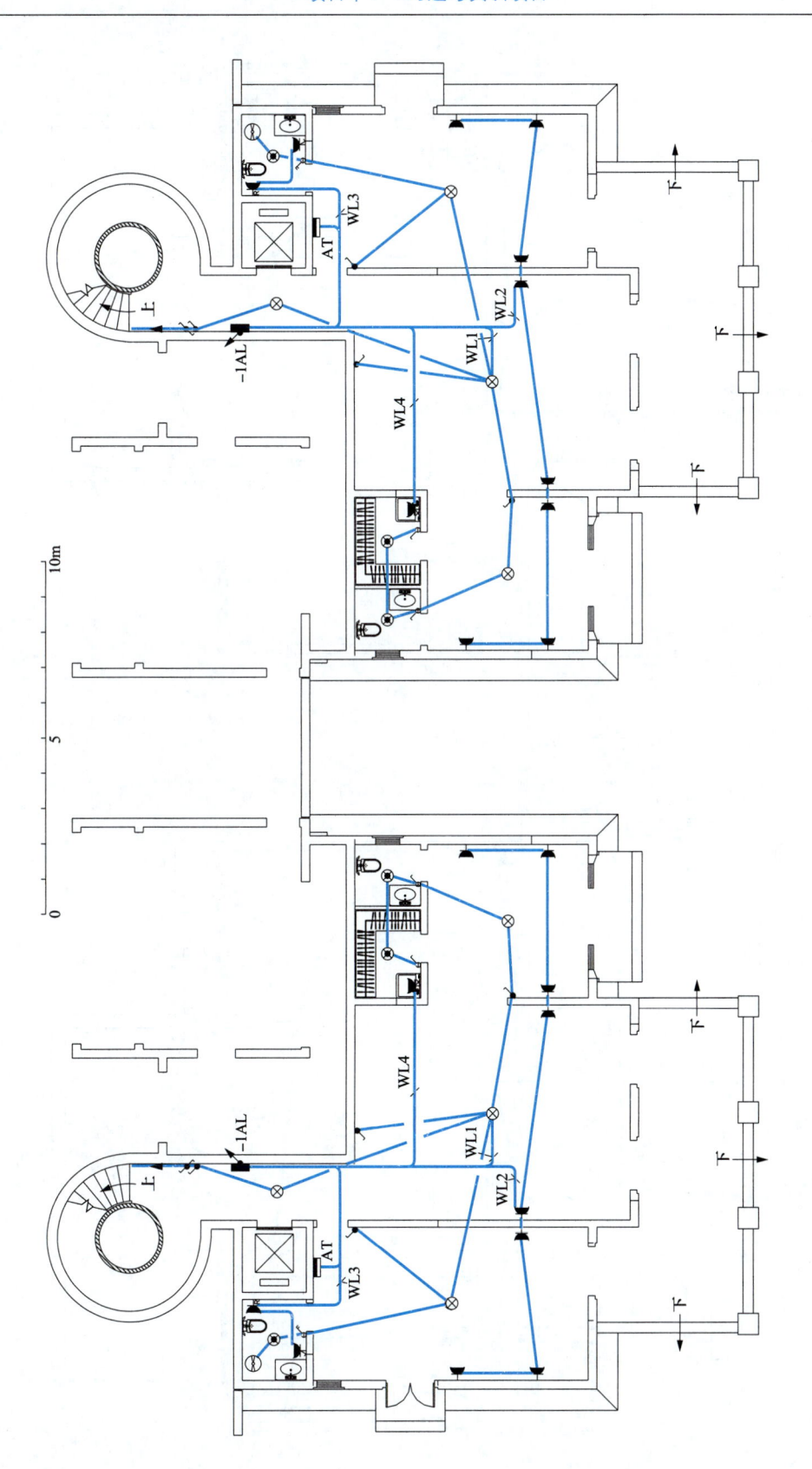

图 11-42 地下室照明平面图

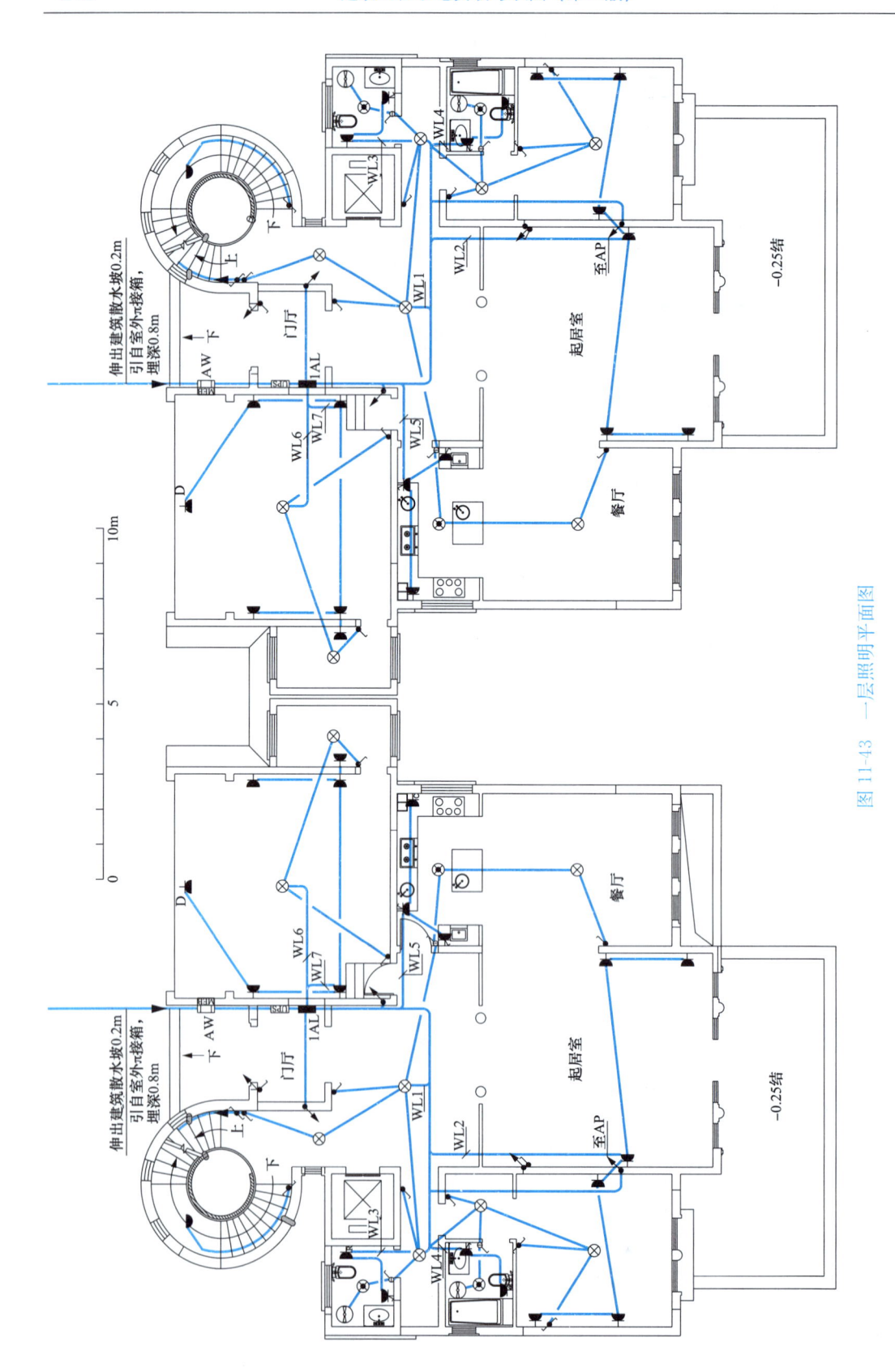

图 11-43　一层照明平面图

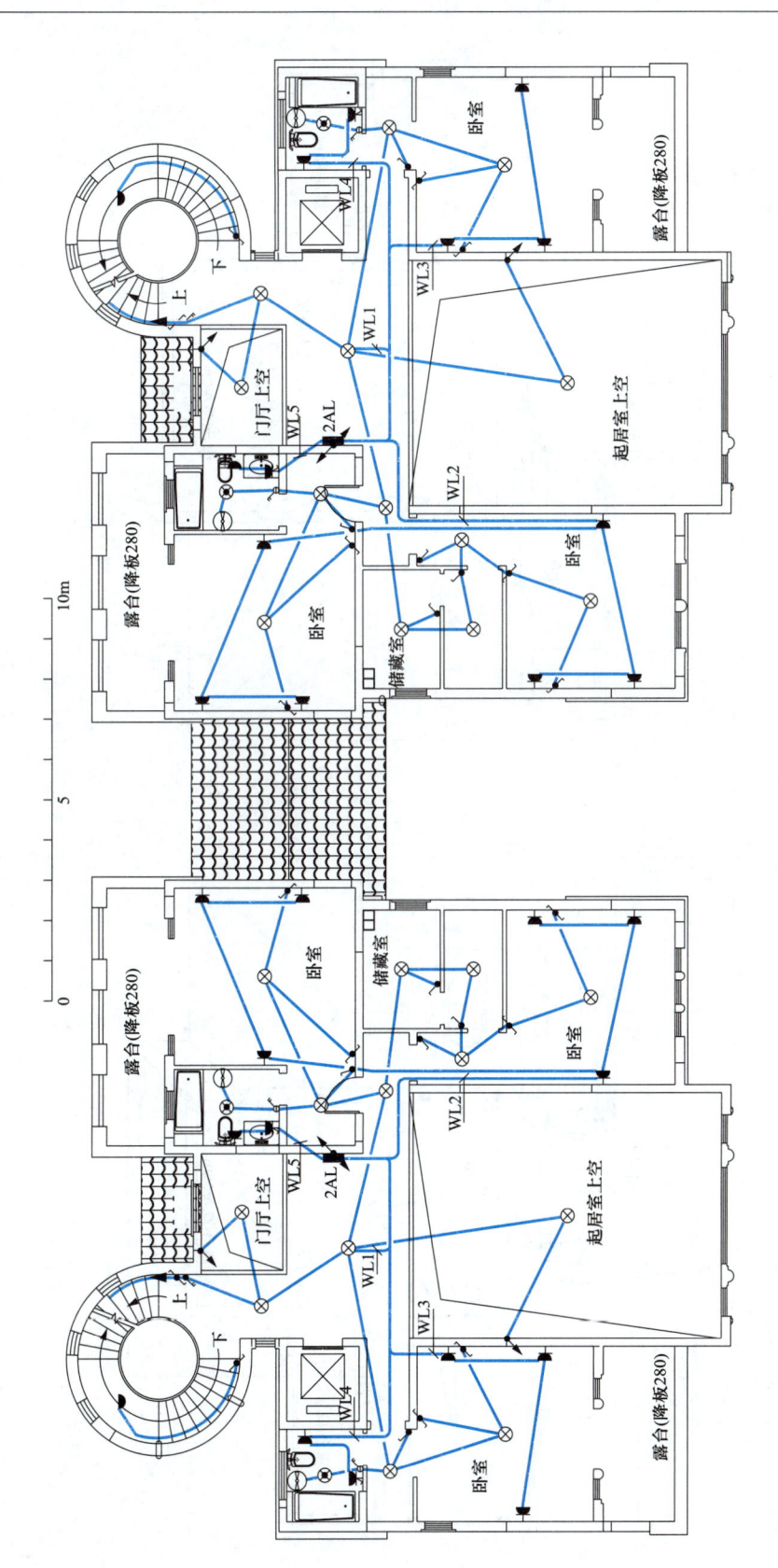

图 11-44 二层照明平面图

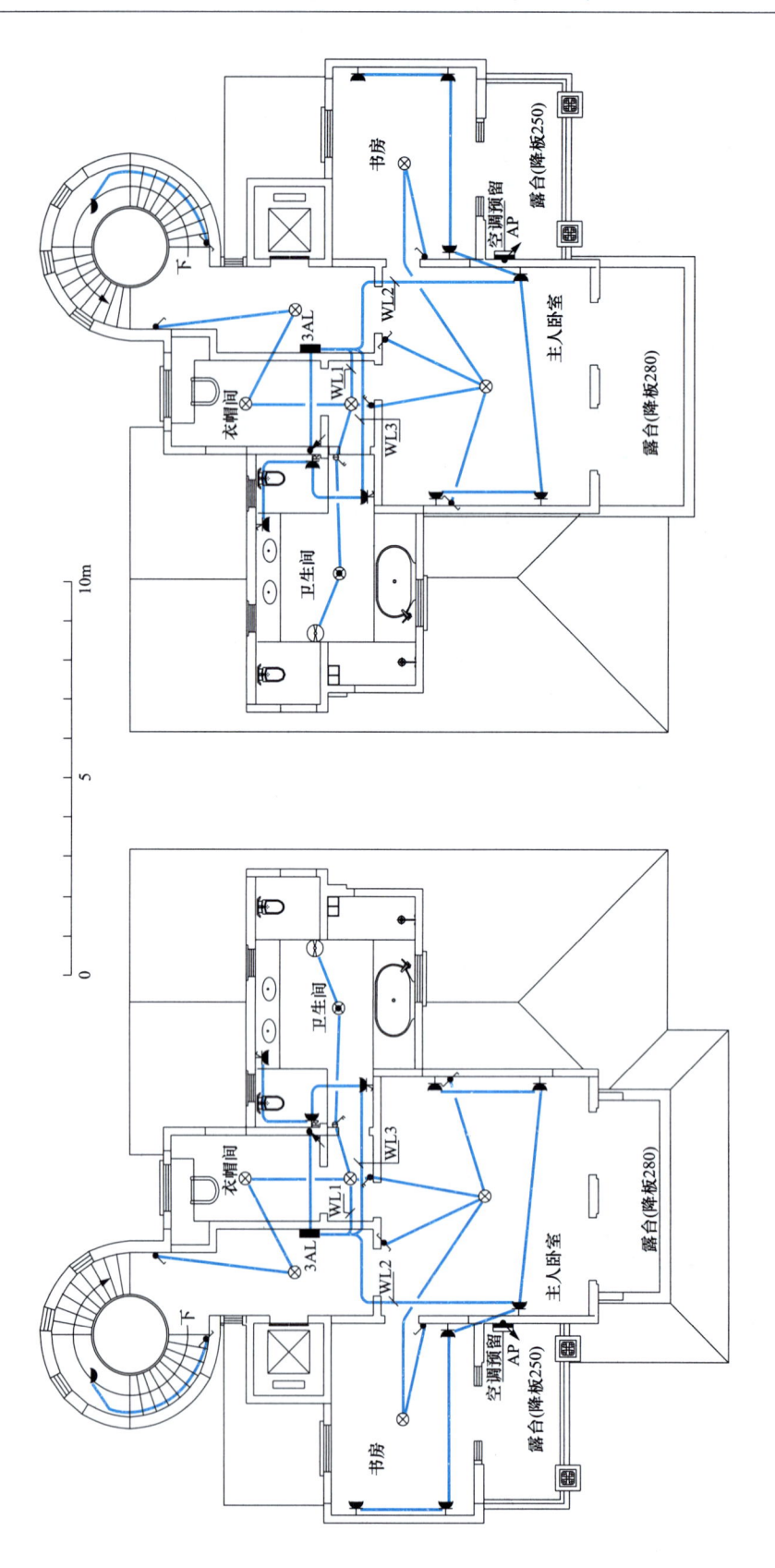

图 11-45 三层照明平面图

项目十一　习题与实训项目

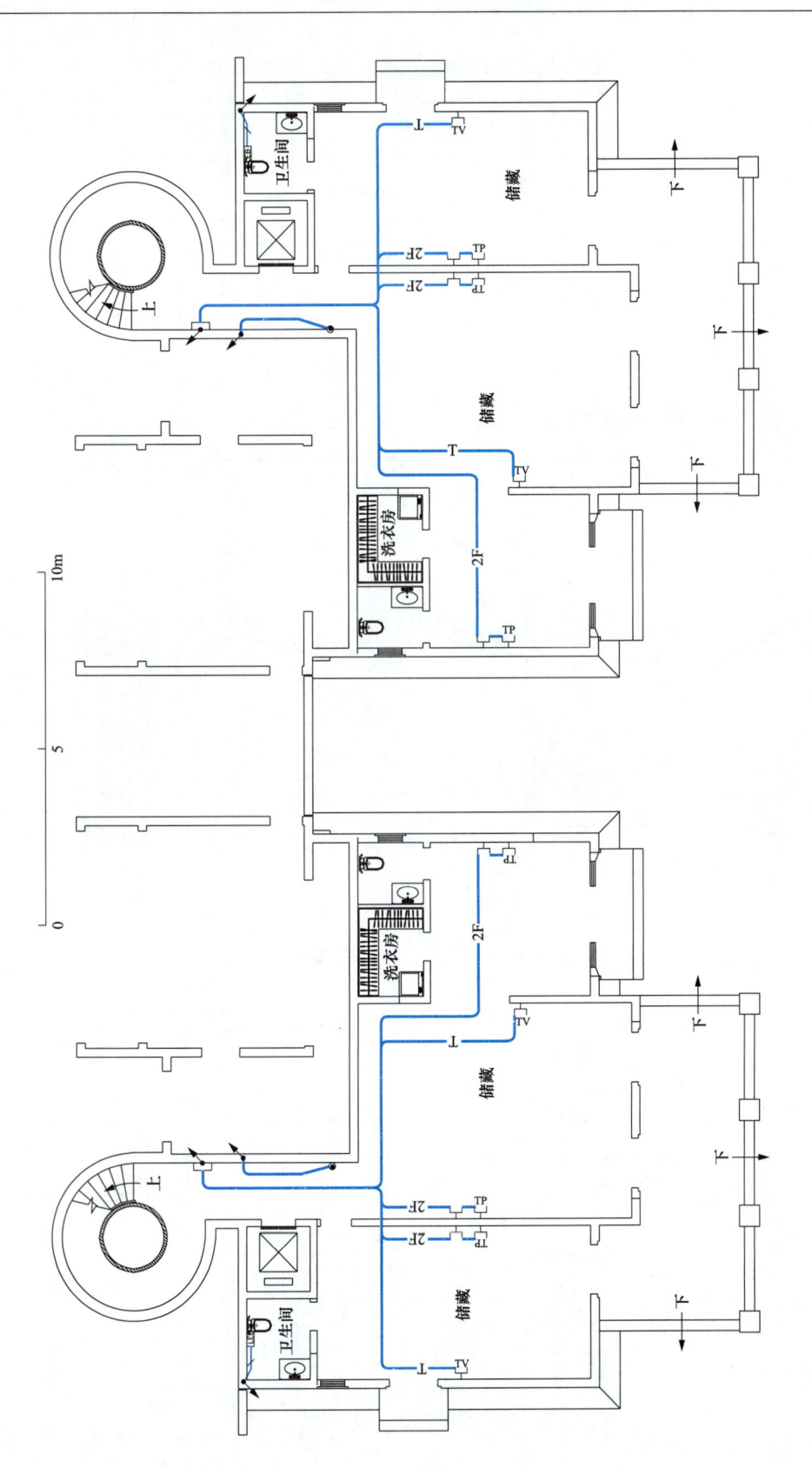

图 11-46　地下室弱电平面图

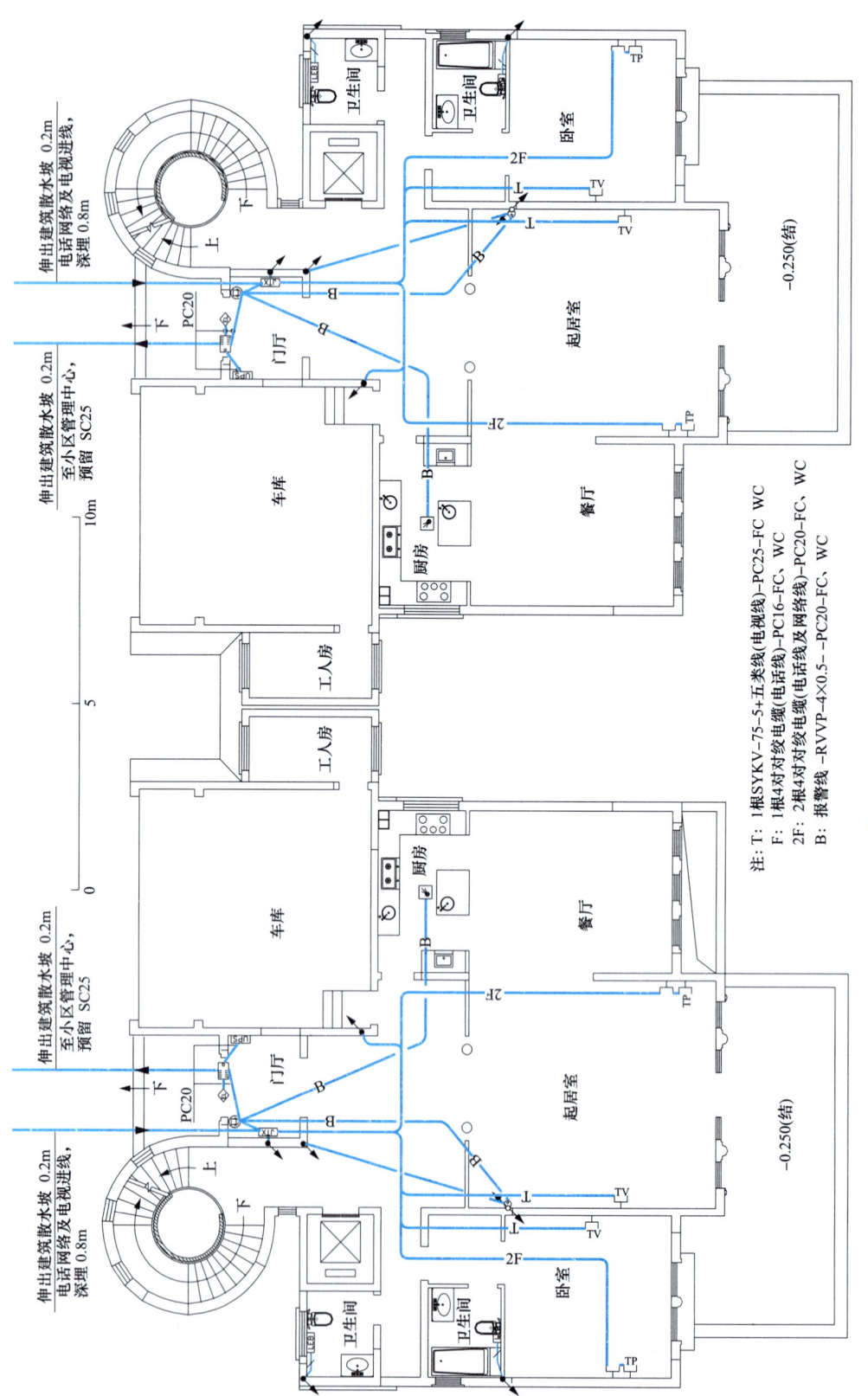

图 11-47 一层弱电平面图

注：T：1根SYKV-75-5+五类线(电视线)—PC25-FC WC
F：1根4对绞电缆(电话线)—PC16-FC、WC
2F：2根4对绞电缆(电话线及网络线)—PC20-FC、WC
B：报警线 —RVVP-4×0.5—PC20-FC、WC

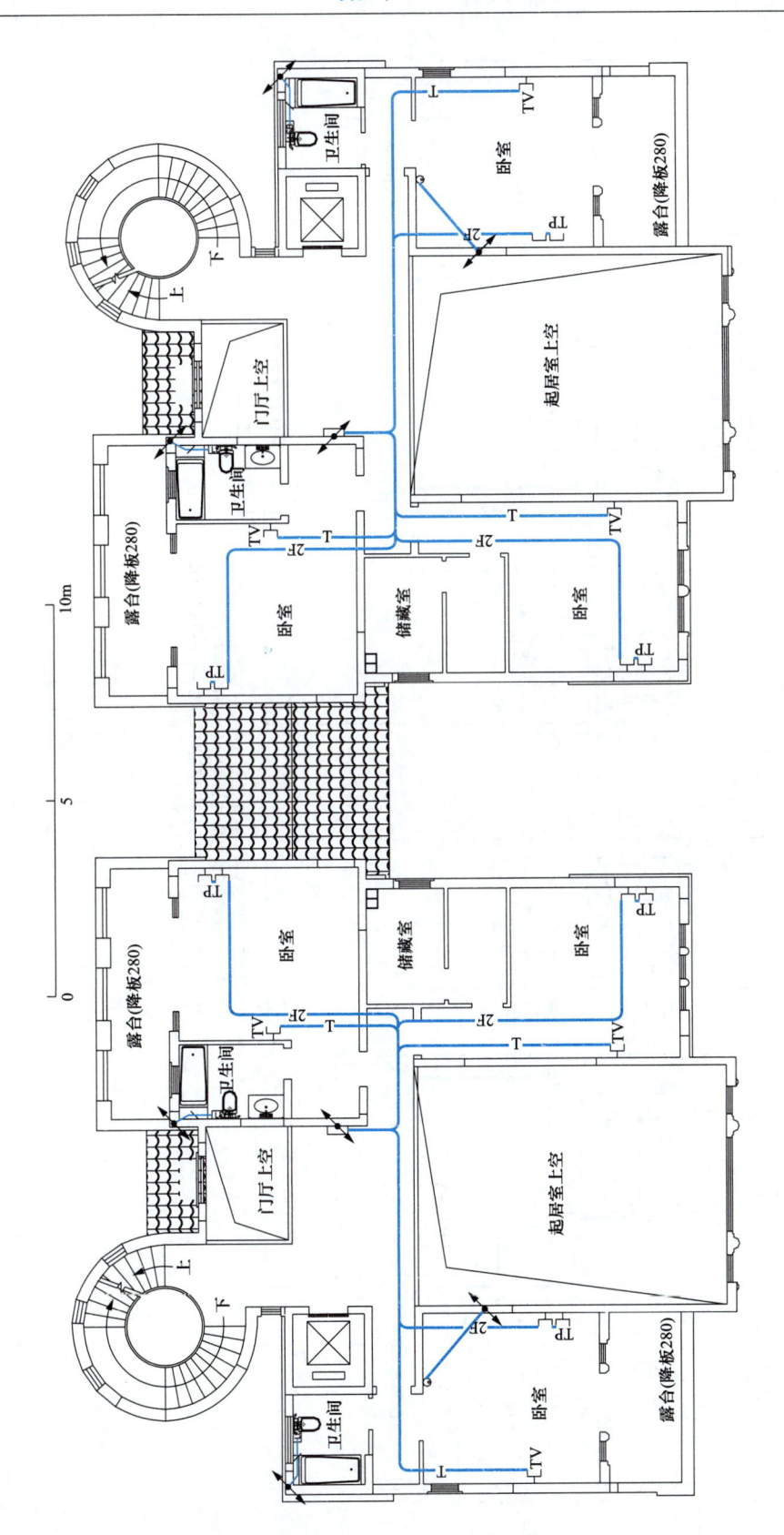

图 11-48 二层弱电平面图

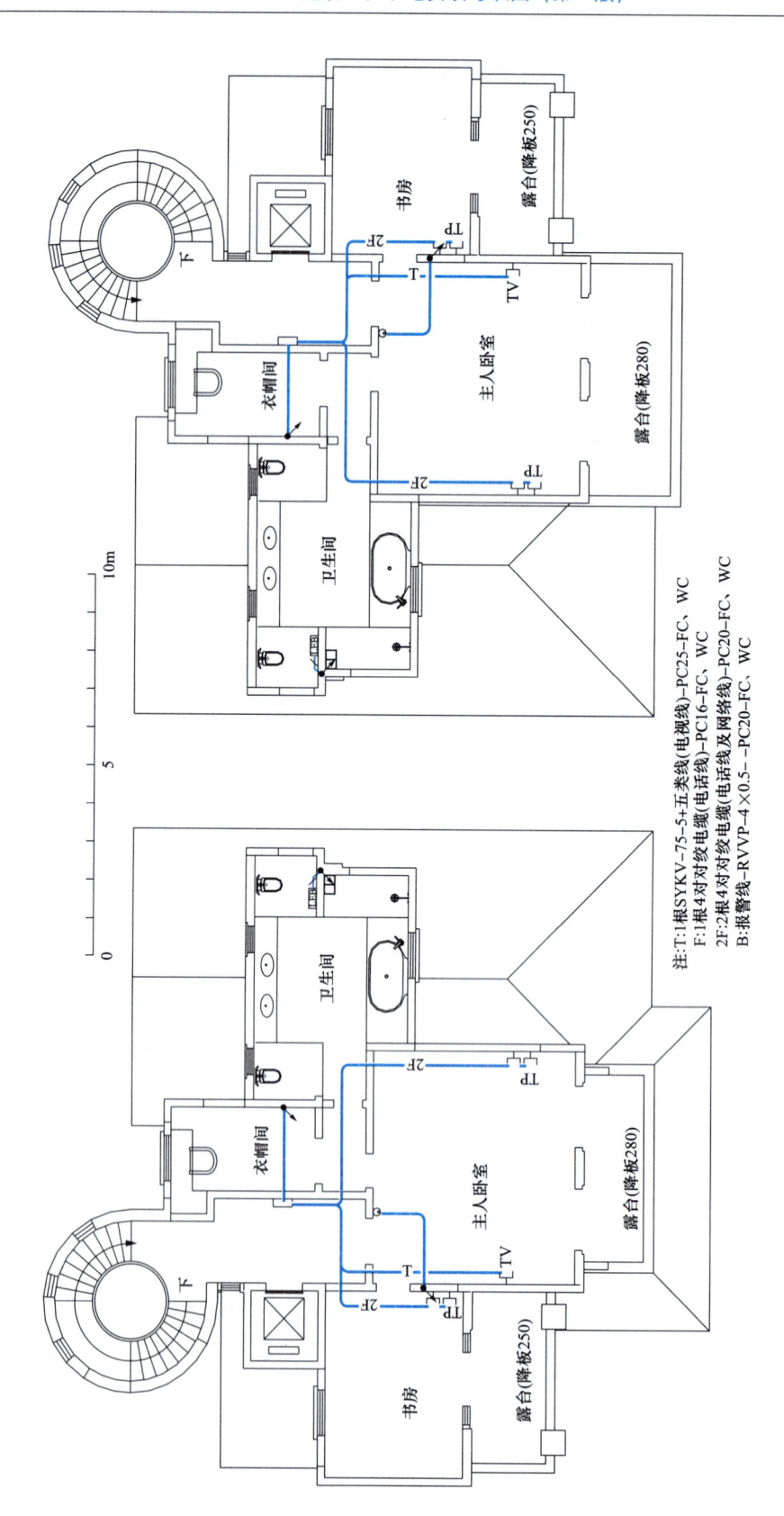

图 11-49 三层弱电平面图

注：T:1根SYKV-75-5+五类线(电视线)–PC25-FC、WC
F:1根4对对绞电缆(电话线)–PC16-FC、WC
2F:2根4对对绞电缆(电话线及网络线)–PC20-FC、WC
B:报警线–RVVP-4×0.5 –PC20-FC、WC

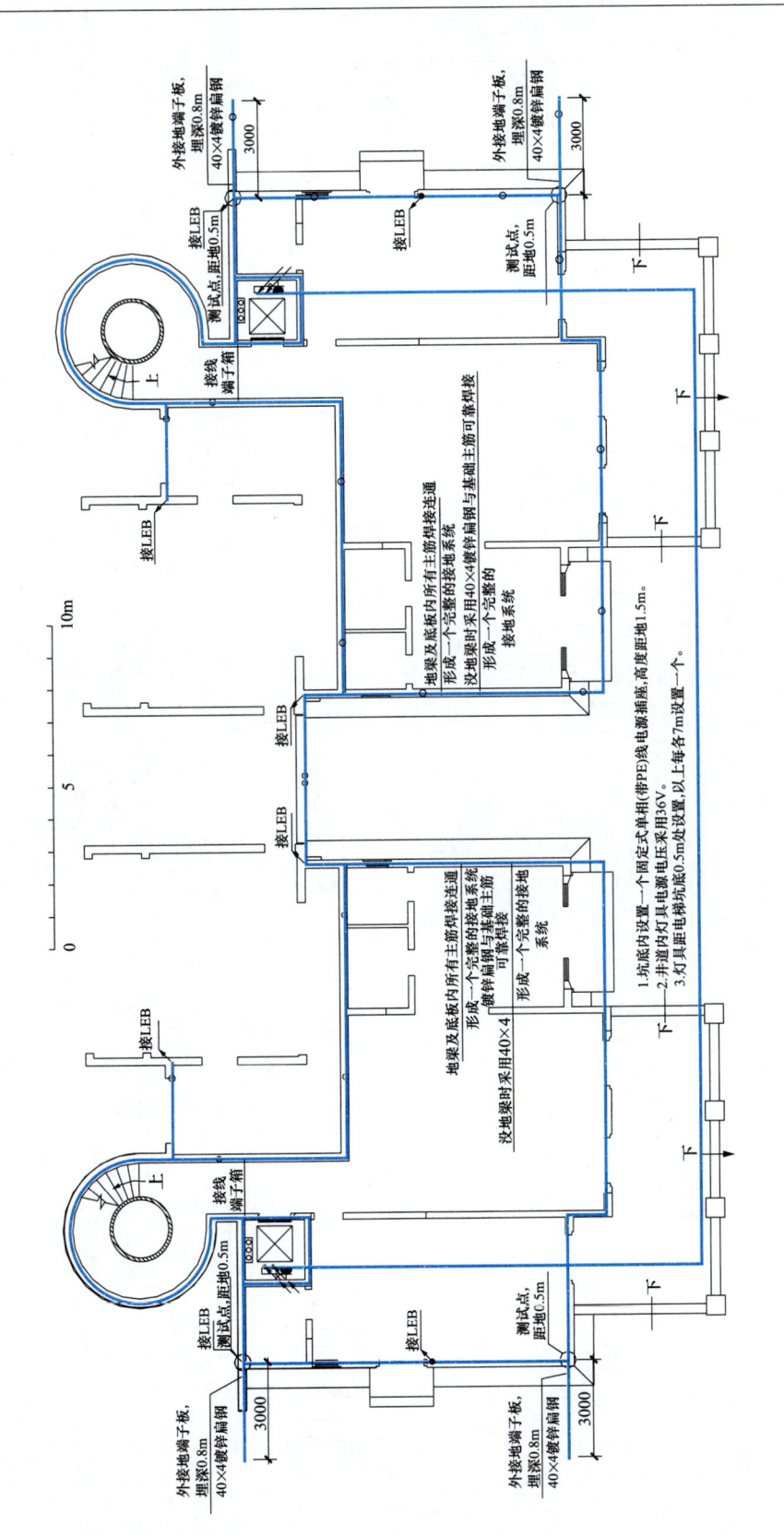

图 11-50 基础接地平面图

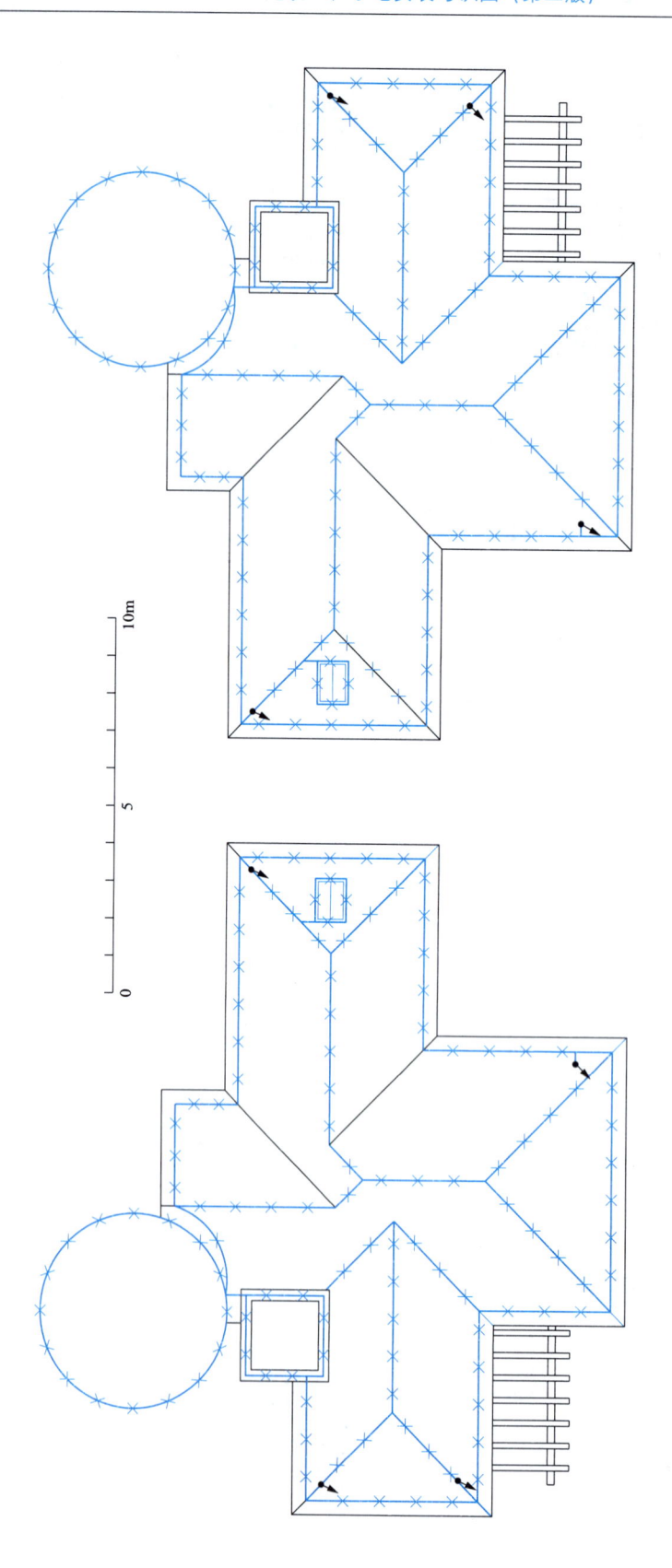

图 11-51 屋顶防雷平面图

（2）卫生间局部等电位联结大样图参见本书图 8-6。相关要求如下：

1）地面钢筋网应与等电位联结线连通。当墙为混凝土墙时，墙内钢筋网也宜与等电位联结线连通。

2）等电位联结线与浴盆、金属地漏、下水管等卫生设备的连接，见《等电位联结安装》15D502。

3）图中 LEB 线均采用 BVR-1×4mm 铜线，在地面内或墙内穿塑料管暗敷。

4）墙或地面预埋件的具体做法见《等电位联结安装》15D502。

5）卫生间等电位端子板的设置位置应方便检测，具体做法见《等电位联结安装》15D502。

（3）家庭信息箱大样图如图 11-53 所示。

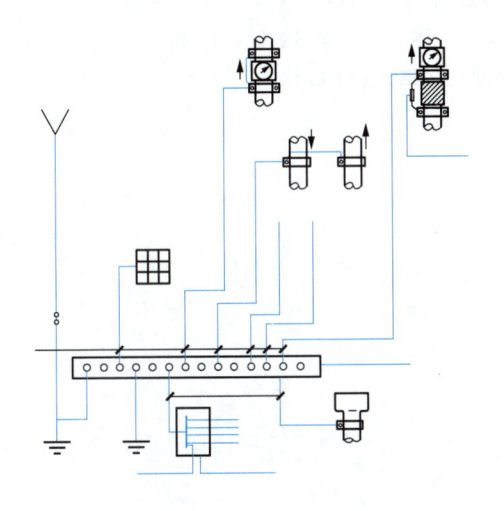

图 11-52　总等电位联结大样图

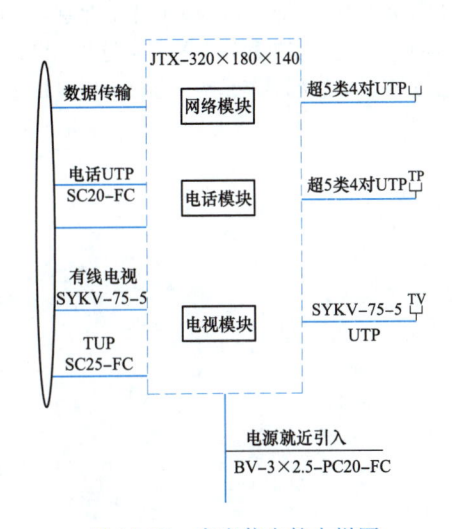

图 11-53　家庭信息箱大样图

（4）太阳能热水器防雷大样图如图 11-54 所示。

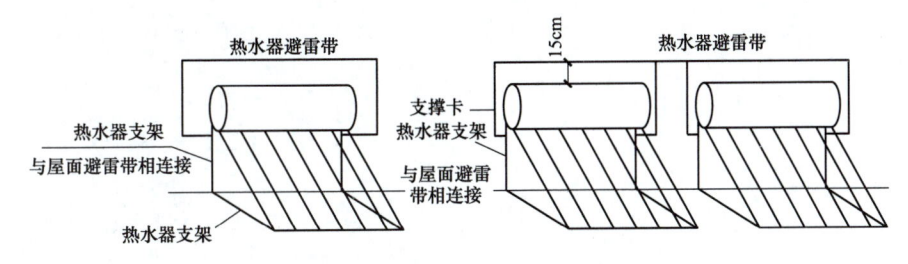

图 11-54　太阳能热水器防雷大样图

参 考 文 献

[1] 文桂萍. 建筑设备安装与识图. 北京：机械工业出版社，2020.
[2] 江苏省建设工程造价管理总站. 安装工程技术与计价. 南京：江苏凤凰科学技术出版社，2014.
[3] 崔建祝. 安装工程技术与计价. 徐州：中国矿业大学出版社，2011.
[4] 王贵廉，范玉芬. 房屋卫生设备. 北京：高等教育出版社，1987.
[5] 代洪卫. 水暖工程施工图识读快学快用. 北京：中国建材工业出版社，2011.
[6] 万瑞达. 建筑电气工程施工图识读快学快用. 北京：中国建材工业出版社，2011.
[7] 边喜龙. 给水排水工程施工技术. 北京：中国建筑工业出版社，2015.
[8] 柳涌. 建筑安装工程施工图集 6 弱电工程. 2 版. 北京：中国建筑工业出版社，2022.
[9] 王全杰，韩红霞，李元希. 办公大厦安装施工图. 北京：化学工业出版社，2014.